U0310755

盆地与油气系统模拟

Basin and Petroleum Systems Modeling

郭秋麟　谢红兵　任洪佳　陈宁生　孟靖丰　著

石油工业出版社

内 容 提 要

本书阐述了盆地与油气系统模拟的基本原理，探讨了定量模型与数值模拟技术，强调了对新方法、新技术、新软件的分析与研究。在剖析常规油气二维与三维运聚模拟技术的基础上，进一步论述了非常规油气运聚模拟技术，使盆地模拟与油气系统分析朝着系统化、动态化、定量化及综合性的方向发展。

本书适用于从事油气地质研究、盆地分析、盆地与油气系统模拟的科研人员、管理人员及石油、地质院校相关专业的师生参考阅读。

图书在版编目（CIP）数据

盆地与油气系统模拟／郭秋麟等著 . — 北京 ：石油工业出版社，2018.4
ISBN 978-7-5183-2528-3

Ⅰ . 盆… Ⅱ . 郭… Ⅲ.①含油气盆地-系统仿真-研究 Ⅳ . ①P618.130.2-39

中国版本图书馆 CIP 数据核字（2018）第 066325 号

出版发行：石油工业出版社
　　　　　（北京安定门外安华里 2 区 1 号　　100011）
　　　　　网　　址：www. petropub. com
　　　　　编辑部：（010）64523544
　　　　　图书营销中心：（010）64523633
经　　销：全国新华书店
印　　刷：北京中石油彩色印刷有限责任公司

2018 年 4 月第 1 版　　2018 年 4 月第 1 次印刷
787×1092 毫米　　开本：1/16　　印张：16.75
字数：428 千字

定价：150.00 元

前　言

　　盆地与油气系统模拟，是石油地质领域一门重要的学科，也是石油地质研究的一项关键技术，是当前学术研究与理论探讨的热点之一，主要用于盆地分析、地质过程定量模拟、油气成藏研究、油气系统动态分析及油气资源评价。

　　从 1988 年参加工作开始，笔者一直从事盆地模拟与油气系统分析方面的研究，迄今已有 30 年的时间，其间经历过辉煌，也有过低谷，但始终坚持，没有放弃。可以说，笔者把一生中最好的时光全部奉献给"盆地与油气系统模拟"这门重要的学科和技术。30 年的科研经历，笔者积累了丰富的经验。在此期间，盆地与油气系统模拟不断发展完善，目前已成为较成熟的学科和技术。

　　为了更好地促进该学科和技术的进一步发展及推广作用，在本书编写人员的共同努力下，完成了全书的编写。本书包含以下内容：

　　（1）盆地模拟与油气系统分析的内涵、作用、流程、研究内容、发展历程及动态。

　　（2）沉积盆地的概念、相关术语及分类；盆地充填过程模拟所采用的基本参数以及模拟的模型。

　　（3）埋藏史、沉降史和构造演化史的研究方法与定量恢复技术。

　　（4）地温场特征，热史重建的各种技术和方法。

　　（5）砂岩在埋藏过程中孔隙度演化规律，定量模型划分成岩阶段的方法与实例。

　　（6）烃源岩评价与生烃量计算方法。

　　（7）油气初次运移概念、相态、动力和通道、排烃门限和排油饱和度，排烃史计算方法与模型。

　　（8）油气二次运移的相态、动力、阻力、运移通道、流动模式和运动学等问题。

　　（9）油气运聚模拟中的流线模拟和侵入逾渗模拟技术。

　　（10）三维三相油气运聚模拟技术。

　　（11）致密油和致密砂岩气聚集模拟技术。

　　（12）油气系统概念、静态地质要素、动态地质过程、关键时刻要素组合关系研究；复合含油气系统与油气运聚单元；油气系统研究方法及应用流程。

　　（13）盆地综合模拟系统（BASIMS7.0）的结构及功能模块。

　　本书前言、第一章、第八章、第十一章由郭秋麟编写；第二章由郭秋麟和孟靖丰编写；第三章、第四章、第六章由谢红兵编写；第五章、第七章由郭秋麟和任洪佳编写；第九章由谢红兵和郭秋麟编写；第十章由郭秋麟、刘继丰和赵锡然编写；第十二章由任洪佳、郭秋麟和张庆春编写；第十三章由陈宁生编写。全书由郭秋麟和任洪佳统稿。

　　本书在编写过程中得到中国石油勘探开发研究院油气资源规划所油气资源评价室全体同仁的帮助，在此表示衷心地感谢。

　　由于笔者水平所限，不妥之处，敬请读者批评指正。

目　　录

第一章 绪 论

盆地是油气形成与赋存的基本地质单元，所有油气事件都发生在盆地发展与演化的地质历程中。油气成藏是一种复杂的地质过程，依赖于盆地的演化背景，依赖于地质要素、地质作用及其之间的相互关系。由于地质过程复杂、多变，油气成藏规律难于把握，为了认清油气成藏机理，更有效地揭示油气成藏规律，有必要开展盆地模拟研究，进行油气系统分析。

盆地与油气系统模拟技术，是当今世界石油勘探大力发展的技术，是石油地质定量化研究的热门工具，已成为油气勘探日常地质分析不可或缺的技术。

第一节 盆地模拟与油气系统的定义

本节梳理了国内外主要学者对盆地模拟含义的释义，阐述盆地模拟的内涵，并对盆地模拟软件系统、油气系统的定义进行解释，最后对比盆地模拟与油藏数值模拟的差异，为更好地解读盆地与油气系统模拟奠定基础。

一、盆地模拟内涵与模拟系统

1. 内涵

郭秋麟等（1998）对盆地模拟（Basin Modeling）进行了概括：运用系统工程原理和数理化定理，定量模拟盆地形成演化及油气事件发生、发展的动态过程。作为解决地质问题的一种手段或工具，盆地模拟是一种技术；作为解决地质问题的一种思维或方式，盆地模拟是一种研究方法。

2004年，我国著名的盆地数值模拟专家石广仁教授，对盆地模拟的内涵进行了精辟的解释，他认为：所谓盆地模拟，即从石油地质的物理化学机理出发，首先建立地质模型，然后建立数学模型，最后编制相应的软件，从而在时空概念下由计算机定量地模拟油气盆地的形成和演化，烃类的生成、运移和聚集。所以，从科学分类来看，可定名为"盆地数值模拟"；从软件产品来说，可定名为"盆地模拟系统"。这是当今石油地质科学领域内的一门新兴学科。

2009年，Hantschel和Kauerauf在《Fundamentals of Basin and Petroleum Systems Modeling》一书中，对盆地模拟含义进行了总结：动态模拟沉积盆地在地质历史时期的演化过程，涵盖了沉积恢复、孔隙压力计算与压实恢复、热流体分析与温度确定、镜质组反射率或生物标记等刻度参数的动力学研究、生排烃与吸附过程的模拟、流体分析和油气运聚模拟等内容。

综上所述，可将盆地模拟内涵总结为：基于物理化学的地质机理，运用系统工程原理和数学定理，编制模拟软件系统，在时间和空间上由计算机定量模拟含油气盆地的形成和演化，烃类的生成、运移和聚集，以揭示盆地动态发展过程及油气分布规律。

2. 模拟系统

盆地模拟系统（Basin Modeling System）是指盆地模拟的软件产品，是地质模型和数学模型最终的全面表现（石广仁，2004）。具体来讲，盆地模拟系统是以油气生成、运移聚集单元为对象，基于石油地质理论和物理化学原理，在时空概念下，动态模拟各种石油地质要素演化及石油地质作用过程，定量计算油气资源量及其三维空间分布的一种软件。

二、油气系统

1. 定义

1994 年，Magoon 和 Dow，在《Petroleum System—from Source to Trap》一书中，对油气系统的概念、鉴定特点、研究方法及其应用做了系统的总结。将油气系统（Petroleum System）定义为"一个天然的系统，其中包括有活跃的生油凹陷、所有与其相关的石油和天然气，以及形成油气聚集所必需的地质要素及作用"。这里"活跃生油岩"指正在生成油气的大团、相互接触的有机质。这种曾经活跃的生油岩，也许现在已不存在或已消耗殆尽。其中"地质要素"包括生油岩、储层、封盖层及上覆岩层；"作用"就是圈闭的形成和石油的生成—运移—聚集过程。无论什么地方，只要有油气系统就必定有上述 4 个地质要素和 2 个作用过程，他们必须在时间和空间上互相匹配，以致使生油岩中的有机物能转化成油气。

2. 油气系统模拟与盆地模拟的关系

油气系统模拟与盆地模拟有许多共同点，甚至有些学者认为两者是等同的。但是，从细节讲，两者还是有所差别的。

1）共同点

主要体现在"动态地质作用"上，即圈闭的形成和石油的生成—运移—聚集过程。两者都强调"动态"和"定量"研究。

2）不同点

主要体现在"静态地质要素"上。前者更注重"静态地质要素"的定性研究和综合分析，主要是为了获得定性或半定量结论；后者侧重于从"静态地质要素"中获取盆地模拟所需的地质参数，然后进行定量模拟，目的是得到定量参数。

另外，油气系统模拟更侧重于最终的地质综合分析，盆地模拟更注重地史、热史、生烃史、排烃史及运聚史的模拟。

三、相关术语

1. 油气地质过程定量研究

顾名思义，油气地质过程定量研究（Quantitative Study of Petroleum Geological Processes）是指定量模拟油气从生成到运聚的地质全过程，包含了盆地模拟和油气系统分析的全部研究内容。另外，还特别强调盆地演化的过程分析、油气成藏条件定性评价及综合研究。

2. 油藏数值模拟

油藏数值模拟（Reservoir Modeling）是用数值方法求解和描述油藏中的多维多相流动数学模型，以研究油藏中渗流机理及过程，为科学合理地开发油田提供依据。

油藏数值模拟与盆地模拟的共性和差异如下。

1）共性

两者都采用相似的数值方法求解和描述油气运移过程，都注重"动态"和"定量"模拟，都需要建立地质模型和求解流动方程组。

2）差异

主要差异有以下几方面：（1）作用不同，前者用于油气田开发，后者用于油气勘探生产；（2）模拟尺度不同，前者尺度较小，主要局限在油田开发区块，后者尺度较大，一般涵盖盆地、坳陷或凹陷；（3）地质模型不同，前者是静态不变的（现今），后者是动态变化的（历史）；（4）模拟时间跨度不同，前者时间短，基本单位为年、月、日描述，后者时间长，基本单位用百万年描述；（5）模拟方向不同，前者模拟油藏的未来，油气流动过程受人为影响较大（如液体注入、压裂等人为作用），后者是再现运聚历史，这些历史不受人为因素影响。

尽管有如此多的差异，但是盆地模拟还是从油藏数值模拟的研究成果中获得巨大益处，如流体分析、流动方程及相关参数的求取等。

第二节 主要作用与研究流程

盆地与油气系统模拟，是实现石油地质研究过程的定量化和计算机化，为石油地质家提供一个快速、定量、综合的研究手段。盆地与油气系统模拟流程包括盆地演化分析与模拟、油气生成与运聚模拟、油气分布规律综合研究等过程。

一、主要作用

盆地与油气系统模拟，是提高油气发现率的一种现代技术，也是拓展油气勘探思维的一种研究方法。其主要作用如下：

（1）能够快速地验证地质概念和地质观点，丰富解决地质问题的手段，提高地质研究水平；

（2）能够综合考虑各方面的地质资料，客观评价地质现象，提高综合研究效率；

（3）能够对含油气盆地进行系统、定量、动态模拟，有效揭示油气生成与运聚过程，深化油气分布规律的认识；

（4）能够通过软件系统、技术文档等载体，形成技术有形化产品，提高油公司核心技术的竞争力，有效促进勘探生产的发展。

随着计算机技术的快速发展和信息网络技术的飞速更新，借助油气勘探与开发数据库的建设及大数据技术的高效应用，盆地与油气系统模拟在地质研究和油气勘探中将会发挥越来越显著的作用。

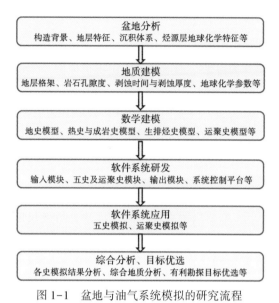

盆地分析
构造背景、地层特征、沉积体系、烃源层地球化学特征等

地质建模
地层格架、岩石孔隙度、剥蚀时间与剥蚀厚度、地球化学参数等

数学建模
地史模型、热史与成岩史模型、生排烃史模型、运聚史模型等

软件系统研发
输入模块、五史及运聚史模块、输出模块、系统控制平台等

软件系统应用
五史模拟、运聚史模拟等

综合分析、目标优选
各史模拟结果分析、综合地质分析、有利勘探目标优选等

图 1-1 盆地与油气系统模拟的研究流程

二、研究流程

盆地与油气系统模拟的内容包括：盆地分析、地质建模、数学建模、软件系统研发、软件系统应用、综合分析与目标优选等（图 1-1）。各研究阶段之间顺序不可颠倒，才能到达最终研究目的。对于专门从事模拟软件系统研制的人员，主要任务是进行数学建模和软件系统的研制与发展，在建模之前要充分了解各式各样的地质模型；对于科研与现场应用人员，主要任务是进行盆地分析、地质建模，然后运用软件系统进行模拟，综合分析模拟结果，最终优选出有利勘探目标。

第三节　主要研究内容

盆地与油气系统模拟的内容包括：盆地形成与演化分析、地史模拟、热史模拟、成岩史模拟、生烃史模拟、排烃史模拟、油气运聚史模拟及油气系统分析模拟等。

一、盆地形成与演化

分析盆地的形成背景，研究盆地的形成与演化特征，总结盆地的类型，为盆地与油气系统模拟奠定基础。

二、地史模拟

包括埋藏史、沉降史和构造演化史等模拟内容（表 1-1）。

表 1-1　盆地模拟系统模块、方法技术及地质因素

系统模块	方法与技术	地质因素
地史：沉降史、埋藏史、构造演化史	（1）Airy 地壳均衡法； （2）分段回剥技术、超压技术； （3）平衡地质剖面技术	构造沉降与负荷沉降、沉积压实与异常压力、沉积间断与剥蚀事件、海平面变化与古水深
热史：热流史、地温史、有机质热演化史	（1）古温标法：R_o 指标法、磷灰石裂变径迹法； （2）R_o 模拟法：Easy 模型、Baker 最大温度模型	热导率、古地温梯度、大地热流值

系统模块	方法与技术	地质因素
成岩史：单因素模拟、成岩阶段评价	（1）单因素模拟法：石英次生加大、蒙皂石转化为伊利石、干酪根产酸史； （2）综合评价法：多因素成岩阶段综合评价法	时间、温度；活化能、频率因子；石英含量、包壳因子；有机质丰度、干酪根含量等
生烃史：生烃量、生烃时间	（1）产油（产气）率法、降解率法； （2）化学动力学法	有机质类型、丰度、演化程度和生烃潜力等
排烃史：排烃量、排烃时间	（1）压实排油法； （2）残留烃法； （3）物质平衡排气法	初次运移相态、动力、排油临界饱和度等
运聚史：运移方向、运移时间、运移通道、圈闭充注、聚集量及聚集区等	（1）流线模拟	排烃量、构造、流体势、储层性质等。
	（2）侵入逾渗模拟	排烃量、浮力、储层物性、毛细管力等
	（3）三维三相达西流模拟	油、气、水三相渗流等，流体势差、毛细管力、黏滞力等
	（4）连续型致密油气运聚模拟	排烃量、烃源层生烃增压；储层物性、储层地层水压力、毛细管压力等
油气系统分析模拟	（1）运聚单元模拟及划分； （2）资源量汇总； （3）有利区优选	静态地质要素、动态作用过程等

（1）埋藏史模拟，采用分段模拟技术，恢复地层沉积时的原貌（厚度和原始孔隙度等），再现地层在埋藏过程中的孔隙度变化和剥蚀事件，是盆地分析和地层发育演化研究的最重要内容；

（2）沉降史模拟，采用 Airy 地壳均衡法，准确模拟盆地构造沉降、负荷沉降和总沉降史，为沉积盆地分类、构造活动期次划分和地热事件研究等提供重要依据；

（3）构造演化史模拟，采用平衡剖面恢复技术，通过对主干剖面的构造面貌及其演化历史恢复，为构造圈闭研究和勘探井位部署提供决策依据。

三、热史模拟

包括热流史、地温史、有机质热演化史等模拟内容，其主要特点是：

（1）采用多指标相互验证的方法，模拟沉积盆地受热演化史及 R_o 史；

（2）在准确求得沉积盆地地温梯度变化史或古热流史的同时，还能估算重大剥蚀事件的剥蚀厚度和剥蚀事件，为解决多解性地史恢复难题提供帮助。

四、成岩史模拟

模拟石英次生加大、蒙皂石转化为伊利石、干酪根产酸量等成岩演化指标，根据专家提供的成岩阶段综合评价标准，评价不同地层的成岩史和成岩阶段，为储层研究及砂岩次生孔隙演化分析提供重要参数。

五、生烃史模拟

采用产油（产气）率法、降解率法或化学动力学法，模拟烃类成熟演化史及烃源岩的生烃史，包括生烃量、生烃高峰等重要评价指标，是确定盆地生烃中心的重要工具，也是油气资源评价的主要技术。化学动力学法，包括油裂解气组分动力学模块，可以更好地计算"接力气"规模。

六、排烃史模拟

采用压实排油法、残留油—R_o曲线法、物质平衡排气法等，模拟烃源岩的排烃史，提供沉积盆地烃类排出总量、排烃效率、排烃高峰、排烃中心分布等多种重要参数，为油气二次运移聚集、区带综合评价与油气资源评价研究奠定坚实的基础。其中，残留油实验模板计算排油量模块，可以结合实验室物理模拟成果快速计算排油量。

七、运聚史模拟

包括流线模拟、侵入逾渗模拟、三维三相达西流运聚模拟和非常规连续型致密油气运聚模拟等。

（1）流线模拟，采用浮力流方法模拟构造油气藏的油气运移流程、圈闭充注和聚集位置，为构造油气藏勘探提供依据。

（2）三维侵入逾渗（3DIP）模拟技术，既可以模拟构造型油气成藏，也可以模拟岩性体内油气成藏。

（3）连续型油气运聚模拟，根据连续气藏的活塞式充注特点，通过计算烃源层生气增压量，采用超压驱动模型模拟连续气藏的分布和资源量；采用生油膨胀驱动模型，探讨致密油聚集模拟。

（4）三维三相达西流运聚模拟，考虑了各种力（浮力、毛细管力和黏滞力）的总和与平衡，描述油、气、水由烃源到圈闭的运动，定量模拟可供聚集的量。

八、油气系统分析模拟

包括油气系统、油气运聚单元和复合油气系统等研究内容，具体如下：
（1）油气系统静态地质要素分析；
（2）油气系统动态地质作用及关键时刻要素（或事件）组合关系研究；
（3）复合油气系统及运聚单元研究；
（4）油气系统"六定"研究方法及流程。

九、盆地综合模拟系统

盆地综合模拟系统（BASIMS7.0）是中国石油勘探开发研究院按照石油地质综合研究及油气系统分析的研究思路，在新的计算机软硬件环境下，经过创新发展形成的大型石油地质综合研究系统。

1. 盆地综合模拟系统的作用

综合模拟系统能够全方位、多视角模拟油气的生成、运聚及成藏过程。在时空概念下，动态模拟各种石油地质要素的演化及石油地质作用的动态过程，预测含油气区带、油气藏规模及分布，为油气钻探部署提供重要的地质参数和决策依据。

2. 盆地综合模拟系统的功能模块

综合模拟系统将数据管理与处理、成藏交互模拟与成果展示及综合分析技术集于一体，包括数据输入与管理、图形采集与处理、模拟计算、统计分析、油气资源综合评价、模拟结果展示及相关辅助功能模块。这些模块基本能够满足石油地质日常定量研究的需求。

第四节　盆地模拟的发展历程

本节总结了 2000 年以前盆地模拟的发展简史，重点阐述模拟软件系统从无到有，从一维到二维及向三维过渡的发展历程。

一、起步阶段

盆地模拟研究已有近 40 年的历史。盆地模拟的发展是石油地质定量研究发展的必然结果。早在 1940 年，美国学者 Hubbert 就提出了流体势的概念，并运用该概念较全面地描述了地下流体的运动状态（Hubbert，1940）；1954 年，苏联学者乌斯宾斯基提出了煤产气量的物质平衡计算方法；1969 年，法国学者 Tissot 等根据化学动力学定律提出了计算生烃量的计算模型；1978 年，Tissot 和德国学者 Welte 联合提出了有机质转化为烃类的热化学动力学模型及计算方法（Tissot 和 Welte，1978，1984）。以上理论方法的提出为后来的盆地模拟技术及软件的开发奠定了基础。

二、快速发展阶段

1978 年，联邦德国尤利希核能研究有限公司石油与有机地球化学研究所开发了世界上第一个一维盆地模拟软件系统（Welte and Yukler，1981）。1980 年以后，盆地模拟的发展进入了新的阶段，模拟模型从一维发展到二维（Yukler 等，1979）。1984 年，法国石油研究院（IFP）开发了一套较为完整的二维盆地模拟系统（Ungerer 等，1988）；同年，美国南卡罗来大学地质科学系提出了利用镜质组反射率确定古热流的方法，并建立了相应的盆地模拟系统（Lerche 等，1984）。1986 年，英国不列颠石油公司（BP）提出了一个关于油气二次运移聚集的二维模型，并建立了当时最完善的二维油气运聚模拟系统（England 等，1987）。日本石油勘探有限公司勘探部从 1981 年开始研究盆地模拟技术，1987 年建立了一维排烃模型，1988 年建立了一套较为完整的二维盆地模拟系统（Nakayama，1981；Nakayama 等，1989）。

三、从二维向三维过渡阶段

20 世纪 90 年代是盆地模拟技术发展的黄金时期，是从软件系统开发走向生产应用、走向商品化发展的最好时期。在这一时期，世界上主要的商品化软件有：法国石油研究院（IFP）的 TEMISPACK 软件包，德国有机地球化学研究所（IES）的 PetroMod

系列软件，美国 Platte River 公司的 BasinMod 系列软件，中国石油勘探开发研究院的 BAS2、BASIMS 等系列软件。这些软件技术水平较高，为当时的科研和生产起到了推进作用（石广仁等，1996；郭秋麟等，1998）。

第五节　盆地与油气系统模拟的发展动态

进入 2000 年后，油气系统分析模拟逐渐发展起来，而且与盆地模拟的关系越来越密切，在油气动态分析及运聚模拟等方面已经与盆地模拟难于分开。本节总结了 2000 年以来有关盆地与油气系统模拟的发展动态，认为盆地与油气系统模拟正朝着"系统化""精细化""工具化"的方向发展。

一、系统化

为了解决"含油气系统"和"油气成藏动力学系统"这样庞大、错综复杂的石油地质定量化模拟问题，不仅要提高和完善传统的盆地与油气系统模拟方法和技术，而且要大大拓宽原有的研究领域。"系统化"是指模拟系统和模拟内容正向系统性与完整性方面发展。目前，盆地与油气系统模拟技术有一维、二维和三维模拟技术，模拟内容除包括传统的"六史"——地史、热史、成岩史、生烃史、排烃史和聚集史外，还包括了许多相关的非传统的研究内容和非常规油气成藏机理及运聚模拟等内容。

1. 包括一维到三维，模拟技术更加系统

盆地模拟软件技术从一维发展到二维，直到现在的三维，其研究内容也由原来的"三史"发展到"六史"，模拟技术越来越系统、完善。

1）一维模拟技术

一维模拟技术的主要作用是恢复埋藏史、重建热史、评价有机质成熟度和计算生烃量。沉积盆地中的热传递主要是垂向的，即一维的，而横向的热对流经常被忽略不计，所以用一维模拟技术就能较好地完成这些任务。

2）二维模拟技术

二维模拟技术除满足一维模拟的需要外，其主要功能是模拟计算流体压力史、烃类的运移史和圈闭充注量，包括在剖面上和平面上的两种二维模拟。模拟方法主要有流线模拟（Fluid Flow）、运移通道模拟（Drainage Pathway，Migration Conduit）和油气聚集模拟（Reservoir Filling，HC Charge）。这些二维模拟因为比三维模拟工作量小很多且易于操作，所以在实际生产应用中还是比较受欢迎的。

3）三维模拟技术

由于流体（油、气和水）的流动，极大地依赖于所处的三维环境（如储层物性的各向差异性等），用二维模拟具有较大的局限性，因此二维模拟被认为是定性模拟或半定量模拟。三维模拟系统克服了一维和二维盆地模拟技术的缺点，能够在三维空间上更准确地重建盆地的热演化史、压力演化史，烃类的生成、多相流体运移与聚集史。三维模拟过程包括：建立数据体（Block）；三维网格数据的研究与输入（Gridding）；反演模拟（Backward Simulation）；正演模拟（Forward Simulation）等（石广仁，2004）。

2. 融入了非传统的模拟技术，系统更全面

非传统的模拟技术主要有原形盆地恢复、地层沉积过程再现、成岩作用模拟、风险定量化等技术，这些技术已经开始投入实际应用，并在应用中得到发展，它们正逐渐成为盆地模拟技术中新的技术体系。

（1）原形盆地恢复。在逆冲带、挤压断层发育的复杂地区，一般无法直接开展传统的盆地模拟研究工作，因为不通过特殊的预处理就不能合理地、准确地恢复地史。利用平衡剖面技术，可以顺利地恢复沉积盆地原形，再现各种复杂构造的演化过程，从而为更深入地开展盆地模拟研究工作奠定坚实的基础。

（2）地层沉积过程再现。地层沉积过程再现是预测沉积相带展布，推测砂体/储层分布，寻找隐蔽油气藏的最有效技术，但传统的盆地模拟并没有这部分内容。应用层序地层学原理，开展古地形、构造沉降、海平面升降、沉积物供应量和传输量等模拟研究，就能较真实地再现地层沉积过程。

（3）成岩史模拟。储层物性研究是目前隐蔽油气藏研究与勘探的重要内容，成岩作用分析是储层物性研究的重要组成部分。盆地模拟中的成岩史模拟，其作用不仅在于揭示烃源岩的烃类演化，而且更注重于揭示储层的物性变化规律。更具体地讲，其研究重点是重建盆地内特征矿物或化合物的成岩演化指标体系，如甾烷、藿烷异构化指数演化史、蒙皂石向伊利石转化史，以及石英次生加大史等。

（4）风险定量化评价。传统的盆地模拟提供的是确定性结果，该结果是否可靠，风险到底多大，这与模拟参数的准确性密切相关。有经验的地质家知道，人们所认识的地下地质条件（参数）与实际情况存在一定差距，但是这个差距到底有多大，一般只能估计出一个大致范围。如果对所有不能给出准确值的参数项，进行不确定性分析——得出它们可能的变化范围，然后用蒙特卡罗技术进行概率分布研究与计算，这样就能得到不同概率下的模拟结果，这就是盆地模拟风险定量化评价，是对传统确定性盆地模拟技术的发展与必要补充。

3. 非常规油气运聚模拟技术正逐步成为重要研究内容

在页岩气、连续型致密砂岩气和致密油三种重要非常规油气资源评价中，已创新地发展运聚模拟技术。首先，页岩气滞留成藏机理及模拟技术已得到初步应用（孙亮等，2015）；其次，致密砂岩气运聚模拟技术也处于探讨和发展之中（郭秋麟等，2012）；致密油成藏机理研究及运聚模拟技术也有所发展（郭秋麟等，2013）。

二、精细化

1. 数值模型针对性更强，系统性能更优化

首先，对单相指标要求更高，如对孔隙度与流体压力预测的精度要求更高（Hantschel and Kauerauf，2009），不仅要考虑压实减孔，还要考虑成岩作用、生烃过程对孔隙度的影响等；其次，整体指标要求更高，如三维运聚模拟技术，不仅要提高模拟网格节点数，改进模拟算法，还要提高模拟速度，增加可视化操作等（郭秋麟等，2015）。

2. 地质模型更细化

地质模型是数值模拟的基础，建模越接近地质实际状况，模拟结果就越可靠。二维剖面地质建模，要达到满足输导体系刻画的要求，要适用于复杂逆冲断裂带和复杂褶皱带的条件，比如四川盆地东部古生界；三维地质体建模，需要采用不规则的网格（二维平面）和不规则多面体（三维空间），才能满足断面、不整合面及重要输导岩体的精细构建和定量描述。

3. 资料来源更多样化

为了满足三维地质体精细建模，需要借助地震解释成果，来达到高网格密度的要求。在利用地震成果时，由于地震网格尺度比盆地模拟网格尺度更小，需要对来自地震的精细参数进行粗化处理，实现合理取值。此外，还需要采用沉积与储层的研究成果来满足输导体系精细刻画的要求。

三、工具化

模拟研究内容越来越多，涉及的面越来越宽，包含的技术越来越系统。但是，在实际科研与生产中，多数应用只采用其中的某些专项技术，既能达到快速完成任务，又能更深入地、精确地取得所需要的模拟结果。正是有了这种需求，盆地模拟的许多专项技术开始被重视，并被开发为有针对性、独特的独立运行技术。

1. 针对深层古油藏与裂解气的模拟技术

目前，油气勘探已进入深层（＞4500m）和超深层（＞6000m）领域，比如在四川盆地震旦系—下古生界，古油藏对现今天然气藏的作用有多大？分散石油对现今天然气藏的贡献如何？这些还处于定性研究阶段，需要定量模拟来解答疑问。通过建立复杂剖面地质模型，恢复古剖面，模拟古油藏及分散石油的分布，进而分别模拟古油藏、分散石油裂解气对现今天然气藏的贡献，从而揭示油气分布规律（表1-2）。

表1-2 四川盆地高石梯—磨溪—广安地质剖面不同供气源对天然气藏的贡献

供气源	总气量 （$10^8 m^3$）	$S_g \geqslant 50\%$聚集量 （$10^8 m^3$）	$S_g < 50\%$聚集量 （$10^8 m^3$）	路径残留量 （$10^8 m^3$）	向外散失量 （$10^8 m^3$）	对气藏的贡献 （％）
干酪根生气	7.6	0.396	0.024	4.98	2.2	10.7
古油藏裂解气	3.43	2.58	0.17	0.14	0.54	69.7
分散石油裂解气	5.2	0.175	0.005	4.6	0.42	4.7
干酪根+古油藏生气	11.04	2.95	0.18	5.12	2.79	79.7
干酪根+分散石油生气	12.82	1.73	0.27	7.12	3.7	46.8
古油藏+分散石油生气	8.6	2.7	0.22	4.6	1.08	73.0
干酪根+古油藏+ 分散石油生气	16.3	3.7	0.24	7.14	5.22	100

注：S_g为含气饱和度。

2. 基于输导体系约束的油气运聚过程模拟技术

输导体系在油气运聚模拟中起到至关重要的作用，但是以往对输导体系的刻画与定量表征不够细化，如不整合面、断层面没有自己的模拟网格（体），其输导能力往往只能用其附近的地层网格来承载，模拟对象只有地层网格，没有不整合面和断层等输导体系构成的特有网格。目前，中国石油勘探开发研究院已开发出"复杂构造剖面输导体系刻画"软件，并形成了基于输导体系约束的油气运聚过程模拟技术，该技术已成功应用于准噶尔盆地腹部的油气运聚模拟。

3. 运移路径示踪标记物浓度变化模拟技术

油气二次运移的距离小到几毫米，远至数百米或数万米，而在输导层中真正被油气所饱和的部分仅占输导体总体积的 1%～10%。油气运移路径的刻画，对于确定油气有利区至关重要，但难度大。我国大部分含油气盆地已经进入到勘探的中后期，勘探的目标已经转移到那些油气初次运移后经过多次调整的次生油气藏，勘探难度大大增加。解决上述难题的途径之一是研究油气中潜在的运移化学示踪剂。利用这些有效的示踪指标，可以准确揭示油气运移路径。

已有的研究成果证实，在油气运移过程中，烃类流体的物理化学性质会发生某些规律性的变化。根据烃类流体性质的变化，能够定性地研究油气二次运移的时间、方向、路径、通道等。依据以上原理，已建立示踪标记物（包括流体、化合物等）浓度在运移过程中的变化模型。该模型在已知油气运移路径地区得到应用，通过对比模拟浓度与实际测试浓度，确定模型参数。

4. 结合多元统计技术，预测油气资源在空间的具体分布

模拟技术在油气资源评价中属于成因法，它的优势是可以更好地再现油气的成藏过程。多元统计技术是统计法，它可以更好地利用业已取得的认识和成果（包括模拟成果、勘探成果等），并合理地预测油气的分布规律。把这两种方法结合起来，既可以有效地预测出各运聚单元中的油气资源量，又可以预测油气资源的分布情况。该技术在渤海湾盆地南堡凹陷的应用中已取得了较好的效果。

参 考 文 献

郭秋麟，陈宁生，胡俊文，等．2012. 致密砂岩气聚集模型与定量模拟探讨．天然气地球科学，23（2）：199-207.

郭秋麟，陈宁生，宋焕琪，等．2013. 致密油聚集模型与数值模拟探讨——以鄂尔多斯盆地延长组致密油为例．岩性油气藏，25（1）：4-10，20.

郭秋麟，陈宁生，谢红兵，等．2015. 基于有限体积法的三维油气运聚模拟技术．石油勘探与开发，42（6）：817-825.

郭秋麟，陈晓明，宋焕琪，等．2013. 泥页岩埋藏过程孔隙度演化与预测模型探讨．天然气地球科学，24（3）：439-449.

郭秋麟，李建忠，陈宁生，等．2011. 四川合川—潼南地区须家河组致密砂岩气成藏模拟．石油勘探与开发，38（4）：409-417.

郭秋麟，米石云，胡素云，杨秋琳．2006. 盆地模拟技术在油气资源评价中的作用．中国石油勘探，11（3）：50-55.

郭秋麟，米石云，石广仁，等．1998. 盆地模拟原理方法．北京：石油工业出版社．

庞雄奇，邱南生，姜振学，等．2005. 油气成藏定量模拟．北京：石油工业出版社．

石广仁，郭秋麟，米石云，等．1996. 盆地综合模拟系统 BASIMS. 石油学报，17（1）：1-9.

石广仁．2004. 油气盆地数值模拟方法．北京：石油工业出版社．

孙亮，邱振，朱如凯，郭秋麟．2015. 致密页岩油气赋存运移机理及应用模型．地质科技情报，34

（2）：115-122.

England W A, Machenzie A S, Mann D M, et al. 1987. The movement and entrapment of petroleum fluids in the subsurface. Journal of Geological Society, London, 144：327-347.

Hantschel T, Kauerauf A I. 2009. Fundamentals of basin modeling and petroleum systems modeling. Berlin：Springer-Verlag.

Hubbert M K. 1940. The theory ground-water motion. Journal of Geology, 48：785-944.

Lerche I, Yarzab R F, et al. 1984. Determination of paleoheat flux from vitrinite reflectance data. AAPG, 13：1704-1717.

Magoon L B and Dow W G. 1994. The petroleum system from source to trap. AAPG Memoir 60.

Nakayama K, Christopher G, et al. 1989. A simulation of basin margin sedimentation to infer geometry and lithofacies：a carbonate example, in：Taira A, Masuda F, ed. Sedimentary Facies in the Active Plate Margin. Terra Scientific Publishing Company, 17-31.

Nakayama K. 1981. Simulation model for petroleum exploration. AAPG, 65：1230-1255.

Tissot B P, Welte D H. 1978. Petroleum formation and occurrence：a new approach to oil and gas exploration. Berlin：Springer -Verlag.

Tissot B P, Welte D H. 1984. Petroleum formation and occurrence. Berlin：Springer -Verlag, second edition.

Ungerer P, Behar F, Villalba M T, et al. 1988. Kinetic modeling of craking. Advances in Organic Geochemisty, 13：1704-1717.

Welte D H, Yukler M A. 1981. Petroleum origin and accumulation in basin evolution-a quantitative model. AAPG, 65：1387-1396.

Yukler M A, Cornford C, and Welte D H. 1979. Simulation of geologic, hydrodynamic, and thermodynamic development of a sediment basin—a quatitative approach. //U von Rad, W B F Ryan, et al. Initial Reports of the Deep Sea Drilling Project, 761-771.

第二章 沉积盆地分类及其充填过程模拟

本章分两部分内容，第一节梳理了沉积盆地的概念及相关术语，并按大地构造位置、板块构造学说和地壳结构、全球板块构造动力环境和盆地沉降机制对沉积盆地分类进行概述。第二节从沉积盆地充填过程模拟的研究内容、意义以及现状出发，阐述了盆地充填过程模拟所采用的基本参数以及模拟的模型。

第一节 盆地及沉积盆地分类

本节简要介绍了盆地的概念，以及油气地质研究中常用的盆地类型，包括：原型盆地、沉积盆地和含油气盆地，对沉积盆地的分类做了梳理，目的是为以后各章节的研究做铺垫。

一、盆地

陆地上的盆地（Basin），顾名思义，就像一个放在地上的大盆子，所以人们就把四周高（山地或高原）、中部低（平原或丘陵）的盆状地形称为盆地，它是世界五大基本陆地地形之一，全球分布广泛。根据盆地的地球海陆环境将其分为大陆盆地和海洋盆地两大类型，大陆盆地简称陆盆，海洋盆地简称海盆或洋盆。地球上最大的陆盆是西伯利亚盆地，面积接近 $700×10^4km^2$；最大的海盆是波斯湾盆地，面积 $318×10^4km^2$。

地质学中，地壳表圈层由沉积盆地、造山带及地盾三大类型构造单元构成，其中沉积盆地所占面积最大、地盾最小。表圈层内盆地山脉常相伴而生、相邻展布；二者历经演化和消亡，相互耦合、彼此响应，甚或相继转换。现今之山系，在相对分布位置和演化历史上，可能为盆地。若将地史上曾存在、后期已遭改造破坏，但现今仍有沉积矿产勘探开发远景的残留沉积盆地（体）计算在内，沉积盆地约占地球表面总面积的 94%（刘池洋等，2008）。而在油气地质研究中常定义以下三种盆地类型。

1. 原型盆地

原型盆地（Prototype Basin），即盆地的原型。何登发等（2004）认为：盆地原型相应于盆地发展的某一个阶段（相当于一个构造层的形成时间），有相对稳定的大地构造环境（如构造背景与深部热体制），有某种占主导地位的沉降机制，有一套沉积充填组合，有一个确定的盆地边界（虽然此边界常常难以恢复）。这样的盆地实体可以称作该阶段的"盆地原型（Prototype）"或"原型盆地"。原型盆地往往是相对于叠加盆地而言的，其涵盖内容丰富，恢复难度非常大，在现有的技术和条件下，对原型盆地的研究多局限于用一种或几种方法对盆地原型的一方面或几方面进行研究。对盆地原型的研究具有重要的意义。威克斯指出："要了解油的产出，必须回到原始沉积盆地中去"。陈发景等（2000）指出："盆地原型的恢复具有重要的石油地质意义。在恢复古应力场、古地温梯度和推测有机质成熟度等方面都需要了解盆地原型"。

2. 沉积盆地

沉积盆地（Sedimentary Basin）是指在某一特定时期，沉积物的堆积速率明显大于其周围区域，并具有较厚沉积物的构造单元；它是在漫长的地质历史时期，地壳表面曾经不断沉降，接受沉积的洼陷区域。沉积盆地是地球垂直运动与水平运动的有机结合体，是考察和揭示地球垂直运动少有的理想天然实验室；是地球内外动力和各圈层演变及其相互作用的天然产物，是地球各圈层动态演变和各类动力相互作用的天然记录仪和自然史鉴录（刘池洋等，2015）。

沉积盆地是相当厚的沉积物充填的地壳大型坳陷。从石油地质学角度来看，要使一定面积上沉积物能堆积到相当大的厚度，该地区的地壳必然在整体上具有下沉趋势，即它是与沉积同时的同生坳陷。一个沉积区有自己的边界，在边界内沉积物有规律地分布，反映了沉积时或沉积岩原生状态时的古地理—古构造环境，因而它又可称为原生盆地或原型盆地。

3. 含油气盆地

含油气盆地（Petroliferous Basin）是指发生过油气生成作用，并富集为工业油气藏的沉积盆地。油气地质学在很大程度上就是沉积盆地地质学，这是因为发现的具备工业意义的油气都产自于沉积盆地中（岳来群等，2010）。因此，沉积盆地就是含油气盆地的基础，是油气地质研究的主要对象，也是油气勘探开发的实体。

二、沉积盆地分类

沉积盆地分类，是沉积盆地及其相关领域研究的重要基础之一。但是，在国内外有关沉积盆地的文献中，其分类的分歧最多，主要表现在：（1）以偏概全，如将发育演化时间长的大型（叠合）盆地某一局部时（时代）空（地区）的构造属性，作为整个盆地的代表；（2）将今当古，将后期已遭强烈改造的现存残留盆地，或后期隆升的周边山系，作为沉积时的原始盆地和盆山关系对待；（3）词不达意，如所用词语本身的内涵与学者本身所理解、拟表达的认识不尽一致（刘池洋等，2015）。加之在沉积盆地分类过程中，各学者出发点不同、侧重点有异、标准欠统一、有时对术语的理解不甚准确等，都会造成沉积盆地分类上的分歧。

目前，沉积盆地的分类较为繁杂，且不同程度地带有研究者本人的研究经历、专长学科和所熟悉地域的特色，进而造成沉积盆地分类的局限性。以下根据前人的研究成果，按照时间先后上的认识介绍三种典型的分类方案。

1. 按大地构造位置分类

彭作林等（1995）在考虑我国主要沉积盆地所在大地构造位置，以及盆地演化过程中构造运动性质和应力场的变化后，将我国主要沉积盆地分为三类八型（表 2-1）。（1）地堑—坳陷型沉积盆地：主要指前期地壳受基底隆起或区域张扭力作用而产生的地堑—地垒构造，后由于应力场转化而形成全面坳陷。前者盆地沉积呈现多中心状态，后者转化为单一中心。这里所指应力场转化实际指的是地慢上升拱起及其以后收缩下降的转化过程。此类沉积盆地包括一元、二元和多元三种结构形式。（2）断块隆坳—坳陷型沉积盆地：主要指盆地演化过程由初期半裂谷式构造应力场或压扭性构造应力场转化为后期挤压坳陷应力场所形成的一元或多元结构的沉积盆地。（3）克拉通坳陷型沉积盆地：此类盆地属间歇性或继承性坳陷沉积盆地。演化过程中，其构造应力场基本无变化，坳陷中心旋转扭动，最大的沉积幅度和沉积速率均较小，且在漫长的沉积历史中对形成烃源岩、储层、圈闭等都有最佳匹配，为晚期油气成藏创造了良好条件，有利于大中气田形成。如鄂尔多斯间歇型沉积盆地和四川继承型沉积盆地。

表 2-1 中国主要沉积盆地结构分类（据彭作林等，1995）

盆地类型及结构		特征	盆地名称
地堑—坳陷型	一元	断陷型长条形态，多为单一时代下陷，沉积粒度粗，沉积厚度大，旋回性不明显	洞庭湖地堑、海拉尔断陷、依兰—伊通断陷、山西地堑系
	二元	下部地堑上部坳陷，平面上断坳结合，剖面上断坳转化	松辽盆地、酒西盆地、珠江口盆地、北部湾盆地
	多元	地堑—坳陷—地堑—坳陷的双层二元结构，上层结构看得清楚，下层结构经改造变模糊	渤海湾盆地
断块隆坳—坳陷型	一元	挤压坳陷型，沉积粒度细，分选性好，有一定旋回性，多具生油能力	百色盆地、楚雄盆地、鄱阳湖盆地等
	二元	下部为断块隆坳，上部转为大范围坳陷，坳陷中心由多个转为单一坳陷与沉积中心统一	准噶尔盆地、柴达木盆地、吐哈盆地
	多元	属坳陷—断块隆坳—坳陷型，即古生代盖层基础上三叠纪—古近纪隆坳，新近纪坳陷	塔里木盆地
克拉通型	坳陷型	长期坳陷型，但沉积厚度不大，且剥蚀层位多，多大型局部构造及古隆起	四川盆地、鄂尔多斯盆地

2. 按板块构造学说和地壳结构分类

田在艺等（1996）按照板块构造学观点将沉积盆地划分为裂陷构造环境盆地（地壳在构造应力作用下，发生分裂、断陷所产生的）、聚敛构造环境盆地（处于板块挤压的构造环境，而使得区域构造隆起于地面并形成明显圈闭的沉积盆地类型）、走滑断裂构造环境盆地（板块的走向滑移断层构造普遍发育，且在盆地形成及演化过程中受扭性作用的改造相当明显）和克拉通构造环境盆地（地质历史的很长时期内不断下沉的区域性坳地，有坚硬的基底且在地壳上表现出相对稳定且很少遭受变形的沉积盆地）。此四类沉积盆地又依据盆地所处地壳结构进一步分为 16 型（表 2-2）。

表 2-2 中国含油气沉积盆地分类（据田在艺等，1996）

构造环境	盆地分类	地质时代	举例
Ⅰ 裂陷构造环境盆地	（1）大陆内裂谷盆地	晚古生代	湘桂一带
	（2）大陆边缘裂谷盆地	侏罗纪—新近纪	渤海湾
	（3）大陆间裂谷盆地	晚三叠世—三叠纪	理塘一带
	（4）坳拉谷盆地	中、新元古代—早古生代	燕山、贺兰山
		古近—新近纪	南海西北部
	（5）被动大陆边缘盆地	早古生代	华南地区

构造环境	盆地分类	地质时代	举例
Ⅱ 聚敛构造环境盆地	**Ⅱ₁ 俯冲大陆边缘（B型俯冲）构造环境盆地** （6）海沟盆地		
	（7）弧前盆地	晚白垩世—古近纪	雅鲁藏布江仲巴—日喀则一带
	（8）弧间盆地	晚二叠世—三叠纪	义敦地区
	（9）弧后盆地	古近—新近纪	南海
	Ⅱ₂ 碰撞挤压构造环境盆地 （10）残留洋盆地	早古生代	华南地区
	（11）周缘前陆盆地	古近—新近纪	喜马拉雅山南侧
	（12）陆内前陆盆地	中生代	鄂尔多斯、四川
	（13）山前挠曲盆地	中—新生代	库车、准噶尔、喀什—和田、河西走廊
	（14）山间盆地	中—新生代	吐鲁番—哈密
Ⅲ 走滑断裂构造环境盆地	（15）走滑盆地	古近—新近纪	滇西、藏东、川西一带，阿尔金山地区
Ⅳ 克拉通构造环境盆地	（16）克拉通内及边缘坳陷—断陷盆地	古生代	华北地台、扬子地台、塔里木地台

3. 按全球板块构造动力环境和盆地沉降机制分类

刘池洋等（2015）按全球构造动力环境和盆地沉降机制，对沉积盆地进行分类（表2-3）。

1）大洋板块内部沉积盆地

大洋可看作一种特殊的巨型沉积盆地，或由若干个沉积盆地组成的超级盆地域（群）（刘池洋等，2008），其可根据大洋板块沉降动力进一步分成5类（表2-3中Ⅰ）。

2）大陆（板块）内部沉积盆地

大陆板块内部的盆地，包括大陆向大洋自然延伸的陆壳及部分过渡壳上发育的盆地，又称陆内盆地或大陆盆地。陆内盆地又可分为6类（表2-3中Ⅱ）。在大陆内部，盆地沉降热力、应力和重力均有较明显表现，且相互作用、彼此影响、空间耦合、时间继叠，从而形成了特征复杂、类型多样的沉积盆地。如既有克拉通盆地，也有挤压、拉张、转换走滑各类不同构造应力属性的盆地。

3）转换型构造环境沉积盆地

转换型构造环境主要由板块或较大地块之间近平行差异水平运动所形成。转换型构造环境沉积盆地可根据与断层活动条数的不同分为8类，其中与单条断层活动有关的盆地类型有3种，与两条或多条断层活动有关的盆地类型有5类（表2-3中Ⅲ）。

4）离散型大陆边缘沉积盆地

该类又有大西洋型、被动型、非活动型大陆边缘等称谓，总体具扩张特性，以大西洋边缘最为典型。根据离散型大陆边缘板块的构造形态分为4类（表2-3中Ⅳ）。

5）消减—俯冲型大陆（板块）边缘沉积盆地

该类沉积盆地位于大洋板块向大陆板块（也有少数向大洋板块）俯冲消减的结合部位及其周邻。由于东、西太平洋边缘大洋俯冲板块下插的角度差别颇大，其构造环境、地貌特征和盆地发育及其类型特征明显不同（刘池洋等，1993），又可分为亚太型

（西太平洋型）和安第斯型两种构造环境。其中亚太型构造环境分6种沉积盆地类型，安第斯型构造环境为2种沉积盆地类型（表2-3中Ⅴ）。

6）碰撞型大陆（板块）边缘沉积盆地

碰撞型大陆边缘可进一步划分出11类盆地（表2-3中Ⅵ）。这11类盆地分别发育在碰撞造山过程的不同阶段，且在同一造山带很难同时出现，一般也很少全部发育。

7）天体撞击盆地

这类盆地是由小行星、陨石等天外物体撞击地球所形成的负向构造，将其作为一种特殊盆地类型列入表2-3。

8）改造（型）沉积盆地

地质改造无时不有、无处不在，特别盆地后期改造普遍存在（刘池洋，1996，2000）。改造（型）沉积盆地是指盆地在演化末期或之后，主成盆期的原始面貌遭受较明显改造的沉积盆地（刘池洋，1999）。改造盆地在反映构造动学环境方面具有复合性或双（多）重性，即改造之前盆地原型形成和改造过程中改造作用所分别反映的动力环境。因此改造盆地可划分两类。（1）按后期改造的主要动力及改造形式的不同，将其分为8种类型（表2-3中Ⅷ）：抬升剥蚀型（残留盆地）、叠合深埋型（叠合盆地）、热力改造型（盆地）、构造变形型（构造盆地）、肢解残存型（肢解错位盆地）、反转改造型（反转盆地）、流体改造型（盆地）、复合改造型（盆地）；（2）按改造前原盆地类型划分。

表2-3　全球构造动力环境和沉积盆地分类表（据刘池洋等，2015；有删改）

大地构造位置与盆地形成的动力环境		地壳类型	盆地鼎盛期类型（原型）	沉降动力	热状态	沉积速率
板块内部	Ⅰ大洋板块内部	洋壳	（1）活动大洋盆地（Active Ocean Basins）	热力	热	慢
			（2）休眠大洋盆地（Dormant Ocean Basins）	地貌	温	
			（3）洋底高原（Oceanic Plateau）			
			（4）深海平原（Abyssal Plain）			
			（5）大洋中脊（大洋裂谷）（Oceanic Ridge/rift）	热力	热	
	Ⅱ大陆与大陆板块（大陆内部）	陆壳	（1）克拉通盆地（Cratonic Basins）	热力	温、凉	慢
			（2）陆内坳陷盆地（Intracontinental Depression Basins）			
			①陆内碗形坳陷盆地（Bowl-shape）			
			②陆内碟形坳陷盆地（Dish-shape）	地貌	凉	慢、快
			（3）陆内裂陷盆地（Intracontinental Rift Basins）	应力热力	热	快
			①大陆（或陆内）裂谷（Continental Rift）			
			②陆内断陷盆地（Intracontinental Rift Basins）		热	快
			③坳拉谷（槽）（Aulacogen）			
			（4）陆内前陆盆地（Intracontinental Foreland Basins）	应力	凉、温	快、中
			（5）陆内压陷盆地（Intracontinental Compressional basins）			
		陆壳—过渡壳	（6）近陆缘盆地（Adjacent Continental Margin Basins）	应力、热力	热、温	快、中

大地构造位置与盆地形成的动力环境		地壳类型	盆地鼎盛期类型（原型）	沉降动力	热状态	沉积速率
板块内部	Ⅲ 转换型构造环境	陆壳—洋壳—过渡壳	与单条断层活动有关	转换拉张	热	快
			（1）斜列（雁列）盆地（en echelon basins）			
			（2）断弯分离盆地（fault-bend basins）			
			（3）转换—补偿盆地（transform-compensation basins）			
			与两条或多条断层活动有关	转换挤压		中
			（4）拉分盆地（pull-apart basins）			
			（5）渗漏盆地（leakage basins）			
			（6）断楔盆地（夹角拉分盆地）（fault wedge basins）			
			（7）辫状断裂系中的块断盆地（fault-block basins in braided fault systems）	转换旋转		
			（8）转换旋转盆地（transrotational basins）			
大陆（板块）边缘	Ⅳ 离散型大陆边缘	过渡壳—洋壳—陆壳	（1）陆间裂谷（初始洋裂谷）（intercontinental rift）	热力、应力	热	快、中
			（2）被动陆缘三角洲盆地（passive continental margin delta basins）	应力、重力	温、凉	
			（3）海底扇沉积体（盆地）（abyssal fans）	地貌		
			（4）拉张裂谷盆地（pull-rift basins）	应力	热	
	聚敛型	Ⅴ 消减—俯冲型	亚太型（沟弧盆型）	洋壳过渡壳及陆壳	（1）海沟盆地（oceanic trench basins）	应力挤压	凉	不均
					（2）沟坡盆地（trench-slope basins）			
					（3）弧前盆地（forearc basins）			
					（4）弧内盆地（intra-arc basins）	地貌	温	
					（5）弧间盆地（interarc basins）	热力	热	快、中
					（6）弧后盆地（backarc basins）			
			安第斯型	洋壳	（1）海沟盆地（oceanic trench basins）	应力	凉	慢
				陆壳	（2）弧背（前陆）盆地（retroarc（foreland）basins）			快、中
		Ⅵ 碰撞型大陆（板块）边缘		陆壳	（1）残留洋盆地（remnant ocean basins）	热力	热、温	快、中
					（2）中间地块盆地（median mass basins）			
					（3）山间坳陷盆地（intermontane depressional basins）	地貌	凉	快、中
					（4）山间压陷盆地（intermontane compressional basins）	应力		
					（5）周缘前陆盆地（proforeland basins）		凉	快、中
					（6）山前坳陷（盆地）（piedmont depressional basins）	地貌		
					（7）后陆盆地（backland basins）	热力、应力	热—温	中
					（8）侧陆盆地（side continent basins）	应力、地貌	温、凉	快、中
					（9）碰撞谷（collision rift，impactogen）	应力	热、温	快、中
					（10）塌陷盆地（collapse basins）	重力、热力	温	快、中
					（11）改造型分裂前陆盆地（broken foreland basins）	应力	凉	中

18

大地构造位置与 盆地形成的动力环境	地壳 类型	盆地鼎盛期类型（原型）	沉降 动力	热状态	沉积 速率
Ⅶ特殊型		（天体）撞击盆地（celestia bodies）impacted basins	重力	热、凉	快、慢
Ⅷ 改造型		（1）按改造动力和改造形式划分为 8 类 如残留盆地（Residual Basins）、叠合盆地（Super-imposed Basins）等	复合		
		（2）按改造前原盆类型划分			

第二节　沉积盆地充填过程模拟

沉积盆地充填过程模拟是一种集盆地沉积学和地层学的研究于一体，综合采用沉积学、层序地层学（成因地层学）以及盆地动力学的研究成果，来模拟盆地内沉积物的充填、沉积层序的形成和地层的展布形式等，进而帮助认识盆地内沉积体系、沉积相带的形成规律、地层展布形式和沉积相序的发育规律等（庞雄奇等，2003）。本节从模拟的研究内容、意义以及现状出发，阐述了盆地充填过程模拟所采用的基本参数以及模拟的模型。

一、沉积盆地充填过程模拟研究内容、意义及现状

沉积盆地充填过程是指从盆地沉积物形成到不断接受沉积的地质时间段，该过程受盆地沉降快慢、盆地构造运动强弱以及盆地所处气候变化和海平面升降等多种因素影响。其主要研究内容如图 2-1 所示。

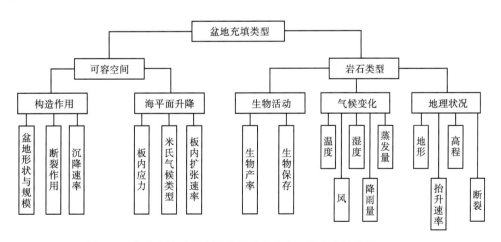

图 2-1　盆地充填过程定量模拟研究内容（引自庞雄奇等，2003）

沉积盆地充填过程模拟研究是为了更好地认识盆地形成的各个阶段，从而对指导盆地进一步勘探、开发有利。这种动态分析盆地充填过程变化的模拟，能够检验并预测沉积地层、沉积相和沉积体系的分布和配置规律。

近年来，沉积盆地充填过程模拟研究取得了一系列进展，这其中包括前陆盆地逆冲

带的加载与盆地充填层序发育的耦合过程的动态模拟研究（Nigel 和 Graham，1996）以及以揭示沉积层序发育演化为目的的沉积层序模拟等。国外学者对于盆地充填过程动力学数值模拟研究起于 20 世纪末，最为代表性的就是：Bitzer 等（1987）采用水动力学方法进行了沉积物的搬运、分散和堆积过程模拟研究；Jervey 等（1988）提出的对层序地层的理论发展起重要作用的"可容纳空间"（Accommodation）的概念；Lawrence 等（1990）以半经验算法为基础建立二维的盆地地层模拟系统；Goldhammer 等（1991）发展了一维计算机模型来模拟台地碳酸盐的生长；Douglas（1991）建立二维几何学模拟系统，探讨了构造沉降、海平面变化、沉积物供给量变化对层序几何形态的控制作用；David 等（1992）采用几何学方法模拟研究了盆地充填的宏观过程和沉积层序的几何形态。国内学者则以林畅松（1998）建立了综合的二维层序模拟系统；胡受权（2000）建立了一个能够模拟各型盆地的综合数学物理方程式，模拟了湖平面变化过程及其陆相层序响应机制、基底构造沉降过程及其陆相层序响应机制、物源供给过程及其陆相层序响应机制。

二、沉积盆地充填过程模拟参数及模型

沉积盆地充填过程模拟受地质因素和地质过程的控制，决定了在进行模拟的过程中两类基本的参数：一类是可容纳空间的产生或消亡；另一类是沉积物搬运和堆积过程。（1）可容纳空间：沉积盆地在充填过程中，在侵蚀基准面之下必须存在可供利用的空间，把这个可供利用的空间就称为可容纳空间。它是海平面变化和构造沉降的函数，二者的相对变化会导致可容纳空间的变化。（2）沉积物供给量：供给到盆地内沉积物的总量，它是沉积物注入盆地的总速率和靠近活跃输砂带的程度的函数（Jervey，1988）。两类参数在沉积盆地充填过程中共同作用，控制盆地内地层层序的形态、岩性和展布等。

沉积盆地充填过程模拟的模型可以是一维、二维或者三维的。一维模拟研究沉积地层沿垂向的发育，即一个点上的地层发育随时间的演变；二维模拟研究一个地质断面，它既相对简单，又比一维模拟能更真实地反映客观世界，因此是用得最多的一种方法；三维模拟最接近客观世界但也是最复杂、最困难的。

参 考 文 献

陈发景，汪新文．2000．中国西北地区早—中侏罗世盆地原型分析．地学前缘，7（4）：459-65．

房建军，刘池洋，王建强，等．2008．流体改造及地貌高差：含油气盆地分析和评价的重要内容．石油与天然气地质，29（3）：297-302．

何登发，贾承造，童晓光，等．2004．叠合盆地概念辨析．石油勘探与开发，31（1）：1-7．

胡受权．2000．湖平面变化及物源供给对陆相层序影响机理的计算机模拟．断块油气田，7（6）：1-4．

林畅松．1998．二维沉积层序计算机模拟研究．沉积学报（2）：68-73．

刘池洋，孙海山．1999．改造型盆地类型划分．新疆石油地质，20（2）：79-82．

刘池洋，王建强，赵红格，等．2015．沉积盆地类型划分及其相关问题讨论．地学前缘，22（3）：1-26．

刘池洋，赵重远，杨兴科．2000．活动性强、深部作用活跃——中国沉积盆地的两个重要特点．石油与

天然气地质, 29 (1): 1-6.

刘池洋. 1993. 对弧后扩张作用的探讨. 地质论评, 39 (3): 187-195.

刘池洋. 1996. 后期改造强烈——中国沉积盆地的重要特点之一. 石油与天然气地质, 17 (4): 255-261.

刘池洋. 2008. 沉积盆地动力学与盆地成藏 (矿) 系统. 地球科学与环境学报, 30 (1): 5-27.

庞雄奇, 汪信文, 方祖康, 等. 2003. 地质过程定量模拟. 北京: 石油工业出版社.

彭作林, 郑建京. 1995. 中国主要沉积盆地分类. 沉积学报, 13 (2): 150-159.

田在艺, 张庆春. 1996. 中国含油气沉积盆地论. 北京: 石油工业出版社.

岳来群, 甘克文, 夏响华. 2010. 沉积盆地分类及相关问题探讨. 海洋地质动态. 26 (3): 53-58.

Bitzer K, Harbaugh J W. 1987. DEPOSIM: A Macintosh computer model for two-dimensional simulation of transport, deposition, erosion, and compaction of clastic sediments. Computers & Geosciences, 13 (6): 611-637.

David J R, Michael S S, Bermard J C. 1992. Modeling the stratigraphy of continental margins, margin continental margin stratigraphy, 1990 and 1991 report Lamont-Doherty Geological Observatory, An institute of Columbia University dedicated to research in earth sciences, 77-87.

Douglas J Cant. 1991. Geometric modeling of fades migration: theoretical development of facies successions and local unconformities. Basin Research, 3 (2): 51-62.

Goldhammer R K, Oswald E J, Dunn P A. 1991. Hierarchy of stratigraphic forcing: Example from Middle Pennsylvanian shelf carbonates of the Paradox basin. // Franseen EK, Watney W L, Kendall C G St C. Sedimentary modeling: Computer simulations and methods for improved parameter definition. Kansas Geological Survey Bulletin, 233: 361-413.

Jervey M T. 1988. Quantitative geological modelling of siliciclastic rock sequences and their seismic expression. // Wilgus CK, et al. Sea-level Changes: an integrated approach. Soc. Ecom. Palaeontol. Mineral. Spec. Publ, 42: 47-69.

Lawrence D T, Doyle M, Aigner T. 1990. Stratigraphic simulation of sedimentary basins: Concepts and calibration. AAPG Bulletin, 74: 3 (3): 273-295.

Nigel P M, Graham K W. 1996. Modeling sedimentation in ocean trenches: the Naukai Trough from 1 Mato the present. Basin Research, 8: 85-101.

第三章　埋藏史与构造演化史

本章阐述了埋藏史恢复、沉降史恢复和构造演化史恢复等方法技术。第一节从埋藏史的定义和研究内容出发，描述了压实作用、不同岩性的地层孔隙度变化规律及埋藏史恢复、剥蚀厚度恢复的方法技术等；第二节对地壳均衡模式、沉降量计算方法进行简要说明；第三节阐述平衡剖面技术、构造变形几何模型及构造演化史恢复过程等。

第一节　埋　藏　史

埋藏史指盆地内地层埋藏深度随地质时间的变化情况。地质时间跨度可以从沉积开始至现今，也可指某一特定地质时期，地层演化包括沉积间断、剥蚀和断层等地质事件。埋藏史是盆地分析模拟的基础，其研究内容主要包括压实作用与孔隙度变化规律、地层压力、埋藏史恢复和剥蚀厚度恢复等（郭秋麟等，1998）。本节在讲述压实作用和孔隙度变化规律的基础上重点描述埋藏史和剥蚀厚度恢复的方法技术。

一、压实作用

地层埋藏过程中沉积物在多种作用的影响下发生各种变化，包括压实、排水、孔隙度变化、矿物转化、原有矿物的溶蚀等。压实排水、孔隙度变化和压实作用的不可逆性等特征是定量恢复剥蚀厚度、重建埋藏史及计算排烃量的基础。

刚刚沉积下来的疏松沉积物在上覆沉积物和静水压力下固结成岩的过程称为压实作用，这是一种最常见的地质现象和地质作用。

压实作用可以排除沉积物中的水，缩小其体积并降低孔隙度，同时伴有结构、构造或新生矿物的形成，促进沉积物固结硬化。根据沉积物性质的不同其作用效果也不一样，一般而言，对蒸发岩作用最小，对砂质沉积物作用较小，对泥质沉积物作用最大。压实作用的特征可从泥岩压实脱水过程中体现出来。

Powers（1967）、Burst（1969）、Perry 和 Hower（1972）等学者先后提出了多种脱水机制，总体可归纳为浅层早期压实的孔隙脱水和深部矿物转化的层间脱水，其结果是早期孔隙度急速变小，晚期孔隙度再次变小

基于压实过程和结果的分析，不同学者对岩石压实阶段也有不同的划分方式，一般可划分为 3 个阶段或 4 个阶段。如对于泥岩，可根据泥岩孔隙度变化、泥岩的脱水过程和矿物的转化把压实作用归纳为 4 个阶段：早期快速压实阶段、早期稳定压实阶段、晚期突变压实阶段和晚期紧密压实阶段（表 3-1）。

值得一提的是，不同岩性具有不同的压实阶段，如砂岩可能不存在以上 4 个阶段或4 个阶段的特征不明显。对于泥岩，在不同地区压实阶段出现的深度可能不同。所以，

在划分压实阶段时要根据具体情况区别对待。

表 3-1 泥岩压实阶段及其特征

压实阶段	脱水阶段	黏土矿物	排水量占总排出量（%）	孔隙度（%）	地层压力
早期快速压实	脱孔隙水	纯蒙皂石	64.7	35~70	正常
早期稳定压实	脱过剩层间水	纯蒙皂石	13.5	25~35	正常
晚期突变压实	脱最后第二层层间水	蒙皂石与伊利石混层	21.1	10~25	异常高压
晚期紧密压实	脱最后一层层间水	纯伊利石	0.7	5~10	正常

二、孔隙度变化规律

沉积物（特别是碎屑沉积物）的孔隙度随埋深增加而变小是普遍规律。这种变化主要是由于沉积物的压实作用造成的。研究孔隙度的变化规律是恢复埋藏史和剥蚀史的前提，也是计算排烃量的基础。

孔隙度，即岩石中孔隙体积与岩石体积之比，可表示为：

$$\phi = \frac{V_p}{V_t} = \frac{V_p}{V_p + V_s} \qquad (3-1)$$

式中 ϕ——岩石孔隙度，%；

V_p——岩石中孔隙体积，cm^3；

V_s——岩石中骨架体积，cm^3；

V_t——岩石总体积，cm^3。

1. 孔隙度与深度的关系

国内外学者很早就对孔隙度与深度的关系进行了研究（如 Athy，1930），他们认为，孔隙度与深度之间存在如下指数关系：

$$\phi = \phi_o e^{-CZ} \qquad (3-2)$$

式中 ϕ——深度 Z 处的孔隙度，%；

ϕ_o——地表孔隙度，%；

C——压实系数，m^{-1}；

Z——深度，m。

以上经验公式的图版如图 3-1 所示。该公式是埋藏史恢复的基础，其中压实系数 C 和地表孔隙度 ϕ_o 与岩性有关。

2. 压实系数及其求取

求取压实系数要经过以下两个步骤：（1）求取不同深度下的孔隙度；（2）在半对数坐标系

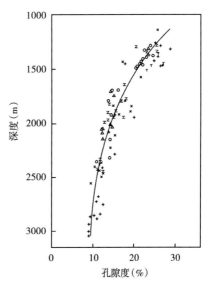

图 3-1 孔隙度与深度关系曲线

中进行回归分析，得出孔隙度与深度的线性关系（可能多段），并求出压实系数（该线的斜率）。

求取孔隙度的最佳办法就是直接从探井中取样实测。如果条件限制，不能实测到足够多的样品（孔隙度），则可借助声波时差法求取全井的孔隙度。根据怀利（Wyllie，1956）时间平均方程：

$$\Delta t = (1 - \phi)\Delta t_{\mathrm{m}} + \phi \Delta t_{\mathrm{f}} \tag{3-3}$$

移项得：

$$\phi = \frac{\Delta t - \Delta t_{\mathrm{m}}}{\Delta t_{\mathrm{f}} - \Delta t_{\mathrm{m}}} \tag{3-4}$$

式中　ϕ——测点的孔隙度,%；

　　　Δt——测点的声波时差，$\mu \mathrm{s}/\mathrm{m}$；

　　　Δt_{m}——岩石基质（骨架）的声波时差，$\mu \mathrm{s}/\mathrm{m}$；

　　　Δt_{f}——孔隙中流体的声波时差，$\mu \mathrm{s}/\mathrm{m}$。

岩石基质和孔隙中流体的声波时差参数参见表 3-2。

表 3-2　岩石骨架与流体声波时差经验参数

骨架 Δt_{m}（$\mu \mathrm{s}/\mathrm{m}$）				流体 Δt_{f}（$\mu \mathrm{s}/\mathrm{m}$）		
砂岩 179~191	泥岩 265~275	石灰岩 143~152	白云岩 37~143	水 620	油 720	气 2200

实际资料研究表明，泥岩的压实系数最大，一般在 $(0.5~1.0) \times 10^{-3} \mathrm{m}^{-1}$ 之间（表 3-3）；砂岩的压实系数较小，多数在 $(0.1~0.5) \times 10^{-3} \mathrm{m}^{-1}$ 之间；碳酸盐岩的压实系数介于以上两者之间，如含泥质成分较多，则偏向于泥岩，反之则偏向于砂岩；煤系地层的压实系数一般借用泥岩的压实系数；蒸发岩（膏岩、盐岩）由于沉积时密度大、孔隙少，不易于压实，因而可视为无压实作用，即压实系数取 0。

表 3-3　不同岩性的压实系数与地表孔隙度（据 Hegarty，1988）

岩性	泥岩	砂屑灰岩	微晶灰岩	砂岩	粉砂岩	灰质粉砂岩
压实系数（$10^{-3} \mathrm{m}^{-1}$）	0.70	0.56	0.41	0.40	0.33	0.20
地表孔隙度（%）	52	42	30	34	50	41

压实系数的大小与沉积物受压程度及排水量成正比。不同的岩性具有不同的压实系数；同一岩性在不同的埋深阶段（压实阶段）也有不同的压实系数。因此，在应用式（3-2）时，要按岩性和压实阶段给出压实系数。

3. 地表孔隙度及其求取

通常所说的地表孔隙度是指沉积物沉积后还未受到压实时的孔隙度，一般可通过实验室压实模拟或由现代地表沉积物实测得到。国内外诸多学者对此已开展了广泛研究（表 3-4 和表 3-5）。

表 3-4 泥岩沉积物地表孔隙度（据郭秋麟等，2013）

沉积物类型	微山湖湖底20m淤泥	三水盆地泥质沉积物	典型干黏土	东湖现代淤泥	黄骅坳陷泥岩和泌阳凹陷泥岩	海底黏土
孔隙度（%）	53	60	45	62	55	70~80
资料来源	张敦祥，1979	张博全等，1992	贝丰等，1985	陈发景等，1989		Dickinson，1953
沉积物类型	页岩	泥岩	泥页岩	泥岩	泥页岩	泥页岩
孔隙度（%）	63	52	45~70	60~65	70	71
资料来源	Sclater等，1980	Hegarty等，1988	Giles等，1998	Roy等，2007	Underdown等，2008	Vejbæk等，2008

表 3-5 砂岩沉积物地表孔隙度

沉积物类型	砂岩	砂岩	砂岩	砂岩	砂岩	砂岩	砂岩	砂岩	砂岩	砂岩
孔隙度（%）	42	43	46	26	40	43	37	34.6	40	37.9
资料来源	姚秀云，1989	纪友亮，2012	潘高峰，2011	王国亭，2012	罗文军，2012	舒艳，2011	雍自权，2012	吴小斌，2011	唐大海，2002	周晓峰，2010

由于压实作用具有阶段性特征，因此孔隙度—深度曲线在半对数坐标系中往往不是由一条直线而是由多条线段构成的（特别是泥岩）。即式（3-2）中的地表孔隙度不是唯一的，而是每条线段都有不同的 ϕ_0。图 3-2 为多线段孔隙度—深度曲线示意图。图中由浅至深分别有 L_1、L_2、L_3 和 L_4 四条孔隙度—深度曲线。第 1 条直线 L_1 的 ϕ_0 为真实的地表孔隙度（实测地表孔隙度）；其他 3 条直线的 ϕ_0 为虚拟地表孔隙度，其值就是该线段向上延伸到深度为零时（地表）的孔隙度，其分布范围可能较大，甚至大于 100%（如 L_3 中 ϕ_0 = 120%）。

真实地表孔隙度一般由类比法获得或借用国内外研究成果，也可通过实测获得。虚拟地表孔隙度则只能通过作图法求得。

4. 常见岩性孔隙度演化特征

根据大量前人研究成果可分析泥页岩、砂岩等常见岩性的孔隙度演化趋势特征。Giles（1998）统计了国外

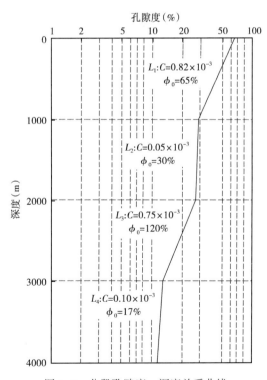

图 3-2 分段孔隙度—深度关系曲线

部分盆地的砂岩、泥岩和碳酸盐岩孔隙度与深度关系曲线（图3-3）。从图中可见，不同地区不同岩性其孔隙度演化特征（孔隙度—深度关系）不尽相同，但孔隙度—深度曲线大多会位于某一范围之内（图3-3各图形的阴影部分），该范围的左侧虚线代表最大压实界限，右侧虚线代表最大欠压实界限，这些界限为某一盆地孔隙度—深度关系研究提供了一定的合理性判别依据。

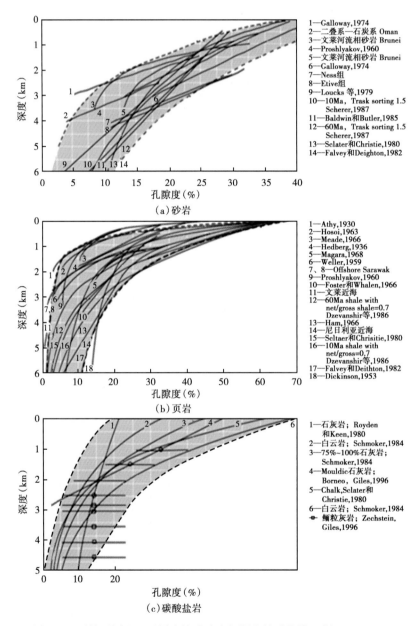

图3-3　国外不同地区不同岩性孔隙度与深度关系曲线（据Giles，1998）

以图3-3中砂岩为例，平均孔隙度变化情况为：

1000m深度时，孔隙度的平均值从地表的45%左右下降为约33%；

26

2000m 时，平均孔隙度下降到 23% 左右，每 100m 约下降 1%；

3000m 时，平均孔隙度约 14%，平均每 100m 下降 0.9%；

4000m 时，平均孔隙度约 10%，平均每 100m 下降 0.4%；

5000m 时，平均孔隙度约 8%，平均每 100m 下降 0.2%；

6000m 时，平均孔隙度约 6%，平均每 100m 下降 0.2%。

而图 3-3 中泥岩的平均孔隙度变化情况为：

1000m 时，平均孔隙度已从地表时的 60% 降到 27%，每 100m 约下降 3.3%；

2000m 时，平均孔隙度已下降到 16%，每 100m 约下降 1.1%；

3000m 时，平均孔隙度已下降到 11%，每 100m 约下降 0.5%；

4000m 以下，孔隙度变化缓慢。

可见，在早期压实阶段，泥岩比砂岩具有更快更明显的压实效应，并较早达到较低的孔隙度，其后的变化速度则比砂岩更慢。

可见，在早期压实阶段，泥岩比砂岩具有更快更明显的压实效应，并较早达到较低的孔隙度，其后的变化速率则比砂岩更为缓慢。

国内学者的相关研究见图 3-4、图 3-5。以图 3-4 中二连盆地数据（图中曲线 8）代表砂岩孔隙度—深度曲线的中值情况，其特征如下：

1000m 时，平均孔隙度已从地表时的 40% 左右降到 21%，每 100m 约下降 1.9%；

2000m 时，孔隙度已下降到 12%，每 100m 约下降 0.9%；

3000m 时，孔隙度已下降到 8%，每 100m 约下降 0.4%；

4000m 以下，孔隙度变化缓慢。

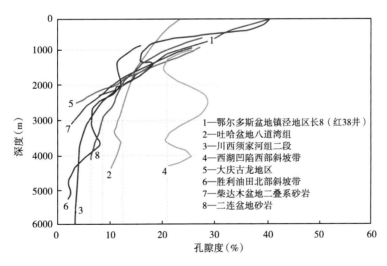

图 3-4　国内部分地区砂岩孔隙度与深度关系曲线

国内部分盆地的泥岩代表性孔隙度—深度曲线图表明（图 3-5），在 1000m、2000m、3000m、3500m 和 4000m 处，平均孔隙度分别为 26%、14.5%、8.5%、7% 和 6%，比国外略小。

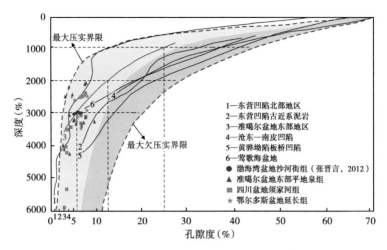

图 3-5　国内部分地区泥页岩孔隙度与深度关系曲线（据郭秋麟等，2013）

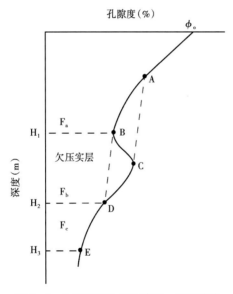

图 3-6　含欠压实地层孔隙度—深度曲线

5. 欠压实地层孔隙度变化规律

　　孔隙度随埋深变小是普遍规律，但有些学者怀疑这规律不可靠，原因是在实测录井剖面中，常见孔隙度有随埋深而增大的现象。图 3-6 就是典型的例子，从图中可以看出孔隙度随埋深的变化是：$\phi_0 \to A \to B \to C \to D \to E$，其中 $B \to C$ 这个过程孔隙度增大了。

　　图 3-6 中 H_1—B 为地层 F_a 与 F_b 的界线；H_2—D 为地层 F_b 与 F_c 的界线；H_3—E 为 F_c 的底界。F_b 地层为欠压实层，F_a 和 F_c 为正常压实层。

　　对于 F_a 地层，其孔隙度随埋深的变化过程是：$\phi_0 \to A \to B$，即由大到小。

　　对于 F_c 地层，其孔隙度变化过程可能有两种：（1）$\phi_0 \to A \to B \to D \to E$；（2）$\phi_0 \to A \to C \to D \to E$。不管是路径（1）还是路径

（2），其孔隙度变化都是由大到小的。

　　对于欠压实层 F_b，其孔隙度变化只能是 $\phi_0 \to A \to C \to D$，不可能是 $\phi_0 \to A \to B \to C \to D$。因为压实作用是不可逆的。也就是说，欠压实地层的孔隙度变化也是由大到小的，与正常压实地层的变化规律是一致的。

　　综上分析得出：在出现欠压实地层的地区恢复埋藏史时，孔隙度—深度曲线必须分层处理（每层有自己的压实曲线），同时还要分段处理（不同段有不同的压实系数和地表孔隙度）。

　　郭秋麟等（2013）分析了欠压实地层孔隙度变化的概念模型，并根据沧东—南皮凹陷女 28 井数据作图（图 3-7），从图中可以看到在烃源岩层（欠压实泥岩段）出现了明

显的孔隙度增大情况。

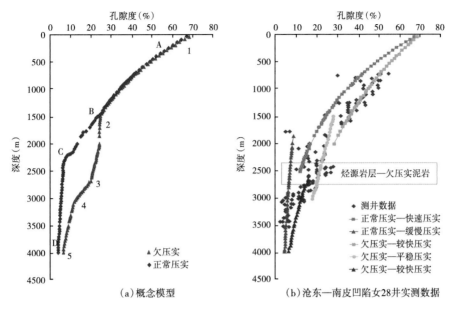

图 3-7　欠压实地层孔隙度—深度曲线概念模型和实例（据郭秋麟等，2013）

6. 影响孔隙度演化恢复的其他因素

其他一些影响孔隙度演化的因素还包括成岩胶结作用、溶蚀作用和有机质纳米孔等。其中成岩胶结作用会减少岩石孔隙度，溶蚀作用、有机质纳米孔则会增加岩石孔隙度。胶结和溶蚀作用研究较多，此处不做介绍；有机质纳米孔为近年来新兴的研究领域，也开始有专家学者开展相关研究。如郭秋麟等（2013）在总结国外学者研究成果基础上结合国内实际数据，分析了泥页岩孔隙度与纳米孔的关系（表 3-6），结果揭示：

有机质纳米孔占泥页岩总孔隙的平均比例约 31.74%，占岩石体积平均为 1.8%；

有机质纳米孔与 TOC 含量和 R_o 成正比，TOC 大于 3%、R_o 大于 1.3% 是形成有机质纳米孔的有利条件。

表 3-6　泥页岩总孔隙与纳米孔统计数据表（据郭秋麟等，2013）

泥页岩		Barnett	Hayneville	Marcellus	四川长宁龙马溪组	四川威远龙马溪组	鄂尔多斯盆地延长组	平均
TOC（%）		5	3.5	6	3.3	2.7	6.1	4.4
R_o（%）		1.5	1.8	1.05	3.08	2.42	0.73	1.76
总孔隙度（%）		5	12	6.5	5.88	5.46	1.9	6.12
纳米孔（%）	占有机质体积	30	34	4	10~25	8~15	1~5	14.7
	占岩石体积	4.29	3.6	0.5	1.35	0.7	0.38	1.8
	占总孔隙体积	85.8	30	7.7	34.2	12.8	20	31.74
资料来源		总孔隙度，TOC，R_o：据 Wang 和 Reed，2009；Milner 等，2010；纳米孔占有机质体积：据 Curtis M. E. 等，2010			长芯 1 井 23 个样品、宁 201 井 8 个样品实测结果	威远 201 井 10 个样品实测结果	4 个样品的有机质和 15 个样品的孔隙实测数据	

三、埋藏史恢复

埋藏史可由巴布诺夫曲线或回剥柱状图表示。以深度为纵坐标，地质时间为横坐标来表示沉积物埋藏史的曲线称为巴布诺夫曲线（图3-8）。在经典的巴布诺夫曲线中，各个沉积单元的厚度在各个地质时期保持不变，这是其不足之处。随着对沉积物埋藏过程的深入了解，尤其是对沉积压实作用及沉积物在埋藏过程中孔隙度变化规律的进一步认识，人们逐渐意识到经典的巴布诺夫曲线已不能真实地描述沉积物的沉积埋藏过程。石广仁等（1989）提出了回剥柱状图（图3-9），该图不仅能够真实反映沉积单元在埋藏过程中的变化过程，同时还能清楚、准确地反映出沉积单元在不同地质时期的厚度变化，所以回剥柱状图已成为埋藏史研究最重要的图件之一。把回剥柱状图中各沉积单元的底界连接起来后，得到的曲线图就是改进了的巴布诺夫曲线图，它是埋藏史研究的基础图件。

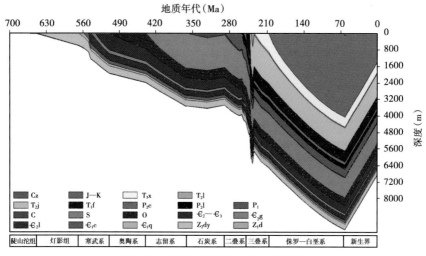

图 3-8　巴布诺夫曲线（Net0540 井）

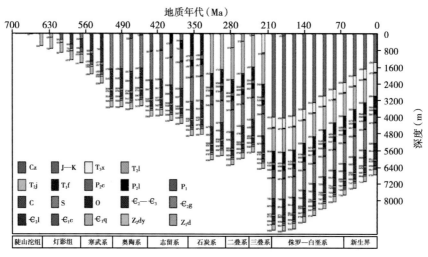

图 3-9　回剥柱状图（Net0540 井）

埋藏史恢复可用正演和反演两种方法。正演是指从古至今模拟埋藏过程，如超压技术中所用的沉积速率法；反演是指由今溯古恢复埋藏史，如回剥技术。无论是正演还是反演，都采用了沉积压实与孔隙度变化的原理。

1. 反演模型——回剥技术法

反演的回剥技术（Backstripping）主要过程是：根据质量守恒原则，随着埋藏深度的增加，地层厚度变小，但地层的骨架厚度始终不变。各地层在保持其厚度不变的条件下，从目前盆地分层现状出发，按地质年代逐层剥去，直至全部剥完为止。在特殊的地质条件下（如剥蚀及断层事件发生时），同一地层在不同的地质时间段内其骨架厚度是不一样的。因此回剥计算时必须分段处理，即按相同骨架厚度为同段的原则划分出不同的时间段；然后，在各段中预先算出最大埋藏深度；最后再按同一段中骨架不变的原则进行回剥处理。可见，此方法在软件编程方面较为复杂，但其模拟结果不存在与实际值不符的缺点，所以回剥技术已成为埋藏史恢复的主导技术。

1）前提条件

应用分段回剥技术的前提条件有五项，其中包括三项假设和两项已知参数：

（1）孔隙度在正常压实条件下随埋深而变小（或不变），但在地层抬升过程中（由深变浅），孔隙度不会增大，即不可逆性。地层被抬升后再次往下埋深时，只有埋深超过前期最大埋深后，孔隙度才会随埋深而变小（或不变）。

（2）同一个地层的沉积速率相等，即在相同的时间内沉积相同量的沉积物；如果有剥蚀，则假设在同一个剥蚀事件中剥蚀速率相等，即在相同的时间内剥去相同厚度的地层。

（3）对于某个地层（同一个井点处），如果其遭到剥蚀，则假设被剥蚀掉的部分都是在同一次剥蚀事件中造成的，而不是由多个剥蚀事件累积剥蚀的结果。

（4）孔隙度随深度变化的函数是已知的。

（5）剥蚀厚度、剥蚀开始时间和结束时间是已知的，这些参数可在前处理时计算出。

在叙述分段回剥方法之前，还需要做如下三点说明。

第一，最大埋深及最大埋深时刻，目标层在埋藏过程中曾经达到的最大埋藏深度及其对应的地质时间或时刻。一般用目标层的顶界埋藏史（其上层的底界埋藏史）来确定。目标层顶界的最大埋深用 d_A 表示，对应的时刻为 t_A（图 3-10）。

第二，局部埋藏高点和某时刻之前的局部埋藏高点的最大深度，地层在埋藏过程中可能会遇到多次抬升运动，造成多次深度随时间变化而变小的现象，把这些深度开始变小的拐点称为局部埋深高点（简称局部高点）。图 3-10 中 P_1、P_2、P_3、P_4 和 P_5 点均为地层的局部高点。t_A 时刻之前的局部高点有 P_1、P_2、P_3 和 P_4 四个点，其中 P_2 最深，因此称 P_2 点为 t_A 时刻之前的局部高点之最大值 d_B，其对应的时刻为 t_B。

第三，某时刻之前，指在这个时刻之前的地质时间。如 30Ma 之前，是指大于 30Ma 的地质时间，反之，则指小于 30Ma 的地质时间。

以上说明中，t_A、d_A、t_B、d_B 在下文分段回剥方法叙述中均为专用符号。

2）相关技术

在下文分段回剥方法叙述中经常使用的技术有三个。

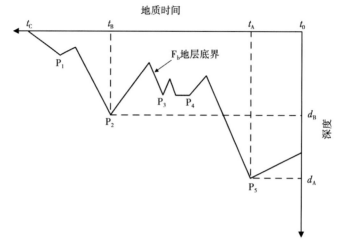

图 3-10　F_b 地层埋藏史示意图

（1）已知目标层顶、底界埋深，求骨架厚度。

使用如下公式：

$$h_s = \int_{Z_1}^{Z_2} \left[1 - \phi(z) \right] \mathrm{d}z$$

$$= Z_2 - Z_1 - \frac{\phi_0}{C \cdot \left[\exp(-CZ_1) - \exp(CZ_2) \right]}$$

（3-5）

式中　h_s——地层骨架厚度，m；

z——地层埋深，m；

Z_1——地层顶界埋深，m；

Z_2——地层底界埋深，m；

C——压实系数，m^{-1}；

ϕ_0——地表孔隙度。

（2）已知目标层顶界埋深 Z_1 和骨架厚度 h_s，求地层底界深度和厚度。

使用迭代法求底界深度和厚度，过程如下：

①设初始迭代步长为 λ（可用 5m、10m 或 50m），把 Z_1 和 $Z_2 = Z_1 + \lambda$ 代入式（3-5），并求出此时的骨架厚度 h_{sx}。

②比较 h_{sx} 和 h_s，存在以下三种可能：

如果 $h_{sx} \approx h_s$，则迭代结束，此时 Z_2 为地层底界的深度，$Z_2 - Z_1$ 为地层的厚度。

如果 $h_{sx} < h_s$，则把 Z_2 加上 λ，并用式（3-5）求出骨架厚度 h_{sx}，重复②。

如果 $h_{sx} > h_s$，则先把 λ 除 2 再将 Z_2 减去 λ，并用式（3-5）求 h_{sx}，重复②。

（3）最顶层（第 1 层）埋藏史恢复。

图 3-11 为顶层埋藏过程示意图，图中 Z_2 为现今底界深度，t_s 为开始沉积的时间，t_x 为任一时刻（在 t_s 与 0 之间），h_x 为 t_x 时刻第 1 层底界的埋藏深度——要计算的值。

32

①求最大骨架厚度（现今时刻的骨架），已知顶界埋深为0，底界为Z_2，用式（3-5）可求出骨架厚度h_s。

②求t_x时刻地层的骨架厚度h_{sx}，根据沉积速率相等的原则，有

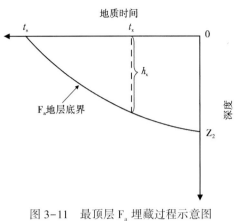

$$\frac{h_{sx}}{h_s} = \frac{t_s - t_x}{t_s - 0} \qquad (3\text{-}6)$$

移项后有：

$$h_{sx} = (t_s - t_x) \cdot h_s / t_s \qquad (3\text{-}7)$$

图 3-11 最顶层 F_a 埋藏过程示意图

③求任意时刻t_x的底界埋深，已知t_x时刻地层顶界埋深为0，骨架厚度为h_{sx}，用上文中介绍的迭代法可求出地层底界埋深。

3）分段回剥法

前文已述，回剥技术是一种反演技术，其回剥过程是从新到老逐层进行的，即在恢复完第一层埋藏史后，才能恢复第二层。换句话讲，如果正在恢复的目标层为第n层，则第$n-1$层的埋藏史一定已经恢复出来了。

在回剥处理之前，首先要确定目标层是否遭受剥蚀，如果没有，则可用恒定骨架厚度法进行恢复；如果有，则只能用变骨架厚度法进行处理。

（1）无剥蚀事件回剥过程（恒定骨架厚度法）。

假定目标层为第三层，第二层（底界）的埋藏史是已知的，也就是目标层顶界埋藏史是已知的，要恢复的是底界埋藏史（通常把底界埋藏史称为该层的埋藏史）。

图 3-12 中，F_a、F_b 和 F_c 分别为第一、第二和第三层，其中目标层 F_c 在整个埋藏过程中未遭到剥蚀，因此其骨架厚度不变；t_d、t_c 和 t_b 分别为 F_c、F_b 和 F_a 地层开始沉积的时刻；t_0 为现今点，取 0；d_A 和 t_A 分别为 F_c 地层顶界最大埋深及其对应的时刻，可用逐点对比法求得；d_B 和 t_B 分别为 F_c 地层在 t_A 时刻之前的局部高点中的最大埋深及其对应的时刻；h_a 为地层现今厚度；h_b 为 t_B 时刻 F_c 地层的厚度。

第一段：t_0—t_A 段。

根据孔隙度变化不可逆的原则，在最大埋深时刻 t_A 之后，F_c 地层的孔隙度不发生变化，因此其后厚度一直不变，为 h_a。

第二段：t_A—t_a 段。

在 t_A—t_B 段之间必定存在 t_a 时刻，在此时刻，F_c 地层顶界埋深为 d_B；在 t_a 之前到 t_B 时刻，F_c 地层顶界埋深均不大于 d_B；在 t_a 之后到 t_A 时刻，F_c 地层顶界随时间而依次增大，直到等于 d_A。换言之，从 t_a 到 t_A 过程中，F_c 地层属正常压实段，其任一时刻的厚度变化可用迭代法求出。过程如下：

①求骨架厚度 h_s。F_c 地层的骨架厚度为 t_A 时刻 F_c 地层顶界 d_A 和底界 d_A+h_a 的积分值，即 $Z_1=d_A$ 和 $Z_2=d_A+h_a$ 代入式（3-5）后求出的骨架厚度。

②任一时刻（t_x）F_c 地层的顶界深度 d_x。t_x 时刻的顶界深度为 F_b 地层在 t_x 时刻的底界埋深，可用逐点寻找法求出。

33

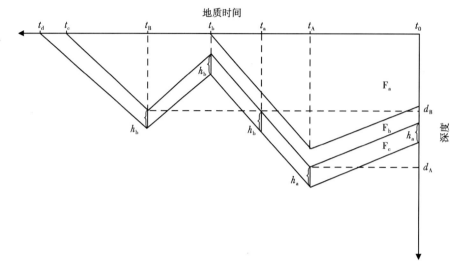

图 3-12　目标层无剥蚀事件埋藏史示意图

③求任一时刻（t_x）F_c地层的底界埋深。已知F_c地层顶界埋深d_x和骨架厚度h_s，可用迭代法求出底界埋深和厚度。

当$t_x = t_a$时，求出的F_c地层厚度为h_b；当$t_x = t_A$时，求出的地层厚度为h_a；t_x在t_a与t_A之间求出的厚度均在h_b与h_A之间。

第三段：t_a—t_B段。

从t_B时刻之后，F_c地层进入了抬升阶段，直到t_b时刻抬升运动才结束；从t_b到t_a过程，F_c又再次往下埋深，但在整个过程中F_c地层顶界埋深均不大于d_B，所以这个阶段孔隙度不会变化，地层厚度也不变，一直为h_b。

第四段：t_B—t_c段。

如果在t_B时刻之前还存在有局部高点（抬升运动），此时，利用F_b地层的埋藏史可找出t_B时刻之前的局部高点之最大埋深d_c及其对应时刻t_C。这时可把t_B点当作t_A点，而把t_C点看成t_B点，因而又有了新的t_A—t_B段。这个新的t_A—t_B段的恢复过程与原来的t_A—t_B段完全相同，而且其骨架厚度已经知道（h_s）。

如果在t_B时刻之前不存在局部高点（此时正如图3-12所示），那么t_c到t_B为正常压实过程，其孔隙度随埋深而变小，因此可用t_A—t_a段的方法恢复这段埋藏史。

第五段：t_c—t_d段。

这是F_c地层开始沉积到结束沉积的过程，因而其骨架厚度是变化的。这个过程在埋藏史中是特例，其恢复方法同顶层恢复方法。

（2）剥蚀事件发生在最大埋深之前的回剥过程（变骨架厚度法Ⅰ）。

同样假定目标层为第三层。图3-13为剥蚀事件发生在最大埋深之前的例子。图中F_a、F_b、F_c、d_A、t_A，d_B、t_B、t_0、t_c、t_d同图3-12；h_a为F_c地层残余厚度；h_{ero}为F_c地层被剥蚀的厚度；h_b为t_B时刻F_c地层厚度与h_{ero}之差；t_s、t_e分别为F_c地层遭剥蚀的开始时刻和结束时刻。

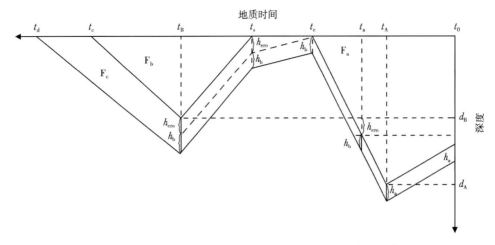

图 3-13　目标层剥蚀事件发生在最大埋深之前的埋藏史示意图

第一段：t_0—t_A 段。

该段厚度不变，一直等于残余厚度 h_a。

第二段：t_A—t_a 段。

t_a 同恒定骨架厚度法中的 t_a 时刻。在 t_a 时刻 F_c 地层顶界埋深为 $d_B + h_{ero}$。在 t_a 之前到 t_B 时刻，F_c 地层顶界埋深不大于 $d_B + h_{ero}$；在 t_a 之后到 t_A 时刻，F_c 地层顶界随时间而增加埋深，即属正常压实段，此段的恢复过程如下：

①求残余骨架厚度。

把 $Z_1 = d_A$，$Z_2 = d_A + h_a$ 代入式（3-5）后，可求出残余骨架厚度 h_{sr}。

②求任意时刻（t_x）F_c 地层的底界埋深和厚度。t_x 时刻 F_c。地层的顶界埋深通过 F_b 地层埋藏史可求出。知道顶界埋深和骨架厚度后，可用迭代法求出底界埋深和地层厚度。

当 $t_x = t_a$ 时，求出的地层厚度就是 h_b；$t_a = t_A$ 时，求出的厚度为 h_a。

第三段：t_a—t_e 段。

t_e 为剥蚀结束时刻，同时也是 F_a 地层开始沉积的时刻。在此段埋深过程中，由于其顶界深度不大于在此之前的最大埋深 d_B 与 h_{ero} 之和，因此孔隙度不变，厚度也不变，均为 h_b。

第四段：t_e—t_s 段。

t_s 为开始剥蚀时刻。根据剥蚀速率相同的原则，任意时刻 t_x 的厚度 h_x 可由以下关系式求得：

$$\frac{h_{ero}}{h_x - h_b} = \frac{t_s - t_e}{t_x - t_e} \tag{3-8}$$

移项后得：

$$h_x = \frac{t_x - t_e}{t_s - t_e} \cdot h_{ero} + h_b \tag{3-9}$$

35

第五段：t_s—t_B 段。

此段厚度不变，一直为 $h_{ero}+h_b$。

第六段：t_B—t_c 段。

此段骨架厚度不变，等于残余骨架厚度 h_{sr} 与剥蚀厚度的骨架厚度 h_{se} 之和，其中 h_{se} 的求取如下：把 $Z_1=d_B$，$Z_2=d_B+h_{ero}$ 代入式（3-5）后，求出的骨架厚度即是 h_{se}。

已知骨架厚度后，该段的恢复方法同恒定骨架厚度法的 t_B—t_c 段。

第七段：t_c—t_d 段。

本段恢复过程同恒定骨架厚度法的 t_c—t_d 段。

（3）剥蚀事件发生在最大埋深之后的回剥过程（变骨架厚度法Ⅱ）。

同样假定目标层为第三层。图 3-14 为剥蚀事件发生在最大埋深之后的例子，该图中各符号含义同图 3-13。

第一段：t_A 时刻之前的埋藏史。

其骨架厚度为 h_s，等于残余骨架厚度 h_{sr} 和剥蚀骨架厚度 h_{se} 之和。把 $Z_1=d_A$，$Z_2=d_A+h_{ero}$ 代入式（3-5）后求出的骨架厚度为 h_{se}；把 $Z_1=d_A+h_{ero}$，$Z_2=d_A+h_{ero}+h_a$ 代入式（3-5）后求出的骨架厚度为 h_{sr}。

已知骨架厚度 h_s 且 t_A 时刻之前 F_c 地层不遭剥蚀，因此其恢复方法同恒定骨架厚度法在 t_A 时刻之前的恢复过程。

第二段：t_A 时刻之后的埋藏史。

t_A 时刻之后的埋藏史经历了三个阶段：

①从 t_A 到 F_c 地层开始遭受剥蚀的时刻 t_s：此过程 F_c 地层厚度一直为 $h_{ero}+h_a$。

②从剥蚀开始 t_s 到剥蚀结束 t_e：此过程骨架厚度和地层厚度因遭剥蚀而逐渐变小，按剥蚀速率相等原则，容易求出任意时刻的厚度。

③从剥蚀结束后 t_e 到现今 t_0；此过程 F_c 地层厚度不变，一直等于残余厚度 h_a。

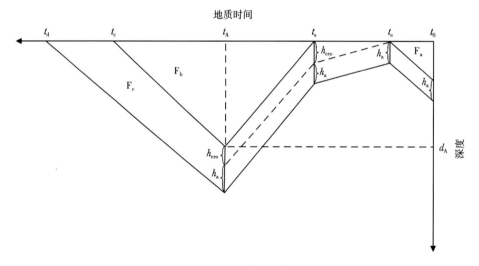

图 3-14　目标层剥蚀事件发生在最大埋深之后的埋藏史示意图

2. 正演模型——沉积速率法

正演的沉积速率法的过程如下：

（1）根据地层的现今厚度和原始孔隙度，求出地层的原始厚度；

（2）根据原始厚度和相应的沉积时间，求出该地层的沉积速率（图3-15）；

（3）从古到今重建埋藏史，从地层的原始厚度出发，地层按沉积速率随时间向下埋深，并按孔隙度—深度关系计算被压实后的地层厚度。

这种方法的缺点是：由于地质条件的复杂性，因而当演化计算到现今时，恢复的地层厚度常与实际的地层厚度不符。此时必须调整参数重新计算，直至达到允许的误差为止。显然，用这种方法计算较费机时，而且对使用者要求较高，对各种参数调整后所产生的模拟结果要有预见性，否则将较难完成此项工作。

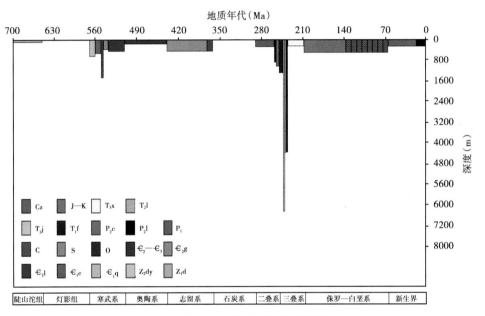

图3-15　Net0540井沉积速率史图

四、剥蚀厚度恢复

不整合及其剥蚀厚度的确定在盆地分析中具有重要的意义。剥蚀厚度是埋藏史恢复的重要参数之一，剥蚀过程也是埋藏史的重要组成部分。

剥蚀厚度恢复是项世界性的难题，至今还没有一种完善的方法能恢复任何地质条件下的剥蚀厚度，现有的技术方法都受特定的地质条件限制。下面介绍两种特定条件下的恢复方法。

1. 大于现今盖层厚度的剥蚀厚度恢复

这是一种可准确恢复的类型，包括两种情况，即剥蚀面就是现今的地表（非覆盖区）和剥蚀面不在地表，但其上覆盖层厚度小于剥蚀厚度。在以上两种条件下，可根据沉积物在埋藏过程中孔隙度变化及有机质成熟度的不可逆性原则计算剥蚀厚度。

1）声波时差测井法

真柄钦次（1978）提出此法后曾在我国得到了广泛的应用。在正常的压实带内，泥岩的传播时间具有一定的规律性，掌握了这一规律就能准确地恢复剥蚀厚度。

图 3-16a 为无剥蚀区的声波时差与深度关系图，图中 t_0 为现今地表（无剥蚀区）的声波时差值。在同一个地区，t_0 值可视为不变，即可把 t_0 看作常数。

图 3-16b 为剥蚀面就是现在地表的声波时差与深度关系图。由于遭到剥蚀，现在地表的声波时差 t_1 小于无剥蚀时的 t_0，按正常压实趋势，把 t_1 向上延伸到 t_0，此时的深度位置 H_0 就是遭到剥蚀前的地表（原始地表）显然，现在地表与原始地表之间的深度差值 H_1-H_0，就是剥蚀厚度。

图 3-16c 为剥蚀面上已有盖层的声波时差与深度关系图，图中实线部分被剥蚀面分为两段。这是由于剥蚀面上下地层的压实程度不同造成的。同样，按正常的压实趋势延伸，可找到原始地表的位置 H_0。H_0 与剥蚀面位置的深度 H_2 之间的差值就是剥蚀厚度。

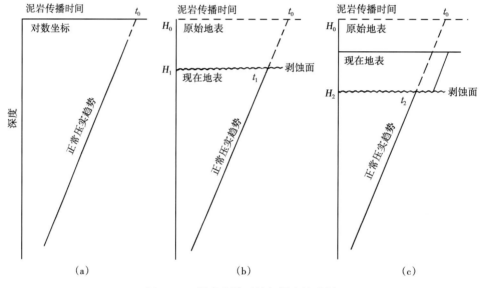

图 3-16　泥岩声波时差与深度关系图

2）数值模拟法

这里采用镜质组反射率 R_o 指标，其理论依据是有机质热演化过程的不可逆性；前提是具有研究区实测的 R_o—深度曲线和相对较稳定的地温场。

通过给定一个假定的剥蚀厚度 E_h，然后用数值模拟方法重建埋藏史和有机质热成熟度史，从而模拟出理论的 R_o—深度关系曲线。

对比理论和实测的 R_o—深度关系曲线（图 3-17），如果不符合，则修改 E_h 再重复以上步骤，直到理论与实测 R_o—深度曲线拟合较好为止，此时的 E_h 就是要求取的剥蚀厚度。

图 3-17 为 E_h = 3000m 时，实测与理论 R_o—深度关系图。从中可以发现，理论 R_o 与实测 R_o 重叠较好，因此，认为 3000m 就是该不整合面的剥蚀厚度。

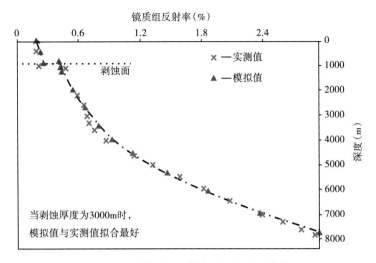

图 3-17　镜质组反射率—深度关系曲线

2. 剥蚀范围较小的角度不整合

这类不整合的剥蚀面与地层之间相互斜交（不平行）。借助于剥蚀面下未被剥蚀地层的变化趋势，通过延伸被剥蚀地层的走向，就可用作图法推算出被剥蚀的厚度。

1）地震剖面解释法

这种方法适合于剥蚀前地层厚度在横向上变化较小的地区。图 3-18 为该方法综合解释的一个例子。图中 A、B、C、D 代表地层的底界，实线部分为地震解释的结果，虚线部分用趋势外推获得。从图中 D 可发现最大的剥蚀厚度为 h。

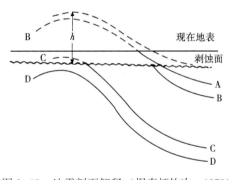

图 3-18　地震剖面解释（据真柄钦次，1978）

如果地层倾角较小，剥蚀范围较广，那么，用该法将使地层底界侧向外推造成的误差增大，因而使用时要慎重考虑。

2）趋势面分析法

趋势面分析法是把构造总趋势与局部构造区别开的一种技术方法。区域性的地壳运动造成构造总趋势，局部构造运动造成局部构造或局部不整合（倪丙荣和郭秋麟，1990）。把当前地层的实际厚度减去总趋势厚度，剩下的称为剩余厚度。如果剩余厚度为负值，即实际厚度小于总趋势厚度，说明由局部运动造成地层局部抬升，并已遭到剥蚀，其剥蚀量就是剩余厚度的绝对值。如果剩余厚度为正值，则为非剥蚀区，地层剥蚀厚度为 0。

图 3-19 为东营凹陷八面河地区趋势面剩余厚度等值线图。图中 W33、M5、M2 井一带的剩余厚度为负值，即为剥蚀区。由于它们的剥蚀厚度为 0～15 单元，假定每个单元代表 10m，那么该带的剥蚀厚度为 0～150m。

此方法的精度较低，但在其他方法不适用的情况下，可试用此法。

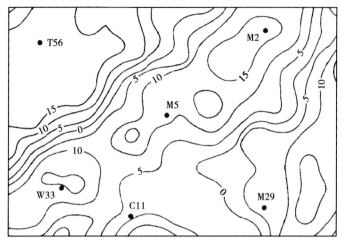

图 3-19 趋势面剩余厚度等值线图

第二节 沉 降 史

盆地沉降的方式反映了特定的大地构造背景特征，沉降的过程可提供该区大地构造历史的重要信息，可与相邻变形带的构造历史进行有效对比，而沉降的幅度则是控制沉积物热演化史和有机质成熟度的重要因素。因此，通过沉降史恢复确定盆地基底的沉降幅度和沉降速率，也是盆地分析与模拟中至为重要的环节之一（图3-20）。

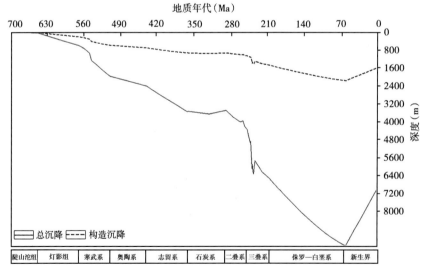

图 3-20 W62-28 井沉降史示意图

盆地的沉降包括构造沉降和负荷沉降，两者之和为总沉降。负荷沉降可利用 Airy 均衡补偿和挠曲模式求取，而构造沉降可通过总沉降量（沉积物厚度加古水深）减去负荷沉降得到。本节主要对基于 Airy 均衡模式的沉降史恢复方法进行阐述。

一、基于 Airy 均衡模式的负荷沉降计算

假定软流圈顶面之上的岩石圈是由一系列的上浮柱体所构成，在这些柱体上加载所造成的均衡过程称为 Airy 均衡。Airy 均衡模式认为，当盆地基底因某种动力作用产生沉降时，地壳表面形成的空间将由水来充填。由于沉积作用，这些水域全部或部分由沉积物取代。这样，由于密度的增加，地壳表面将产生一定的负荷沉降，从而达到地壳变形后的均衡。

图 3-21 中，I 为原始洼地的水深（m），H 为沉积物充填深度（m），W_d 为沉积时水深（m），D_L 为负荷沉降量（m），C、M 分别为地壳和地幔厚度（m），ρ_w、ρ_s、ρ_c、ρ_m 水分别代表水、沉积物、地壳和地幔的密度（kg/m³）。由于图 3-21 右侧的两个地壳剖面已经处于均衡状态，因而有：

$$I \cdot \rho_w + C \cdot \rho_c + M \cdot \rho_m = W_d \cdot \rho_w + H \cdot \rho_s + C \cdot \rho_c + (M - D_L) \cdot \rho_m$$

即：
$$(I - W_d)\rho_w = H \cdot \rho_s - D_L \cdot \rho_m \tag{3-10}$$

由于 $I = H + W_d - D_L$，代入式（3-10），得：

$$D_L = \frac{\rho_s - \rho_w}{\rho_m - \rho_w} \cdot H \tag{3-11}$$

式（3-11）即为 Airy 模型导出的负荷沉降幅度计算公式。

式中　D_L——负荷沉降量，m；

　　　H——沉积物充填深度，m；

　　　ρ_w——水的密度，kg/m³，取值为 1000kg/m³；

　　　ρ_s——沉积物的密度，kg/m³，取值为 2500~2700kg/m³；

　　　ρ_c——地壳的密度，kg/m³，取值为 2800kg/m³；

　　　ρ_m——地幔的密度，kg/m³，取值为 3330kg/m³。

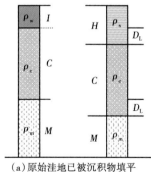

（a）原始洼地已被沉积物填平　　（b）原始洼地未被沉积物填平

图 3-21　地壳均衡模型图（据田在艺等，1996）

由此可见，根据以上均衡公式，只要知道沉积物充填深度及其密度，就能求出负荷沉降幅度。

二、构造沉降计算

前已述及，总沉降可用沉积物及其之上的古水深表示，即：

$$D_B = H + W_d = D_T + D_L \qquad (3-12)$$

式中 D_B——总沉降，m；

  H——沉积物充填深度，m；

  W_d——沉积时水深，m；

  D_T——构造沉降，m；

  D_L——负荷沉降，m。

Airy 均衡模式中，假设沉积物将盆地全部填满，且海平面不变。然而，层序地层学与古生态学研究表明，地质历史时期盆地通常具有一定的水深，同时海平面是在不断变化的，其变化会影响负荷沉降的变化。如果考虑海平面升降的影响，则式（3-12）应修正为：

$$D_T = \left(\frac{\rho_m - \rho_s}{\rho_m - \rho_w} \cdot H - \frac{\rho_w}{\rho_m - \rho_w} \cdot \Delta S_L \right) + (W_d - \Delta S_L) \qquad (3-13)$$

式中 ΔS_L——海平面升降量，m。

由式（3-13）可知，只要知道沉积物充填深度、古水深和负荷沉降，即可求得构造沉降。

第三节 构造演化史

构造演化史恢复需使用平衡剖面技术，将剖面上的变形构造通过几何学原则全部复原成合理的未变形状态。平衡剖面技术的基本约束条件是：变形前后物质的体积不变，在垂直构造走向的剖面上体现为"面积不变"，如果变形前后岩层厚度保持不变时，则可以转化为"层长不变"。

建立构造变形几何模型是构造演化史恢复最重要的环节之一。挤压地区和伸展地区具有不同的构造变形模型，如挤压地区最常见的构造样式是逆冲断层系，又可分为叠瓦扇逆冲系、双重构造、三角带等类别，而伸展地区最为常见是铲状正断层。恢复盆地构造演化史，首先是根据不同构造样式建立构造变形几何模型，然后采用层长守恒、面积守恒等构造变形复原方法，在确定构造变形序列、基准面、钉线、标志层等基础之上，逐块逐层复原演化史剖面。因为相应的恢复过程及采用的方法大同小异，因此本节仅以伸展地区构造演化史恢复为例进行详细说明，对于挤压地区的构造演化史恢复不进行单独叙述。

一、平衡剖面技术

自 20 世纪初 Chamberlain（1910，1919）用平衡剖面的概念估算北美阿巴拉契亚山脉及落基山脉的底部滑脱面深度后，Bucher（1933）、Goguel（1962）等许多学者都应用了这一概念。1969 年加拿大学者 Dahlstrom 第一次系统地提出了平衡剖面方法并提出了两个准则：（1）对横剖面几何学合理性的一种简单检验方法就是测量地层的长度，如果不存在间断，这些岩层的长度必定是一致的；（2）在一个特定的地质环境中，只可能存在一套特定的构造。此后，平衡剖面技术有了较大的发展，在褶皱逆冲带广泛使用并已取得显著效果。Elliott（1983）认为，如果一条剖面能够被复原到未变形的状态，那么它就是一条合理的剖面，按照他的定义，一条平衡了的剖面应当即是合理的，又是可接受的。Gibbs（1983）首先将平衡剖面的概念应用于张性地区，他以北海油田为例，运用平衡剖面技术编制和复原伸展地区的地质剖面，并讨论了计算拉伸量与滑脱面深度所遇到的问题，为平衡剖面技术在伸展地区的应用奠定了基础。

其后，Davison（1986）、Williams（1987）、Rowan（1989）、Dula（1991）等学者均做了大量的工作。在中国，雷新华等（1994）在"张性盆地构造演化史计算机模拟系统"一文中，详细阐述了平衡剖面技术伸展地区的应用方法及关键技术，从而加速了我国应用平衡剖面技术恢复构造演化史的进程。

利用平衡剖面技术和计算机应用技术，研制平衡剖面软件，可以帮助地质家完成以下工作：

（1）快速地评价和检验地震解释剖面，使错误得到及时的修正；

（2）确定盆地的构造演化史，动态地认识构造的形成过程，准确地判断出圈闭的形成时间；

（3）更精确地圈定油气藏的几何形状、分布范围及其演变，为油气成藏在时、空匹配分析提供必要的保证。

平衡剖面的基本约束条件是，变形前后物质的体积不变，在垂直构造走向的剖面上体现为"面积不变"，如果变形前后岩层厚度保持不变时，则可以转化为"层长不变"（雷新华等，1994）。

建立平衡剖面时，一般要遵守以下原则。

（1）剖面线要平行于构造运动方向，即垂直于构造带走向。斜切构造带走向的剖面一般不能平衡或存在着不同程度的误差。

（2）剖面中的变形构造必须是可逆向复原的，并且复原后符合一般的地质准则，如逆冲断层沿运动方向总是向上切割地层，伸展断层总是向下切割地层，地层界面保持连续的变化，同一断层不呈锯齿状等。

（3）变形前后的物质守恒。物质既不能创造，也不能消灭，这一物理定律在地质学中的应用便转变成了"体积不变原则"，即变形前后区域地层所占的体积不变，但体积是三维空间，这使体积守恒原则难以应用，在垂直构造走向的剖面上的变形，通常可以假设为平面应变，因此这时的三维体积不变原则可转化为二维面积不变原则。

（4）断层位移距守恒。一般情况下，对于同一断层应当保持相同的位移量，或者等量的位移量被转移，如断层沿倾向转变为褶皱，使沿断层的位移逐渐转换为褶皱造成的缩短；断层发生分叉，使位移量分散到各小断层之上；出现同生断层，位移量被地层厚度差异弥补等。

二、伸展地区构造演化史恢复

伸展地区的构造特点是正断层发育。不同尺度、不同世代、几何形态各异的正断层，在伸展构造的形成过程中起着重要的作用。研究分析表明，铲状正断层在伸展地区最为常见，它控制了一个盆地的形态、规模，同时还控制着盆地内的构造演化。因此，铲状正断层的构造变形及其恢复是伸展地区构造研究的重点。

1. 铲状正断层构造变形几何模型

1）几何模型的假设条件

应用平衡剖面原则，建立铲状正断层与地层变形的几何模型时，假定变形过程满足以下四个条件（Dula，1991）：

（1）构造变形只发生在上盘，下盘未发生变形；

（2）构造变形为平面应变，即质点只在剖面内发生位移，没有物质移出剖面，也没有物质流进剖面；

（3）上盘变形是由单一的变形机制所引起的，暂不考虑由各种变形机制复合作用产生的复杂情况；

（4）沉积物的压实作用已被校正。

2）几何模型与变形机制

铲状正断层运动引起的上盘滚动构造变形可分为两步理解（Rowan 和 Kligfield，1989）。图 3-22a 表示变形前的状态，剖面中存在一条潜在的铲状正断层；图 3-22b 表示上盘被拉开如图中箭头所示的长度，上盘内的点（即 A 点）侧向移动到新的位置（即 A′点），从而造成上、下盘之间出现一楔形空间（设空隙面积等于上盘尾端所增加的矩形面积，即面积守恒）。图 3-22c 表示下盘中质点（A′点）在重力作用下下降到未变形的下盘的可能路径。上盘物质变形充填空隙时的位移矢量可能是垂直的（A′→A″）、非垂直的（A′→A‴和 A′→A⁗）或者是其他不确定的，因此导致上盘产生不同的变形（图 3-22d）。

（1）水平断距不变模型（Constant Heave）。

该模型又叫垂直剪切模型（Vertical Shear），模型中假定断层的水平断距（H）在上盘的变形过程中保持恒定。上盘中的质点从原来未变形的位置水平移动一段距离 H，然后沿垂直滑动面向下运动，并充填由水平拉伸形成的楔形空隙（Verral，1981；Gibbs，1983）。

（2）斜向剪切模型（Inclined Shear）。

该模型假定上盘中的质点先平行于区域倾斜线移动一段距离 H，然后以剪切角 α（从区域倾斜线的法线上测量）向下运动，并充填由水平拉伸形成的楔形空隙（White，1986；Dula，1991）。

（3）位移距不变模型（Constant Displacement）。

该模型假定上盘中的质点在下降过程中，总位移距（沿断层面测量的）D 保持不变，但位移距的水平分量 H 和垂直分量 T 沿着横剖面是变化的（Williams 和 Vann，1987）。

（4）层长不变模型（Constant Bed Length）。

该模型假定上盘的岩层在发生构造变形过程中长度保持不变。上盘的变形是由顺层面

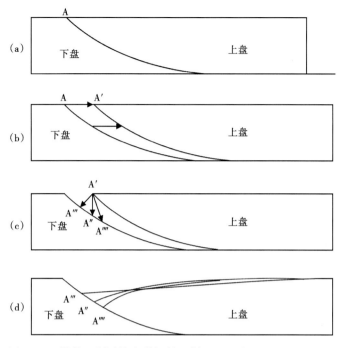

图 3-22　铲状正断层的变形机制（据 Rowan 和 Kligfield，1989）

滑动的弯滑褶皱作用形成的。层面为活动的滑动面，并假设层内变形很小（Davison，1986）。

（5）滑移线模型（Slip Line）。

该模型假定上盘中的质点沿平行于主断层的滑移线移动。该模型并不像位移距不变模型那样认为位移路径在上盘给定的垂线上是平行的，它要求在上盘的近似垂线上，单条位移路径的倾角随深度减小，沿滑移线测量的位移矢量只有在矩形图版垂直于断层的倾角稳定段的方向才是平行的（Williams 和 Vann，1987）。

2. 拉张量和滑脱面深度的计算

图 3-23 表示剖面拉伸后产生的断层及上盘变形情况。根据变形情况前后面积保持不变的平衡原理可得，图中楔形空隙的面积 A_2 等于剖面右侧所增加的矩形面积 A_1，即：

$$A_2 = A_1 = e \cdot h \qquad (3-14)$$

在垂直剪切条件下，拉张量 e 等于水平断距 H，因此有：

$$h = A_2 / H \qquad (3-15)$$

式中　h——滑脱面深度，m；

　　　A_2——楔形空隙的面积，m^2；

　　　H——水平断距，m。

3. 构造演化史恢复

伸展地区构造演化史恢复包括压实恢复、剥蚀恢复和变形恢复三大部分，前两个部分在前文中已有详细论述，这里不再重复。

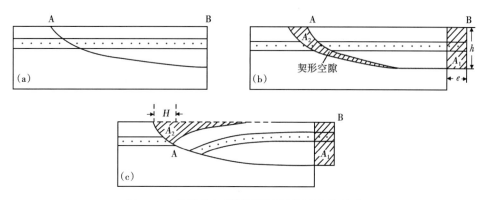

图 3-23 拉张量与滑脱面深度及楔形空隙关系

1) 变形恢复方法及其选取

伸展地区构造演化史恢复包括压实恢复、剥蚀恢复和变形恢复三大部分，前两个部分在前文中已有详细论述，这里不再重复。

（1）剪切模型法。

包括垂向剪切和正、反向斜向剪切。反向剪切的剪切方向与上盘地层的倾向相同（图 3-24a）；正向剪切的剪切方向与上盘地层的倾向相反（图 3-24b）。当上盘地层的滚动褶皱幅度较大时，应选用正向剪切模型，反之，则选用反向剪切模型，介于两者之中的，可选用垂向剪切模型。

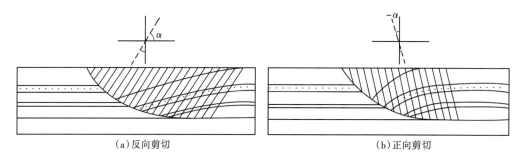

（a）反向剪切　　　　　　　　　　　　（b）正向剪切

图 3-24 剪切模型示意图

剪切角 α 的选取应参照上盘中次级断层的倾角。如果次级断层主体倾向与地层相同应取正（图 3-25a），反之取负（图 3-25b）。如果次级断层中，正、反倾向的断层均等（图 3-25c），则 α 取 0，即垂向剪切。α 的大小与次级断层的倾角成正比。

（2）多米诺模型法。

该模型较少用。在变形恢复时，一般只作旋转处理。

（3）层长守恒法。

层长守恒法又称波状层法，其前提条件是变形前后岩层长度保持不变。依此条件，Dahlstrom（1969，1971）认为以下变形构造可用层长守恒法复原：平行褶皱、同心褶皱（包括简单弯曲褶皱）、尖棱褶皱及箱状褶皱。

在进行复原之前，首先要确定未变形的地层模板。常用的模板有层饼状地层和楔状

46

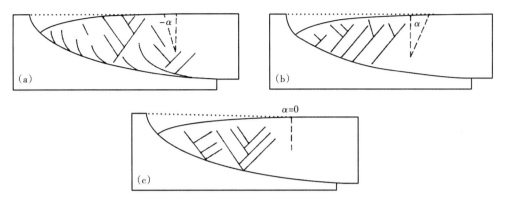

图 3-25　次级断层与剪切角的关系（据 Dula，1991）

地层两种（图 3-26）。

层饼状模板的特征是，未变形地层界面平行且地层厚度不变；而楔形地层模板中，地层厚度是变化的，其形状呈楔形。以上两种模板可交替使用。

建立好地层模板之后，只需依次将变形剖面中各地层界线的长度标绘在地层模板上就能得到复原的剖面。当剖面中有断层时，断层两侧（上盘、下盘）的地层长度要分开计算，然后逐段标绘到地层模板上。此时，各层中的各线段点，即为断层线的断点。把同一条断层上的断点由上至下连线线，便可获得变形前断点的轨迹线。

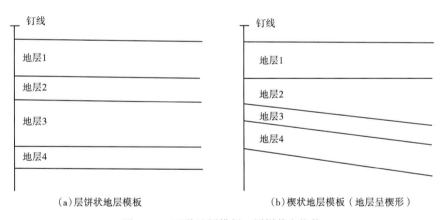

图 3-26　两种地层模板：层饼状和楔状

（4）面积守恒法。

该方法建立在变形前后地层面积保持不变的平衡原理之上。面积、层长和层厚三者之间的关系是面积守恒的基础。剖面变形后的面积（现今剖面的面积）是已知数，因此，在层长和层厚两者中，只要知道其一，就要推算出另一个值。

在实际剖面中，由于构造变形强烈或其他因素，使得地层长度的计算遇到较大难题，此时可采用标志层（或叫关键层）法估算。在地层长度难于确定的情况下，选择其中变形程度最小，且有代表性的一层作为关键层，然后计算其长度，并用于代表整套地层在变形前的长度。

用标志层法求出地层长度后，就可求出各层的平均地层厚度。如果变形模板是层饼状的地层，则地层厚度取平均厚度，复原步骤与层长守恒法一样。如果地层模板是楔形的，则必须定好楔形层两端的厚度（两端厚度相加后应等于该层平均厚度的两倍），然后再用楔形模板复原剖面。

在伸展地区，一般先用层长守恒进行变形恢复，然后，在此基础上再进行面积校正。

变形方法的选取决定于变形机制，而变形机制又往往取决于岩性特征、地质特征（如基底形态、主断层形态等）及变形环境（应力强弱、应变速率等），其中岩性影响最突出。对于非固结的岩石（中新生代沉积物或沉积岩），由于岩石中的质点易于相对滑动，在重力作用下，常形成垂向剪切。受断层面的摩擦牵引力及上盘质点位移时的黏滞力的作用，可能形成斜向剪切。变形剖面中，上盘有时会发育一些次级反倾向断层，这就是斜向剪切的结果。当地层的岩性变化韵律清楚、层次分明，且地层已固结，这时由于易于发生层间滑动，因而适合于层长不变模型。

各种模型的选取还可根据铲状正断层的倾斜坡度变化来定。经过研究（Dula，1991）得出：假定上盘变形已知，铲状断层已知，铲状断层的坡度不知，用不同的变形模型预测断层的坡度时，得出了不同的结果（图3-27）。层长守恒方法得出的坡度最大，滑移线方法得出的最小。利用此成果，可以反推，当铲状正断层坡度较小时取滑移线模型；当坡度较大时取层长不变模型；介于两者之间的坡度可取其他模型。

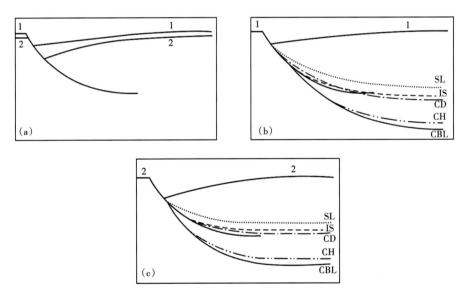

图 3-27　不同变形方法预测的断层走向

SL—滑移线模型；IS—斜向剪切模型；CD—位移距不变模型；CH—垂向剪切模型；CBL—层长不变模型

2）构造演化史恢复

应用平衡剖面方法恢复构造演化史的过程如下：

（1）建立复原剖面的标志面或线。一般假定标志面在未变形前是一水平面，如果断层上盘或下盘曾遭受过整体的区域变形，则复原的标志线可能为倾斜线，这时可建立区域倾斜的复原标志面（从下盘的地层断开点向上盘引地层的切线）。

（2）将上盘地层界面上的点按照不同的几何变形模型恢复到标志面上，同样上盘断点也作相应的等量恢复，这时上、下盘之间将出现一个楔型空间。

以剪切模型为例：如果采用垂直剪切模型恢复，则上盘变形层上的各点垂直向上移动到标志面上，而上盘断层面上各点向上垂直移动一个等于该垂直线上变形移动到标志层的距离；如果采用斜向剪切模型，则将上盘变形层上的各点以斜向剪切角倾斜向上移动到标志面上，而上盘的断面上各点向上以相同的斜向剪切角移动到一个等于剪切面上变形层移动到标志层上的距离（即断面上各点的运动矢量与上盘变形层上各点的运动矢量相同）。

（3）将上盘的各地层点及断层点向下盘方向整体水平移动一个拉伸量，从而使楔形空隙闭合，断层上、下盘叠合在一起，复原到未变形状态。

如果以某种几何模型进行变形复原后，断层上下盘的叠合程度出现较大的差别，这说明所选用的几何模型可能不合适，这时可更换几何模型再进行复原，直到这种差距减小到最小限度，以此检验几何模型的适用性。

（4）逐层复原演化史剖面。首先将最顶层（第1层）剥掉，将第2层的顶面按前述的变形恢复方法复原到未变形状态，其下第3层、第4层等各层的顶层也作相应的等量恢复，于是又可得到第2层沉积后的构造剖面；再将第2层剥去，将第3层的顶面恢复到未变形状态，其下各层做相应的等量恢复，于是又可得第3层沉积后的构造剖面。依此方法类推，直至得到初始状态的剖面，由此便得到剖面的构造演化史（图3-28）。

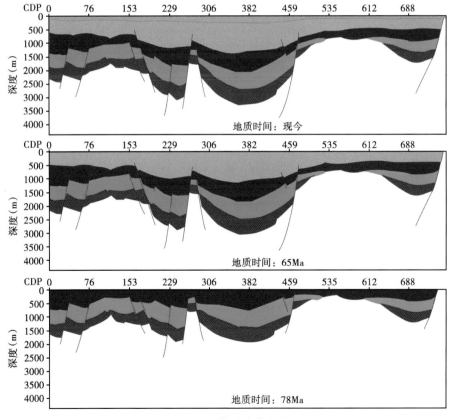

图 3-28　构造演化史图

参 考 文 献

贝丰，王允诚．1985．沉积物的压实作用与烃类的初次运移．北京：石油工业出版社：257-264.

陈发景，田世澄．1989．压实与油气运移．武汉：中国地质大学出版社．

郭秋麟，陈晓明，宋焕琪，等．2013．泥页岩埋藏过程孔隙度演化与预测模型探讨．天然气地球科学，24（3）：439-449.

郭秋麟，米石云，石广仁，等．1998．盆地模拟原理方法．北京：石油工业出版社．

雷新华，汪新文，刘友元，等．1994．张性盆地构造演化计算机模拟系统．现代地质，8（1）．

罗文军，彭军，杜敬安，等．2012．川西坳陷须家河组二段致密砂岩储层成岩作用与孔隙演化——以大邑地区为例．石油与天然气地质，33（2）：287-295.

倪丙荣，郭秋麟．1990．覆盖区不整合的研究．天津地质学会志，8（2）．

潘高峰，刘震，赵舒，等．2011．砂岩孔隙度演化定量模拟方法——以鄂尔多斯盆地镇泾地区延长组为例．石油学报，32（2）：249-256.

石广仁，李惠芬，王素明，等．1989．一维盆地模拟系统 BASI．石油勘探与开发，16（6）．

舒艳，胡明毅，蒋海军，等．2011．西湖凹陷西部斜坡带储层成岩作用及孔隙演化．海洋石油，31（4）：63-67.

唐大海，谢继容，刘兴刚．2002．川中公山庙区块沙一段砂岩储层成岩作用研究．天然气勘探与开发，5（2）：25-30.

田在艺，张庆春．1996．中国含油气沉积盆地论．北京：石油工业出版社．

王国亭，何东博，李易隆，等．2012．吐哈盆地巴喀气田八道湾组致密砂岩储层分析及孔隙度演化定量模拟．地质学报，86（11）：1847-1856.

吴小斌，侯加根，孙卫．2011．特低渗砂岩储层微观结构及孔隙演化定量分析．中南大学学报（自然科学版），42（11）：3438-3446.

姚秀云，张凤莲，赵鸿儒．1989．岩石物性综合测定——砂、泥岩孔隙度与深度及渗透率关系的定量研究．石油地球物理勘探，24（5）：533-541.

雍自权，王浩，冯逢，等．2012．川中营山构造须家河组第二段致密砂岩储层特征．成都理工大学学报（自科版），39（2）：137-144.

张博全，关振，张光亚．1992．压实在油气勘探中的应用．武汉：中国地质大学出版社：1-6.

张敦祥．1979．东营凹陷泥岩压实实验——油气初次运移的初次探讨．胜利：胜利油田勘探开发研究报告集（5）．

真柄钦次，著．陈荷立，邱世祥，汤锡元，等，译．1981．压实与流体运移．北京：石油工业出版社．

周晓峰，张敏，吕志凯，等．2010．华庆油田长6储层砂岩成岩过程中的孔隙度演化．石油天然气学报，32（4）：12-17.

Athy L F. 1930. Density, porosity and compaction of sedimentary rocks. AAPG Bulletin, 14：1-24.

Bucher W H. 1993. The deformation of the earth's crust. Princeton University Press：518.

Burst J F. 1969. Diagenesis of Gulf Coast Clayey sediments and its possible relation to petroleum migration. AAPG Bulletin, 53：73-93.

Cham berlain R T. 1910. The Appalachian folds of central Pennsylvania. Journal of Geology, 18：228-251.

Cham berlain R T. 1919. The building of the Colorado rocks, Journal of Geology, 27：225-251.

Curtis M E, ambrose R J, Devon Energy, et al. 2010. Structural characterization of gas shales on the micro- and nano-scales. Canadian unconventional resources & international petroleum conference held in Galgary. Canada, Alberta：19-21.

Dahlstrom C D A. 1969. Balanced cross sections. Canadian Journal of Earth Sciences, 6：743-757.

Dahlstrom C D A. 1970. Structure geology in the eastern margin of the Canadian rocky mountains. Bulletin of Canadian Petroleum Geologists, 18: 332-406.

Davison I. 1986. Listric normal fault profiles: calculation using bed-length balance and fault displacement. Journal of Structural Geology, 8: 209-210.

Dickinson G. 1953. Geological aspects of abnormal reservoir pressures in Gulf coast Louisiana. AAPG Bulletin, 37: 410-432.

Dula W F Jr. 1991. Geometric models of listric normal faults and rollover folds. AAPG Bulletin, 75 (10): 1609-1625.

Elliott D. 1983. The construction of balanced cross-sections. Journal of Structural Geology, 5: 101.

Ellis P G, Maclay K R. 1988. Listric extensional fault system-results of analogue model experiments. Basin Research, 1: 55-70.

Gibbs A D. 1983. Balanced cross-section construction from seismic sections in area of extensional. Journal of Structural Geology, 5: 873-893.

Giles M R, Indrelid S L, James D M D. 1998. Compaction-the great unknown in basin modelling. Geological Society London Special Publications, 141 (1): 15-43.

Goguel J. 1962. Tectonics, Freeman, San Francisco, 348.

Hegarty K A, Weissel J K, Mutter J C. 1988. Subsidence history of Australia's southern margin: constraints on basin models. AAPG Bulletin, 72: 615-633.

Milner M, McLin R, Retriello J, et al. 2010. Imaging textrue and porosity in mudstones and shales: Comparison of secondary and ion-milled backscatter SEM methods. CSUG/SPE 138975: 1-10.

Perry E A, Hower J. 1972. Late-stage dehydration in deeply buried politic sediments. AAPG Bulletin, 56: 2013-2021.

Powers M C. 1967. Fluid release mechanisms in compact marine mudrocks and their importance in oil exploration. AAPG Bulletin, 51: 1240-1253.

Rowan M K, Kligfield R. 1989. Cross section restoration and balancing as aid to seismic interpretation in extensional terranes. AAPG Bulletin, 73: 956-966.

Roy H G. 2007. Sediment Compaction The Achiles' heel of basin modeling. GEO Expro Issue 4, 4: 74-76.

Sclater J G, Christie P A F. 1980. Continental stretching: an explanation of the post mid-Cretaceous subsidence of the central North Sea Basin. Journal of Geophysical Research, 85 (B7): 3711-3739.

Underdown R, Redfern J. 2008. Petroleum generation and migration in the Ghadames Basin, north Africa: A two-dimensional basin-modeling study. AAPG Bulletin, 92 (1): 53-76.

Vejbæk O V. 2008. Disequilibrium compaction as the cause for Cretaceous-Paleogene overpressures in the Danish North Sea. AAPG Bulletin, 92 (2): 165-180.

Verral P. 1981. Structural interpretation with application to North Sea problems. Joint Association for Petroleum Exploration Courses, (U. K.), Course Notes, 3: no page numbers given.

Wang F P, Reed R M. 2009. Pore networks and fluid flow in gas shales. SPE 124253: 1-8.

White N J, Jackson J A, Mckenzie D P. 1986. The relationship between the geometry of normal faults and that of sedimentary layers in their hanging walls. Journal of Structural Geology, 8: 897-909.

Williams G, Vann I. 1987. The geometry of listric normal faults and deformation in their hanging walls. Journal of Structural Geology, 9: 789-795.

Wyllie M R J, Gregor A R, Gardner L W. 1956. Elastic wave velocities in heterogeneous and porous media. Geophysics, 21: 41-70.

第四章 古地温场与热史

根据石油有机成因理论，石油是沉积物中不溶有机质，即干酪根，在一定的热作用下降解后的产物。因此，地温在油气生成和聚集中具有重要作用。同时，地温还会影响地下岩石的各种物理化学变化，如成岩作用及次生孔隙的形成和演化等。勘探实践表明，地温与油气赋存密切相关。谢鸣谦（1981）根据世界 160 多个特大油气田的石油储量与大地热流值的统计，得出绝大多数石油储量分布在 $45 \sim 75 \mathrm{mW/m^2}$ 之间，且在 $45 \sim 70 \mathrm{mW/m^2}$ 区间内热流值越高，储量越大。但在 $70 \mathrm{mW/m^2}$ 以上，储量则骤减，这说明适宜的地温对油气的生成与赋存是至关重要的。

本章对含油气盆地的地温场、盆地热史模拟进行阐述。第一节简要说明地温场的基本概念、地温场的形成机制、盆地热历史类型、中国沉积盆地地温场特征等；第二节对常用盆地热史模拟方法的基本原理、地质和数学模型、计算公式和流程等进行说明，包括构造演化法、镜质组反射率 R_o 法、磷灰石裂变径迹法等。

第一节 地 温 场

一、地温场

地温是指地下岩石的实测温度值。地温场是地温在时空中的分布，是地球内部热能通过导热率不同的岩石在地壳上的表现。古地温场即是过去某一地质时刻的地温在空间上的分布。介质中某一点的温度（T）可用空间和时间四维场表示：

$$T = f(x, y, z, t) \tag{4-1}$$

式中　x、y、z——三维空间坐标，km；

　　　　t——时间，Ma。

在地温场中，z 代表从地球表面到地心的深度；x、y 代表以地心为圆心，以 z 为半径的同心面；t 代表地质历史时期。

在某一时期（时间），x、y 构成的面为等温面，其温度值与深度 z 成正比，即越往深处，温度越高，在同一深度温度相等。这种理想的地温场称为稳态地温场。在实际中，稳态是相对的，不稳态才是绝对的。不稳态包含两种含义：（1）由于同一深度下，不同位置的物质（岩石）其成分的差异（不均一性）造成地温不等；由于地质时期的变代，造成同一空间位置的质点的温度发生变化。

在盆地模拟研究中，把前一种不稳态地温研究称为非稳态地温场研究；把后一种称为非线性变化地温场研究。

地温场的特征常使用以下参数进行描述和研究，即地温、地温梯度、岩石热导率和大地热流值。

1. 地温和地温梯度

前文已述，地下岩石中各点的温度值就是地温。

在地温中存在一个特殊值——地表温度。地表温度受控于气候条件及太阳热辐射的周期性变化。一年四季中地表温度变化很大，所以常用年平均气温代替地表温度。年平均温度的高低完全表现在其地下浅层的恒温带上。恒温带是地球内热与外热达到平衡的地带，各地区恒温带的深度不同，通常在 20~40m。在恒温带（或简化为地表层）之下，地温随埋深有规律的增加，即每增加一定深度就增加一定温度。一般将深度每增加100m 所升高的温度，称为地温梯度（G）。其计算公式为：

$$G = \frac{T_z - T_s}{Z - Z_0} \times 100 \tag{4-2}$$

式中　G——地温梯度，℃/km；

　　　T_z——地下深度为 z 的温度，℃；

　　　T_s——地表温度或恒温带温度，℃；

　　　Z——测点的深度，m；

　　　Z_0——恒温带的深度，m。

因为恒温带的深度值一般只有几十米，相比数千米的地层埋深来说数值很小，在实践中为方便起见可以忽略，而直接以地表代替（即在上式中将 Z_0 设为0），则在已知地温梯度时，求取地下某深度的温度值可使用下述公式：

$$T = T_s + G \times Z/100 \tag{4-3}$$

式中　T——地下温度，℃；

　　　T_s——地表温度，℃；

　　　Z——埋藏深度，m。

地温梯度是描述地温场的重要参数，它不仅可以反映地温随深度的变化规律，同时还能从不同侧面反映出地温的平面分布特征。实测资料表明，一般情况下，地温梯度随基底起伏而变化，这是因为基底的热导率高，其隆起部位与围岩（盖层）相比，集中了较多的热流，使上覆盖层中形成高温异常。

2. 岩石热导率

岩石热导率是地温场研究中最基本的岩石物性参数，它代表岩石的传热能力。其定义为单位时间内流过单位面积的热量与温度梯度负值之比，即：

$$K = \frac{dQ/dt}{A(dT/dz)} \tag{4-4}$$

式中　K——热导率，W/（m·K）；

　　　dQ/dt——单位时间内流过面积 A 的热量，mJ/s；

　　　dT/dz——地温梯度，℃/km；

　　　A——面积，m²。

热导率的法定计算单位为 W/（m·K），我国习惯用 W/（m·℃），其他计量单位还有 cal/（cm·s·℃）或 mcal/（cm·s·℃），后者又称热导单位 TCU（Thermal Conductivity Unit）。它们之间的换算关系为：

$$1\ TCU = 1\ mcal/（cm·s·℃）= 0.41868\ W/（m·℃）= 0.41868\ W/（m·K）$$

$$1kcal/（m·h·℃）= 1.16279W/（m·K）$$

$$1kcal/（m^2·h）= 1.16279W/m^2$$

岩石热导率是一种不易测准的参数。不同岩石具有不同的热导率，即使同一种岩石在不同的环境中（如深度不同、温度不同、含水与不含水等），也具有不同的热导率。

图 4-1 为室温下各种岩石和流体的热导率。从中可发现不同岩石、不同流体介质，其热导率不同。图 4-2 显示热导率随埋深而增大。表 4-1 反映从新生界至古生界热导率有逐渐增高的趋势。

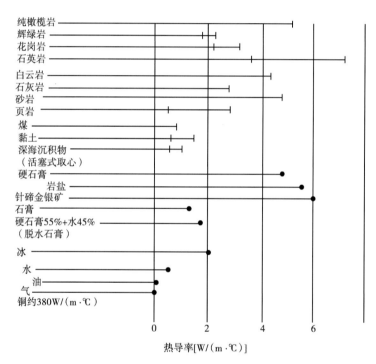

图 4-1　室温条件下各种岩石和孔隙流体的热导率（据 Kappelmeyer 等，1974）

表 4-1　江苏地区地层热导率柱（据王良书等，1989）

地层	主要岩性	热导率 [W/(m·K)]	地层	主要岩性	热导率 [W/(m·K)]
Eg	砂、泥岩	1.513	K_2p	砂岩	2.195
Ed	砂、泥岩	2.357	J	火山岩	2.207
E_4f	砂、泥岩	1.863	T_{1+2}	石灰岩	3.109

地层	主要岩性	热导率 [W/(m·K)]	地层	主要岩性	热导率 [W/(m·K)]
E_3r	砂、泥岩	2.608	P_1q	石灰岩	3.250
E_2r	砂、泥岩	2.249	C	碳酸盐岩	3.360
E_1r	砂、泥岩	2.480	D	石灰岩	3.737
K_2t	砂岩	2.444	O	碳酸盐岩	2.640
E_2c	砂岩	1.507			

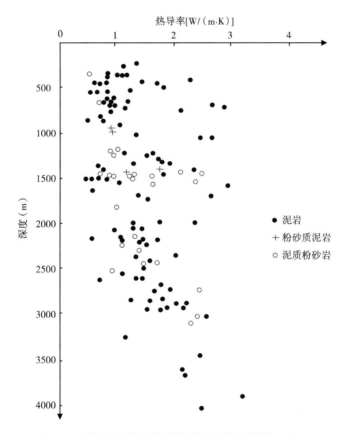

图 4-2 岩石热导率与深度的关系（据王钧等，1990）

综上所述，岩石的热导率受多种因素的影响。因此，在实际应用中经常采用频度分布法求取热导率，即在某一段内，取测量中出现频度最高的热导率。

在沉积盆地演化过程中，地层的热导率随埋藏过程而变化，这种变化是很难确定的。所以，一般采用下述公式求取热导率：

$$K(Z) = (K_f)^\phi \cdot (K_s)^{1-\phi} \tag{4-5}$$

式中 $K(Z)$ ——埋深 Z 的热导率，W/(m·℃)；

K_f——孔隙流体的热导率，W/（m·℃）；

K_s——骨架热导率，W/（m·℃）；

ϕ——埋深 Z 处的孔隙度。

上式中 K_f 一般取 1.348 TCU 或 0.564 W/（m·℃），K_s 一般取 5.1~6.3 TCU 或 2.135~2.638 W/（m·℃）。

3. 大地热流

大地热流是指单位时间、通过单位面积，从地球内部向地表，以热的传导方式传递的热量。它是地球内部热能散失的主要形式，也是沉积盆地中最主要的、普遍存在的热源。大地热流是一个综合性参数，是地球内热能在地表可直接测量到的唯一物理量，它比其他热参数更能确切地放映一个地区的地热场特征。

假定从地下深处传来的热流垂直指向地面，并且认为热导率各向同性（稳态场），且为常数，根据傅里叶热传导定律：

$$Q = -100K \cdot \frac{dT}{dZ} \tag{4-6}$$

式中　Q——大地热流，μcal/（cm^2·s），HFU（Heat Flow Unit）；

K——岩石热导率，cal/（cm·s·℃）；

$\frac{dT}{dZ}$——地温梯度，℃/100m。

即大地热流量等于热导率与地温梯度的乘积。

大地热流值的法定单位为 W/m^2 或 mW/m^2。通常也使用 μcal/（cm^2·s）的热流单位（Heat Flow Unit），简称 HFU。它们的换算关系为：

$$1 \text{ HFU} = 1 \text{ μcal/（cm}^2 \cdot \text{s）} = 41.868 \text{ mW/m}^2$$

$$1 \text{ HFU} = 0.036 \text{ kcal/（m}^2 \cdot \text{h）} = 0.036 \times 1.16279 \text{ W/m}^2 = 41.86 \text{ mW/m}^2$$

现今的大地热流值可通过测定不同深度的温度及其对应的热导率而计算得到。如果没有实测资料，也可用统计法求得。

经过国内外专家多年的研究，认为大地热流值取决于所测点的莫霍面深度和构造活动的强弱．即取决于大地构造背景（表4-2），并且证明大地构造性质类似的盆地或相似的区域大地热流值比较接近（图4-3）。同时证明大地热流值在沉积盆地中一般不随深度而变化，因为沉积物中一般没有自产的热源（张渝昌等，1997）。

表4-2　地球表面不同地区的大地热流平均值（引自张家诚，1986）

区域大地构造单元		测点数	热流值	
			HFU	mW/m^2
大陆地区	前寒武纪地盾	214	0.98±0.24	41.0±10.0
	前寒武纪后期造山区	96	1.49±0.41	6.24±17.2
	古生代造山区	88	1.43±0.40	59.9±16.7
	中—新生代造山区	159	1.76±0.58	73.7±24.3

区域大地构造单元		测点数	热流值	
			HFU	mW/m²
海洋地区	洋盆	638	1.27±0.53	53.2±22.2
	大洋中脊	1065	1.90±1.48	79.5±62.0
	海沟	78	1.16±0.70	48.6±29.3
	大陆边缘	642	1.8±0.93	75.3±38.9

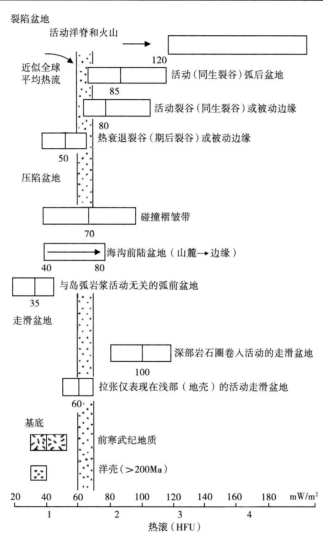

图 4-3 各种类型沉积盆地的典型热流总结（据 Allen，1990）

已知热流计算地下温度的公式为：

$$T = T_s + Q_0 \sum_{i=1}^{n} (Z_i / Kr_i) \tag{4-7}$$

式中 T——地下温度，℃；

57

T_s——地表温度，℃；

Q_0——地表热流，$\mu cal/(cm^2 \cdot s)$，即 HFU；

Z——埋深，cm；

Kr——岩石热导率，$\mu cal/(cm \cdot s \cdot ℃)$。

如，已知某盆地地表年平均温度为13℃，地表热流值为44mW/m²，岩石热导率为：$6 \times 10^3 \mu cal/(cm \cdot s \cdot ℃)$，则盆地3000m处的地温为：

$$T = 13 + (44/41.86) [(3000 \times 100) / (6 \times 1000)] = 65.55℃$$

而地温梯度则为 52.55/30 = 1.75℃/100m。

研究表明我国部分盆地的平均地表热流值塔里木盆地为44mW/m²，柴达木盆地为53mW/m²，鄂尔多斯盆地为58mW/m²，华北地区为62mW/m²，辽河油田为65mW/m²（邱楠生，1998；庞雄奇等，2005）。

二、地温场形成机制

1. 地温场热源

地壳表层地温场是地球内热及太阳辐射热在地壳表层共同作用的结果。太阳辐射热仅影响地球表层的温度变化，其影响深度约在10~20m或更深些，它是次要的热源；地球内热则源源不断地向地表散发热量，因此，它是形成地壳表层地温场的主要热源。地球内热主要有以下几种。

1）地幔热

地球由地壳、地幔和地核三部分组成。在地球形成及演变的过程中，由于放射性元素的蜕变产生大量的热，积累并贮存在地球内部岩石圈下部的地幔中（研究证明其温度约为1333℃）。地幔中的热，通过岩石圈和地壳岩石源源不断地向地面传导并散发于太空之中，形成了传导热流的主要组成部分，它约占传导热流的60%左右（王钧等，1990），每年地球通过传导散发的热量就有10.03×10^{20}J，由此可见，地幔热是地温场主要的热源。

2）地壳中放射性元素产生的热

地壳中放射性元素（U、Th、K）衰变产生的热，积聚在地壳中，并不断通过岩石向地表传导、散失，是传导热流的重要组成部分，约占传导热流的40%（王钧等，1990）。由于不同的岩石中含有不同种或不同量的放射性元素，因此岩石产热量的大小随岩性而变化，通常在蒸发岩和碳酸盐岩中的产热量最低；在砂岩中为中偏低等；在页岩和粉砂岩中较高；在黑色页岩中极高。

3）其他热源

火山作用形成的岩浆热和岩浆体的残余热，是形成局部高温异常的重要因素；由构造运动产生的机械摩擦热和化学热，只在个别地区产生作用，一般可以忽略。

2. 地温场的形成机制与地温场类型

热力学研究认为，相同温度的物体不存在热传递，只有物体处于不同温度时，热才能从一个物体的一部分传递到另一部分或另一个物体；并且热总是从物体中温度最高处传向温度最低处。热的传递方式有传导、对流和辐射三种。

地温场热源产生的热，通过不同的传递方式传到地表，传进沉积盆地，这个过程在地史时期中持续着，并形成了多种类型的地温场。

1）热传导型地温场

依靠在物体中的微观粒子（电子、原子、分子等）的热运动而传递能量的过程称为热传导，又称导热。其特点是物体各部分之间不发生宏观的相对位移。这种能量的转移，对地壳岩石主要是依靠分子、原子在平衡位置的振动，对气体主要是依靠分子不规则热运动。热传导是热量传递的基本方式之一。

地幔热和地壳中放射性元素衰变产生的热（地温场的主要热源），从深部通过岩石传导至地壳表层而形成的地温场，称为热传导型地温场。这是形成区域地温场分布的基本模式。区域地温场的分布与区域地壳厚度有着密切的关系。地壳薄的地区（如中国东部），地温偏高；地壳厚的地区（如中国西部），地温偏低。在大中型盆地中，地温的分布一般同区域地质构造一致，如盆地中基底的起伏常与地温的高低成正向关系（图4-4）。这是因为基底的热导率高于盖层而形成局部异常。在传导型地温场中，隆起区地温梯度多数在4℃/100m 左右。

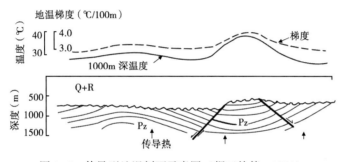

图4-4　传导型地温剖面示意图（据王钧等，1990）

2）热对流型地温场

由于流体从空间某一区域移动到另一个温度不同的区域时，所造成的能量转移称为热对流。这是热量传递的另一种方式，它只可能在液体和气体中发生。一般情况下，在热对流的同时流体各部分之间还存在着热传导。

盆地或山区，由于构造运动常造成许多导水的节理、裂隙及深大断裂，当地下深部的热水沿这些通道向上流动或地表冷水顺这些通道向下流动时，就会形成局部异常的地温场，这就是热对流型地温场。这是一种局部地温场，它是在热传导基础上叠加形成的。热对流对沉积盆地地温场影响有两个方面：一是提高地温（增温型），二是降低地温（冷却型）。

增温型是在地质条件适合于深部热水向上流动时，热对流作用造成高的地温场（图4-5）。其主要特征是：在盖层中的地温梯度大于4.0℃/100m，在基底岩石中将大大减小，至2.0℃/100m 左右；由于基底中发育有大量的裂隙、裂缝，给热水对流造成良好的条件，因此基底和盖层中水的化学成分较均一。

冷却型指地表冷的降水沿节理、裂缝下渗，而后沿岩石的裂隙、溶孔径流，并吸收围岩的热量，使区域地温场降低。对于多数地区来说，地表水在入渗之后，由于地下径

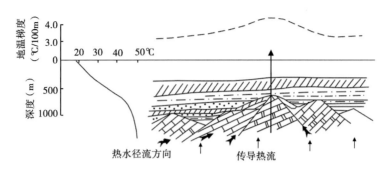

图 4-5 对流型地温场形成模式示意图（据王钧等，1990）

流变得滞缓，水温很快就与围岩达到平衡，故而影响较浅。

3）热辐射型地温场

由电磁波来传递热量的方式叫作热辐射。它与热传导和热对流这两种热量传递方式在本质上是不一样的。当两个物体以热辐射的方式进行热量传递时，一个物体的热能先转化为辐射能，以电磁波的形式传播给另一物体，另一物体吸收了部分辐射能并转化为热能。太阳能向地表传递热的过程就是一种热辐射过程。

研究表明，在太阳辐射的能量中，大约有34%经大气的散失、地表的反射后，其余的有66%使大气和地表受热。太阳热辐射对海洋的影响深度为150~500m，对陆地的影响仅为10~20m。可以认为，热辐射对地温场的影响主要体现在地表温度上。

综上所述，三种方式的热传递对地温场的影响各不相同。热传导控制着区域地温场，是地温场研究的重点；热对流常造成局部地温异常；热辐射影响着地表温度。

三、盆地地温场与热历史类型

根据盆地现今地温梯度和热流值，可将盆地分为热盆、中热盆、冷盆、高热盆等，分类标准见表4-3。

盆地的热历史类型主要包括如下几种：

（1）高温递进：现今地温梯度大于3.0℃/100m，埋藏史属持续藏型，无大规模抬升；

（2）低温递进：现今地温梯度小于3.0℃/100m，埋藏史属持续藏型，无大规模抬升；

（3）高温退火：现今地温梯度大于3.0℃/100m，晚期发生过大规模抬升；

（4）低温退火：现今地温梯度小于3.0℃/100m，晚期发生过大规模抬升。

表 4-3 盆地热类型分类标准表

盆地类别	G（℃/km）	Q（mW/m²）
热盆（H）	30~60	62.7~85
中热盆（M）	22~30	41.8~62.7
冷盆（C）	<22	<41.8
高热盆（H+）	>60	85~100

四、中国沉积盆地地温场特征

前文已述，地温场与所处的大地背景及构造演化密切相关。中国沉积盆地的地质背景不仅相差很大，而且后期的构造演化历史也有显著差异，因而在地温场特征上有着明显的不同。总的来说，表现为以下几方面。

（1）中国的东部和南部地温较高，而西部特别是西北部地温较低。地球物理探测和研究表明，在中国境内地壳厚度的变化由东向西是：东部较薄，在 30～35km 之间、向西增厚可达 50km 以上，最厚在青藏高原的西南部超过 70km。受地壳厚度变化的影响，地温分布表现为东高西低（图 4-6 和图 4-7）。

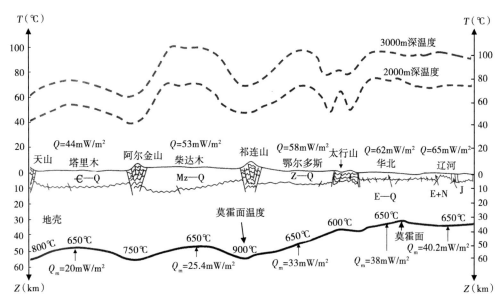

图 4-6　中国大陆地区沉积盆地热剖面（据邱楠生，1988）

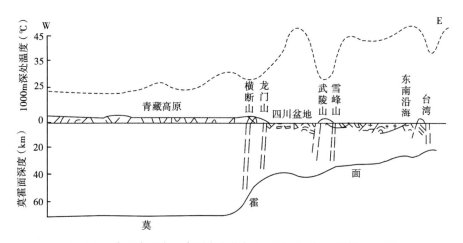

图 4-7　中国东西向地壳厚度变化与地温关系（据王钧等，1990）

（2）中国西南的盆地有明显高热流，其次是东部沿海盆地，中部和西部多属低热流盆地。

（3）中国地温梯度的平均值在 $25\sim30℃/km$ 之间，低于世界平均值的地温梯度 $30℃/km$，地温梯度的分布与地温一致。

第二节 热 史 模 拟

沉积盆地热历史研究是盆地分析、模拟中不可缺少的组成部分。在盆地模拟中有机质成熟度史与生烃量的计算都离不开热史。

热史研究可分别在岩石圈和盆地两种尺度上进行。在岩石圈尺度上，可根据盆地数学模型，调整模型参数，通过对盆地实际构造沉降量的拟合，获得盆地热流，进而结合盆地埋藏史，重建盆地热历史。这种方法与盆地的构造成因有关，因而叫构造热演化法。在盆地尺度下，可利用沉积盆地地层中有机质、矿物、流体等记录的古地温，即古温标或古温度计，反演地层的热历史和盆地热流史，因而叫古温标法。

古温标法是沉积盆地古地温恢复的主要方法，也叫古温度计法。古温度计的种类较多，但已取得一定成效的主要有以下五种。（1）镜质组反射率 R_o 与其他有机地球化学指标；（2）自生矿物（如黏土矿物）；（3）矿物包裹体；（4）磷灰石裂变径迹；（5）牙形石色变指数。以上指标中用于盆地数值模拟的主要是 R_o 和磷灰石裂变径迹。

本节对构造热演化法作简要叙述，然后重点介绍古温标法中的镜质组反射率 R_o 法和磷灰石裂变径迹法。

一、构造热演化法

基本原理是通过对盆地形成与演化中岩石圈构造（伸展减薄、均衡调整和挠曲变形等）及相应热效应的模拟，获得岩石圈的热演化。对于不同成因的盆地，根据相应的数学模型，在已知或假定的初始边界条件下，通过调整模型参数，使得计算结果拟合实际观测的盆地构造沉降史而确定盆地热流史，进而结合盆地的埋藏史恢复盆地内地层的热史（胡圣标等，1995）。

根据沉积盆地形成的地球动力学背景及机制的差异，把盆地构造热演化过程的数学模型分为以下几种：（1）裂谷盆地模型；（2）克拉通盆地模型；（3）前陆盆地模型；（4）拉分盆地模型。

1. 裂谷盆地模型

该模型适用于弧后和大陆裂谷盆地，其构造热作用过程包括岩石圈的伸展减薄、地幔侵位、热膨胀与冷却收缩。具有高的地温场特征，热流一般在 $70\sim120mW/m^2$ 之间，最高可在 $180mW/m^2$ 以上，该模型中热流值由高逐渐变低。Mckenzie（1978）的均匀伸展模型是这种模型的代表。以下介绍 Mckenzie 法。

在一维情况下，热流方程为：

$$\frac{\partial T(z, t)}{\partial t} = x \frac{\partial^2 T(z, t)}{\partial z^2} \tag{4-8}$$

式中 T——古地温，℃；

　　　z——以岩石圈底界为原点，直至地表的垂直坐标，cm；

　　　t——以拉张发生时间为零算起直至今天的时间坐标，s；

　　　x——石圈的热扩散率，cm^2/s，可取值为 0.008。

热流方程（4-8）的边界条件为：

$$T = 0 \quad \text{当} \ z = h \atop T = T_1 \quad \text{当} \ z = 0 \Bigg\} \tag{4-9}$$

式中 h——从地表至岩石圈底界的深度，可取值为 $1.25 \times 10^7 cm$；

　　　T_1——软流圈的温度，可取值为 1333℃。

热流方程（4-8）的初始条件为：

$$T = T_1 \qquad \text{当} \ 0 < \frac{h - z}{h} < \left(1 - \frac{1}{\beta}\right) \atop T = T_1\beta\left(1 - \frac{h - z}{h}\right) \quad \text{当} \ \left(1 - \frac{1}{\beta}\right) < \frac{h - z}{h} < 1 \Bigg\} \tag{4-10}$$

式中 β——岩石圈在水平方向的拉张系数。

热流方程（4-8）的解为：

$$\frac{T(z, t)}{T_1} = 1 - \frac{h - z}{h} + \frac{2}{\pi}\sum_{n=1}^{\infty}\frac{(-1)^{n+1}}{n}\left[\frac{\beta}{n\pi}\left(\sin\frac{n\pi}{\beta}\right)\right]\exp\left(-\frac{n^2 t}{\tau}\right)\sin\left(\frac{n\pi(h - z)}{h}\right) \tag{4-11}$$

式中 τ——$h^2/(\pi^2 x)$。

式（4-11）是古地温 T 的计算公式。

由式（4-11）可得古热流 Q 的计算公式如下：

$$Q(t) = \frac{kT_1}{h}\left\{1 + 2\sum_{n=1}^{\infty}\frac{\beta}{n\pi}\sin\left(\frac{n\pi}{\beta}\right)\exp\left(-\frac{n^2 t}{\tau}\right)\right\} \tag{4-12}$$

式中 Q——沿 z 方向的热流值，HFU，即 $\mu cal/(cm^2 \cdot s)$；

　　　k——岩石圈的热导率，可取为 $7500\mu cal/(cm \cdot s \cdot ℃)$。

通过式（4-11）和式（4-12）的计算，就得到古地温史和古热流史。

2. 克拉通盆地模型

克拉通盆地的成因机制（假说）很多，有的学者认为其热沉降与弧后和大陆裂谷盆地相近，但通常认为由于后期壳内花岗岩的侵入或者地壳深部的变质作用，因而热沉降相对较小，且往往表现出阶段性特征。其热流场一般较稳定，热流值比较低，一般在 $30\sim50mW/m^2$ 之间。

Middleton 和 Falvey（1983）在研究澳大利亚奥特韦（Otway）盆地时，认为该盆地是由深部地壳变质作用（热沉降）形成的。根据盆地的成因模型，他们推算盆地热流模式：盆地形成早期热流值逐渐增高，至中晚期则逐渐降低（图4-8）。利用以上模式，结合埋藏史，计算出古地温和 R_o 史。结果表明，计算的 R_o 与实测的 R_o 是一致的。

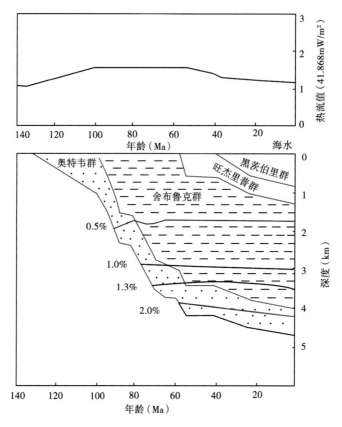

图 4-8　华奥特韦盆地 Voluta- I 井地质热历史分析和根据深部地壳变质模型
推算的热流值（据 Middleton 和 Falvey，1993）

计算 R_o 的公式：

$$R_o = \left\{ b \int_t^0 \exp[cT(t)] dt \right\}^{\frac{1}{a}}$$（4-13）

式中　$a = 5.635$，$b = 2.7 \times 10^{-6}$Ma，$c = 0.068℃$；

　　　t——地质时间，Ma；

　　　$T(t)$——时同为 t 的地温，℃。

计算古地温的公式：

$$T(t, Z) = T_s + Q(t) \cdot \int_0^z \frac{1}{K(Z)} dZ$$（4-14）

式中　T_s——地表温度，℃；

　　　$Q(t)$——时间为 t 的热流值，μcal/(cm² · s)；

　　　$K(Z)$——深度为 Z 的热导率，μcal/(cm · s · ℃)；

　　　Z——深度，cm。

3. 前陆盆地模型

前陆盆地包括弧前和弧后前陆盆地，均与碰撞造山作用直接相关，是随着造山的快速隆升，前陆区岩石圈缩短和挠曲变形的产物。其数学模型有热弹性流变模型和黏弹性流变模型等。一般认为，此类盆地基底热流变化较小，甚至认为热流值是个常数。从图4-3中可以看出，热流值主要分布在 $40 \sim 80 \text{mW/m}^2$ 之间，比全球平均值 $60 \sim 70 \text{mW/m}^2$ 略小。

4. 拉分盆地模型

该类盆地的形成与走滑断层有关。其地温场特征与伸展盆地相似，不同之处是：伸展盆地的热传递主要在垂向上，而此类盆地热除垂向传递外还存在着侧向传递，因此冷却过程明显比裂谷盆地快。范围较小（直径小于 100km）的拉分盆地的冷却过程更快：所以拉分盆地一般是冷盆地，其热流值一般小于 $50 \sim 70 \text{mW/m}^2$。

综上所述，采用构造热演化法研究热演化特征的关键是，确定盆地的成因类型，选取合适的盆地模型。由于盆地构造热演化过程极为复杂，而以上的盆地模型都经过明显的简化，加上各模型参数难于求取或不确定性，因此，构造热演化法模拟的结果只能视为半定量的。换句话讲，构造热演化研究法，主要偏重于定性研究，在结合其他方法进行研究时，起参考作用。

二、镜质组反射率 R_o 法

R_o 在沉积盆地中分布较产、易于获得，且在目前研究资料中最为丰富。近 20 年来，R_o 一直是最重要的有机质成熟度指标。利用 R_o 指标研究地层的热史及成熟度史是油田、煤田地质研究领域被接受最早、应用最广的一种方法。

利用 R_o 恢复古地温，前人作了大量工作（Lopatin，1971；Hood，1975；Karweil，1975；Waples，1980；Welte 和 Yukler，1981；Barker，1983；Lerche，1984；石广仁等，1989；李雨梁等，1990；Sweeney 等，1990；等等）。归纳起来，R_o 的计算模型可分为三类：（1）R_o 为时间和温度的函数（R_o-TTI 关系模型）；（2）R_o 为温度的函数（最大温度模型）；（3）R_o 为降解率的函数（化学动力学模型）。

1. R_o-TTI 关系模型

TTI（Time-Temperature Index）即时间—温度指数，是 Lopatin（1971）在研究"强化作用中的时间和温度因素"中提出来的成熟度指标。其计算公式为：

$$\text{TTI} = \int_0^t 2^{\frac{T(t) - 105}{10}} \text{d}t \qquad (4-15)$$

式中　t——地层埋藏时间，Ma；

　　　$T(t)$——地层经历的温度史，℃。

上式中包括两层含义：（1）在化学反应中，温度每增加 10℃，反应速度约增加一倍；（2）在固定的温度范围内，时间长短对反应结果有重要影响。

Lopatin（1971）最早建立了 R_o 与 TTI 的关系式，Waples（1980）接受了 Lopatin 的思想，并研究对比了 R_o 与 TTI 的关系，然后对 Lopatin 方法进行修改，使之更为实用。表4-4就是 Waples（1980）根据世界上有代表性的 31 口井的 402 个样品统计出来的 R_o

与 TTI 的对应关系。

Welte 和 Yukler（1981）经过对巴黎盆地和世界上几十个重要盆地的热模拟研究后，提出了通用的模型：

$$R_o = 1.301 \lg(\text{TTI}) - 0.5282 \qquad (4-16)$$

表 4-4　TTI 与 R_o 的关系表

R_o（%）	TTI	R_o（%）	TTI	R_o（%）	TTI
0.3	<1	1.07	92	1.75	500
0.4	<1	1.15	110	1.87	650
0.5	3	1.19	120	2	900
0.55	7	1.22	130	2.25	1600
0.6	10	1.26	140	2.5	2700
0.65	15	1.3	160	2.75	4000
0.7	20	1.36	180	3	6000
0.77	30	1.39	200	3.25	9000
0.85	40	1.46	260	3.5	12000
0.93	56	1.5	300	4	23000
1	75	1.62	370	4.5	42000
				5	85000

石广仁等（1989，1996）通过研究对比我国东西部许多盆地的 R_o 与 TTI 关系后得出：在不同的地区或不同的地层中，由于组成干酪根分子的化学键的差异，因而具有不同的 R_o-TTI 关系式（图 4-9），即 R_o-TTI 关系式是分段的：

$$\left. \begin{aligned} R_o &= a_1 \lg(\text{TTI}) + b_1 & 0 < \text{TTI} \leqslant C_1 \\ R_o &= a_2 \lg(\text{TTI}) + b_2 & C_2 < \text{TTI} \leqslant C_2 \\ &\vdots & \vdots \\ R_o &= a_m \lg(\text{TTI}) + b_m & C_{m-1} < \text{TTI} \end{aligned} \right\} \qquad (4-17)$$

式中　　a_1、a_2、$\cdots$、a_m——待定系数；

　　　　b_1、b_2、$\cdots$、b_m——待定系数；

　　　　c_1、c_2、$\cdots$、c_m——待定系数，TTI 的区间值。

2. 最大温度模型（Barker R_o）

Barker（1983）认为，在影响沉积物有机质成熟度的两个因素（温度和时间）中，加热时间的影响是有限的，并且在时间尺度内，在达到最高温度之后，加热时间的作用相对快且短暂。据此提出，R_o 是其经历的最高温度的单一函数，加热时间可以忽略。

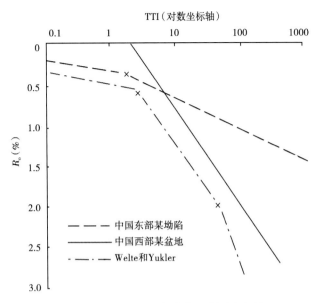

图 4-9　不同盆地 R_o-TTI 回归曲线（据石广仁等，1989）

基于上述理论和研究成果，Barker 和 Pawlewicz（1986）利用世界上 35 个地区的 600 多个腐殖型有机质的平均镜质组反射率 R_o（0.2% ~ 4.0%）及其对应的最大温度 T_{max}（25 ~ 325℃）建立两者之间的回归关系式：

$$R_o = \exp(0.0078T_{max} - 1.2) \tag{4-18}$$

此回归方程的相关系数为 0.86，表明 R_o 和 T_{max} 之间具有十分密切的关系。

中国学者杨万里等（1984）也注意到了 R_o 与最大地温之间的关系。图 4-10 为松辽盆地 R_o、古地温和埋深关系图。图中显示 R_o 的变化趋势与地温是一致的。

李雨梁等（1990）对南海北部莺琼盆地的统计分析得出：

$$R_o = 0.1589\exp(0.010546T_{max}) \tag{4-19}$$

显然，R_o 与最大温度之间确实存在密切关系，这种关系可用指数函数表示：

$$R_o = a\exp(bT_{max}) \tag{4-20}$$

式中　a、b——待定系数，不同地区取不同值；

　　　R_o——镜质组反射率，%；

　　　T_{max}——经历过的最大地温，℃。

近些年国内外一些学者也做过相关研究，得出类似结论。图 4-11 和图 4-12 分别显示了 Allen（2005）及中国学者的一些研究成果。

3. 化学动力学模型（Easy% R_o）

实验结果与研究表明，镜质组 R_o 的热成熟过程为热降解和热裂解过程，这个过程服从一级化学动力学方程，这是化学动力学模型的基础。

许多学者致力于该模型的研究，Burnham 和 Sweeney（1989）提出了镜质组反射率

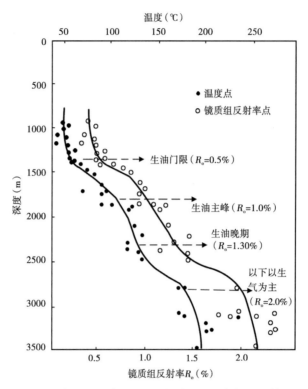

图4-10 松辽盆地 R_o、古地温和埋深关系图（据杨万里等，1984）

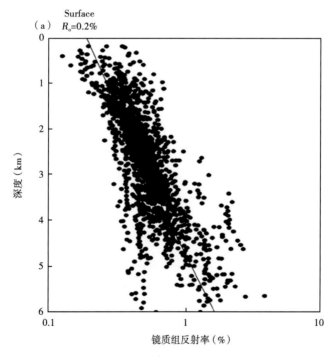

图4-11 镜质组反射率（对数坐标）与深度关系图（据 Allen，2005）

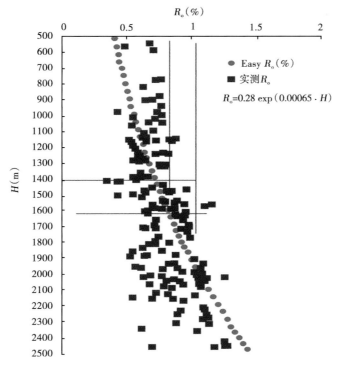

图 4-12　松辽盆地 R_o 与深度关系

R_o 计算的化学动力学模型，其反应活化能采用频带分布而不是一个单值（或平均值），即将 R_o 的成熟过程视作为若干个平行反应。并通过实测数据和地质观察数据建立了 R_o 和降解率的关系（Vitrimat 模型）。

为了简化模型的算法，Sweeney 和 Burnham（1990）对 Vitrimat 模型进行简化，修改后其计算结果与原模型结果完全一致，但运算速度更快，且方法便于掌握，所以改进后的模型称为 Easy%R_o 模型，其计算公式如下：

$$R_o = \exp(-1.6 + 3.7F_k), \quad (k = 1, \ 2, \ 3, \ \cdots, \ 直到今天) \tag{4-21}$$

式中　R_o——镜质组反射率，%；

　　　F_k——某井某地层底界的第 k 个埋藏点的化学动力学反应程度，其值范是 $0 \sim 0.85$，故 R_o 的极大值可能达到 4.7%。

$$F_k = \sum_{i=1}^{20} f_i \{ 1 - \exp[-(I_{ik} - I_{ik-1})(t_k - t_{k-1})/(T_k - T_{k-1})]\} \tag{4-22}$$

式中　f_i——化学计量因子，$i = 1, 2, \cdots, 20$（20 是活化能的个数，见表 4-5）；

　　　I_{ik}——参见式（4-23）；

　　　t_k——该井该地层底界的第 k 个埋藏点的埋藏时间，Ma；

　　　T_k——该井该地层底界的第 k 个埋藏点的古地温，℃。

表 4-5 在 Easy%R_o 模型中使用的化学计量因子和活化能

i	化学计量因子 f_i	活化能 E_i	i	化学计量因子 f_i	活化能 E_i
1	0.03	34	11	0.06	54
2	0.03	36	12	0.06	56
3	0.04	38	13	0.06	58
4	0.04	40	14	0.05	60
5	0.05	42	15	0.05	62
6	0.05	44	16	0.04	64
7	0.06	46	17	0.03	66
8	0.04	48	18	0.02	68
9	0.04	50	19	0.02	70
10	0.07	52	20	0.01	72

$$\begin{cases} I_{ik} = T_k A \cdot \exp(-E_i/RT_k)\left[1 - \dfrac{(E_i/RT_k)^2 + a_1(E_i/RT_k) + a_2}{(E_i/RT_k)^2 + b_1(E_i/RT_k) + b_2}\right] \\ (k = 1, 2, 3, \cdots, \text{直到今天}) \end{cases} \quad (4-23)$$

式中　A——频率因子，其值为 $1.0 \times 10^{13} \text{s}^{-1}$；

　　　E_i——活化能，i=1，2，3，…，20，kcal/mol；

　　　R——气体常数，其值为 1.986mol·K；

　　　a_1——等于 2.334733；

　　　a_2——等于 0.250621；

　　　b_1——等于 3.330657；

　　　b_2——等于 1.681534。

值得注意的是：在埋藏过程中，如果出现古地温不变或下降的现象，这期间 R_o 的计算暂停，直到古地温重新回升至过去的最高温度时再重新计算。

以上介绍了 R_o 法的各种模型，这些模型具有各自的优缺点，其计算结果也有所不同（表4-6和图4-13）。

表 4-6 各种模型计算结果对比表

序号	地质时间（Ma）	埋藏深度（m）	古地温（℃）	R_o（%）			
				Barker	Easy%R_o	Welte 等	石广仁等
1	35	0	25	0.2	0.2	0.2	0.2
2	32	599.4	55.4	0.464	0.306	0.2	0.266
3	29	1035.4	74.2	0.537	0.385	0.2	0.341
4	26	1144.4	78.5	0.556	0.408	0.2	0.407
5	23	1253.5	82.8	0.574	0.426	0.2	0.469

序号	地质时间（Ma）	埋藏深度（m）	古地温（℃）	R_o（%）			
				Barker	Easy%R_o	Welte 等	石广仁等
6	20	1750.7	99.3	0.654	0.489	0.2	0.528
7	17.5	2605.4	128.9	0.823	0.674	0.661	0.624
8	15	3092.1	143.7	0.924	0.827	1.465	0.833
9	12	4190.3	175.2	1.181	1.29	2.557	1.204
10	9	4431	181.9	1.244	1.417	3.198	1.413
11	6	4641	187.6	1.301	1.532	3.606	1.555
12	3	4790.2	191.7	1.343	1.623	3.908	1.661
13	0	5528	211.6	1.569	1.944	4.171	1.754
计算值与实测值（1.8）的偏差值				-0.23	0.24	1.37	-0.05

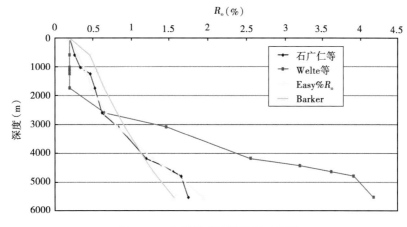

图 4-13　各种模型计算结果对比图

用 R_o 法正演古地温史的步骤如下：

（1）重建地层埋藏史（包括剥蚀史）；

（2）给定地温史（如地温梯度史或热流史），结合埋藏史算出各地层的古地温场；

（3）利用以上之一的 R_o 模型，计算各生油层的 R_o 史（称理论 R_o 史）；

（4）用实测地层的现今 R_o 和理论 R_o（现今点）进行对比：如果结果拟合很好，则认为给定的地温史就是地层实际经历的地温史；如果拟合不好，则重复第（2）、第（3）步，直到拟合程度较好为止。

图 4-14 为采用 Easy%R_o 法正演地温史的结果图。图 4-14c 为给定井的埋藏史图；图 4-14a 为给定的地温梯度史曲线；图 4-14b 为计算的 R_o 与实测 R_o 对比图；图 4-14d 为利用地温梯度史求出的 R_o 史。

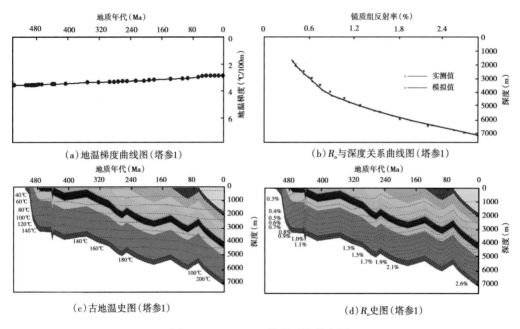

（a）地温梯度曲线图（塔参1）   （b）R_o与深度关系曲线图（塔参1）

（c）古地温史图（塔参1）   （d）R_o史图（塔参1）

图 4-14　Easy%R_o 模型正演热史图

三、磷灰石裂变径迹法

　　固体矿物裂变径迹的研究始于 20 世纪 50 年代末，但利用磷灰石裂变径迹（Apatite Fission Track，简称 AFT）研究沉积盆地热演化史则始于 20 世纪 80 年代。1986 年澳大利亚墨尔本大学的研究人员在大量退火实验的基础上，首次提出了磷灰石退火的动力学模型——平行线模型和扇形线模型。这些模型是利用数值方法恢复热演化史的基础。

1. 利用 AFT 研究热史的基本原理

　　1）AFT 形成的稳定性和连续性

　　在所有的天然矿物中都含有微量的铀杂质，在其存在的历史过程中，铀会自然地产生裂变（周中毅等，1992）。实验表明，磷灰石中的 ^{238}U 自晶格形成后，便以恒定的速度不断地自发裂变，所产生的一对高能裂变碎片沿相反方向运动，穿射矿物晶格从而造成连续性辐射损伤区，这就是磷灰石裂变径迹。如果用适当的化学剂进行蚀刻扩大和其他技术处理，就可在普通的显微镜下观测到裂变径迹。

　　（1）稳定性：实验证明，裂变径迹形成速率与矿物中 ^{238}U 含量成正比。沉积盆地的形成时间小于 ^{238}U 的半衰期（6.99×10^{11} Ma），因此可以认为在整个沉积盆地的地质历史时期，磷灰石中 ^{238}U 的含量是稳定的。这就保证了同一岩石样品中径迹形成速率是常数。

　　（2）形成的连续性：由于在盆地演化过程中，磷灰石中的 ^{238}U 一直以相同的速率不断自发裂变，因而裂变径迹也在不断地形成，即裂变径迹是随时间而不断形成的。不同的径迹产生于热史的不同阶段。利用这个特性能重建较精确的热史。

2) AFT 具有退火特性

磷灰石在受热时，其受损的晶格从热能中获得足够的能量，并促使被移位的原子返回到原来的位置，从而使辐射损伤不同程度地愈合，表现为径迹缩短直至完全消失，这就是退火现象。模拟实验和钻井资料研究（Gleadow 等，1983；Naeser，1981）得出，裂变径迹退火具有以下特征：

（1）在实验室和地下条件下，退火特征基本一致，都是随温度增高，径迹密度减少，长度变短，直至完全消失；

（2）控制径迹退火的主要因素是温度，时间因素是次要的；

（3）退火作用，由开始退火到完全退火，不是在瞬时发生的，而是中间有个过渡带，这个带叫退火带，其相应的温度范围是 50~125℃。

综上所述，磷灰石裂变径迹形成的稳定性和连续性，径迹退火受控于温度的独特性，以及磷灰石在沉积盆地中分布的广泛性，为利用 AFT 研究热史提供了保证。

2. AFT 参数及其热史意义

应用于热史研究的 AFT 参数主要有：裂变径迹年龄、平均裂变径迹长度和裂变径迹长度分布。

1）裂变径迹年龄

径迹年龄不仅可以记录矿物的形成时间，还能记录重大的热事件（如火山喷发或岩浆侵入）发生的时间。当重大热事件发生时，裂变径迹因受热而完全消退，待冷却到其封闭温度时（在地质历史中认为是短暂的），矿物开始记录径迹，显然此时计算出来的径迹年龄为热事件发生的时间。若矿物是在这次热事件中形成的，则又为此矿物的年龄，这是径迹的真实年龄。若热事件活动后形成并冷却的矿物很快又被搬运到盆地中，并被沉积埋藏，而且至今尚未进入退火带，则其径迹年龄代表沉积年龄。如果矿物后期经历过部分退火（未完全消失），则计算出的径迹年龄小于真实年龄，称为表观年龄。表观年龄随退火程度的增加而减小（图 4-15）。

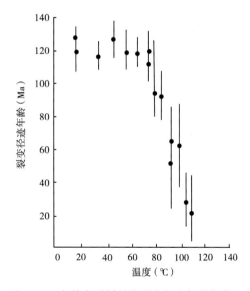

图 4-15 奥特韦群样品的裂变径迹年龄与井下校正温度之间的关系（据 Green 等，1987）

径迹年龄可通过下式求出：

$$t = \frac{1}{\lambda_\mathrm{D}} \ln\left(1 + \frac{\rho_\mathrm{s}}{\rho_\mathrm{i}} \cdot \frac{\lambda_\mathrm{D}}{\lambda_\mathrm{F}} \cdot \sigma \cdot I \cdot n \right) \tag{4-24}$$

式中 t——径迹年龄，a；

ρ_s、ρ_i——分别为 ^{238}U 自发径迹和 ^{235}U 诱发径迹密度，条/cm^2；

λ_D、λ_F——分别为 ^{238}U 的总衰变常数（$1.551 \times 10^{-10}\mathrm{a}^{-1}$）和 ^{238}U 自发径迹衰变常

数（$6.99 \times 10^{-17} \mathrm{a}^{-1}$）；

σ——^{235}U 的热效中心裂变的有效截面积（$5.8 \times 10^{-22} \mathrm{cm}^2$）；

n——中子通量，中子数/ cm^2；

I——^{235}U/^{238}U 丰度比（7.2676×10^{-3}）。

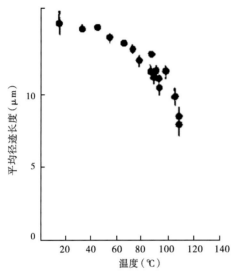

图4-16　奥特韦群磷灰石平均围限裂变径迹长度与目前井下温度的关系（据 Green 等，1987）

2）平均裂变径迹长度

磷灰石裂变径迹初始形成时，平均径迹长度是一个十分固定的常数，约为（16.3±0.9）μm。一旦形成，平均径迹长度便随埋深（温度）的增加而逐步缩短（图4-16），温度低于 50℃ 时，平均径迹长度还大于 14μm，接近 125℃，则平均径迹长度降为零，温度在 110~125℃ 之间，平均径迹衰减相当急剧，其长度 8μm 变为零。

3）径迹长度分布

Gleadow（1986）和 Green（1987）对澳大利亚奥特韦（Otway）盆地的 4 口井和露头样品研究后认为，径迹长度分布随温度的增加而逐渐变短、变宽。从图4-17 中可见，平均径迹长度分布在低温时，保持狭窄的对称形态，随着温度的增加，分布图开始变宽，直至温度在 102~110℃，分布变得十分开阔，呈扁平态分布。

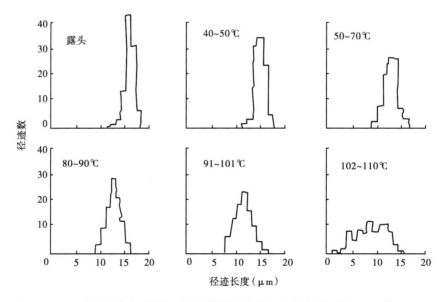

图4-17　4 口井中奥特韦群磷灰石的围限裂变径迹长变分布图（据 Green 等，1987）

3. AFT 退火动力学模型

为了确定 AFT 退火与温度、时间的关系，地学工作者曾试图简单地用一级动力学模型（单个平行反应或多个平行反应）来描述裂变径迹的退火，发现难于满意地拟合观测数据。但地质退火和实验室退火数据观测均表明，裂变径迹的退火温度和时间遵循互补原理，即：

$$\ln(t) = a + b/T \qquad (4-25)$$

式中　t——时间，s；

　　　T——温度，K；

　　　a、b——待定系数。

1986 年，澳大利亚 Green 和 Duddy 等用 Durango 磷灰石做了大量的诱发径迹退火实验，测定和研究了退火后的径迹长度资料，先后提出了活化能不随退灭程度而变的平行线模型和活化能随退火程度而增加的扇形线模型。经统计检验和退火数据分析，扇形线模型被认为是较好的模型，目前已被广泛采用，其数学表达式为：

$$g(r) = \{[(1 - r^{2.7})/2.7]^{0.35} - 1\}/0.35$$
$$= -4.87 + 0.000168T[\ln(t) + 28.12] \qquad (4-26)$$

式中　r——径迹长度与初始径迹长度之比，l/l_0。

以上模型描述的是一个恒温的退火过程。在地质历史时期中，地温是不断变化的，所以在应用此模型时必须根据等价时间原理进行处理。

1）等价时间原理

等价时间原理认为，已退火到一定程度的径迹进一步退火时，其退火程度与引起以前退火的温度时间条件无关，它仅取决于已经达到的退火程度和当前的温度时间。根据这一原理，可以把一个变温过程转化成若干个有序的恒温过程。

2）退火程度 r 与平均长度 l 的计算

如果把热史路径分为 n 个相等的时间段（Δt）（图 4-18），在每个时间段内产生的径迹视为同一组径迹，这样就存在 n 个组的径迹，每个组的径迹的退火程度都不相同，第一组退火程度最高，第 n 组最低。

以第一组为例，在第 i 个时间段内，温度为 T_i，第 i 个时间段开始时，退火程度为 r_{i-1}，平均长度为 $\bar{l}_{i-1}$；第 i 个时间结束时，退灭程度为 r_i，平均长度为 $\bar{l}_i$。根

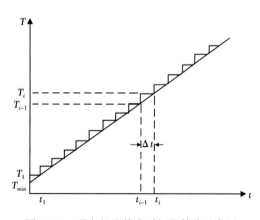

图 4-18　裂变径迹热史时间段等分示意图

据等价时间原理，在温度 T_i 下，达到退火程度为 r_{i-1} 时，所需要的时间为 t_{eq}，达到退火程度为 r_i 时所需的时间则为 $t_{eq}+\Delta t$。即：

$$\begin{cases} \ln(t_{eq}) = a + b(r_{i-1})/T_i \\ \ln(t_{eq} + \Delta t) = a + b(r_i)/T_i \\ b(r_i) = [g(r_i) + 4.87]/0.000168 \end{cases} \quad (4\text{-}27)$$

式中　t_{eq}——等价时间，s；

　　　r_i——第一组径迹在第 i 个时间段的退火程度；

　　　Δt——时间间隔，s；

　　　T_i——第 i 个时间段的温度，K；

　　　a——系数，取值-28.12；

　　　b——系数，根据扇形线模型计算获得。

联合式（4-26）和式（4-27）后可求出第一组径迹在第 i 个时间段内的退火程度 r_i。依照以上思路，可依次求出其他组径迹的退火程度。

由于 $r = l/l_0$，移项后有：

$$l = r \cdot l_0 \quad (4\text{-}28)$$

式中　l——平均径迹长度，μm；

　　　l_0——初始径迹长度，取 16.3μm。

3）长度分布计算

大量实测数据及实验数据表明，同一组径迹长度分布比较接近于高斯分布，即：

$$Y(l) = \frac{1}{S\sqrt{2\pi}} \cdot \exp\left[-\frac{(1-L)^2}{2S} \right] \quad (4\text{-}29)$$

式中　$Y(l)$——长度 l 的径迹数；

　　　L——平均径迹长度，μm；

　　　l——径迹长度，μm；

　　　S——分布的标准偏差。

用最小二乘法将 S 拟合成双曲线，表达式为：

$$S = \frac{1}{0.0986l - 0.22} \quad (4\text{-}30)$$

径迹长度范围一般取 0~20μm，按每 1μm 为一单元，可划分出 20 个单元。其中 0~1 为第 1 单元，1~2 为第 2 单元，以此类推，19~20 为第 20 单元。

在同一单元中，把利用式（4-29）计算出的各组径迹的个数相加，这样就能获得总的径迹长度分布。

4. 利用 AFT 模拟热史

磷灰石裂变径迹在研究古地温中的作用主要有三方面：第一是直接利用平均长度指示古地温；第二是根据长度或密度分布的形态图反算古地温；第三是根据动力学模型模拟古地温。前两种方法主要是定性的，第三种则是定量的。

根据动力学模型正演古地温的过程如下。

（1）输入样品点的参数，包括样品点所在地层年代、样品点 AFT 平均长度、长度分布等。并绘出长度分布图（图4-19b），即实际长度分布图。

（2）参照实测长度分布图，推测样品点可能经过的热史路径，并给出假定的热史曲线（图4-19a）。一般用温度曲线表示受热过程。

（3）在假定热史过程的条件下，利用以上动力学模型求出各组径迹的退火程度（图4-19c）及平均长度l，并进一步求出长度分布图（图4-19b），即理论长度分布图。

（4）在同一坐标系下用不同类型的曲线绘出实测长度分布图和理论长度分布图（图4-19b），并对比两图，如果差异较大，则重新假定热史路径，重复第（3）、第（4）步，直到两图拟合度较好，而且模拟的径迹年龄与实测年龄也较接近（图4-19d）为止。此时，假定的热史路径即为模拟结果。

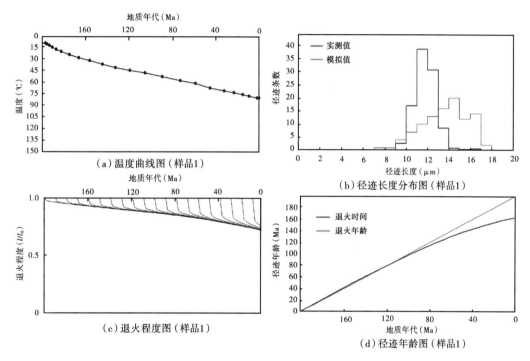

图4-19 磷灰石裂变径迹模型正演热史图

参 考 文 献

胡圣标，汪集旸．1995．沉积盆地热体制研究的基本原理和进展．地学前缘，2（4）：171-180.

李雨梁，黄忠明．1990．南海北部大陆架西区热演化史．中国海上油气（地质），4（6）：31-39.

庞雄奇，邱南生，姜振学，等．2005．油气成藏定量模拟．北京：石油工业出版社，125.

邱楠生．1998．中国大陆地区沉积盆地热剖面．地球科学进展，13（5）：447-451.

石广仁，郭秋麟，米石云，等．1996．盆地综合模拟系统BASIMS．石油学报，17（1）：1-9.

石广仁，李惠芬，王素明，等．1989．一维盆地模拟系统BASI．石油勘探与开发，16（6）：1-10.

王钧，黄尚瑶，黄歌山，等．1990．中国地温分布的基本特征．北京：地震出版社．

王良书，施中申．1989．油气盆地地热研究．南京：南京大学出版社．

谢鸣谦．1981．地热流对石油生成的控制作用．石油学报，2（1）：43-45.

杨万里等. 1984. 隐蔽油气藏勘探的实践与认识. 中国隐蔽油气藏勘探论文集, 哈尔滨：黑龙江科学技术出版社.

张家诚. 1986. 地学基本数据手册. 北京：海洋出版社.

张渝昌, 等. 1997. 中国含油气盆地原型分析. 南京：南京大学出版社.

周中毅, 潘长春. 1992. 沉积盆地古地温测定方法及其应用. 广州：广东科技出版社.

Allen P A, Allen J R, 2005. Basin analysis. Blackwell Publishing, second edition.

Allen P A, Allen J R. 1990. Basin Analysis：Principles and Application. Blackwell Scientific Publications, Oxford, London.

Barker C E, Pawlewicz M J. 1986. The correlation of vitrinite reflectance with maximum temperature in humic organic matter//Buntebarth G, stegna L. Paleogeochemics：evaluation of geogthermal conditions in the geological past. Lecture Notes in Earth Sciences, Berlin, SpringerVerlag：79-93.

Barker C E. 1983. Influence of time on metamorphism of sedimentary organic matter in liquid dominated geothermal system. Western North America Geology, 11：384-388.

Burnham A K, Sweeney J J. 1989. A Chemical kinetic model of vitrinite maturation and reflectance. Geochim. Et Cosmochim. Acta, 53：2649-2657.

Gleadow A J W, Duddy I R, Green P F, Lovering J F. 1986. Confined fission track lengths in appatite：a diagnostic tool for thermal history analysis. Contribution Mineral Petroleum, 4：91-100.

Gleadow A J W, Duddy I R, Lovering J F. 1983. Fission track analysis：a new tool for the evaluation of thermal histories and hydrocarbon potential. APEA J. , 23：93-102.

Green P F, et al. 1987. Apatite fission track analysis as a paleotemperature indicator for hydrocarbon exploration. SEPM. Special Publication.

Hood A, et al. 1975. Organic metamorphism and generation of petroleum. AAPG Bulletin, 59：986-996.

Kappelmeyer O, Haenel R. 1974. Geothermics with Special Reference to Application. Gehruder Borutraeger Berlin-Stuttgart.

Karweil J. 1975. The determination of paleotemperatures from the optical reflectance of coaly particles in sediments. Petrographie Organique et Potentiel Petrplier.

Lerche I, Yarzab R F, et al. 1984. Determination of paleocheat flux from vitrinite reflectance data. AAPG Bulletin, 68：1704-1717.

Lopatin N V. 1971. Temperature and geologic time as factors in coalification. Akad Nauk SSSR Izvestiya, Seriya Geologicheskaya 3：95-196.

Mckenzie D. 1978. Some remarks on the development of sedimentary basins. Earth and Planetary Science Letters, 40：25-32.

Middleton M F, Falvey D A. 1983. Maturation Modeling in Otway basin, Australia. AAPG Bulletin, 67：271-279.

Naeser C W. 1981. The fading of fission tracks in the geological environment-data from the deep drill holes. Nuclear tracks, 5：248-250.

Sweeney J J, Burnham A K. 1990. Evaluation of a simple model of vitrinite reflectance based on chemical kinetics. AAPG Bulletin, 74：1559-1570.

Waples D W. 1980. Time and temperature in petroleum exploration. AAPG Bulletin, 64：916-926.

Welte D H, Yukler M A. 1981. Petroleum origin and accumulation in basin evolution-a quantitative model. AAPG Bulletin, 65：1387-1396.

第五章 成 岩 史

本章主要研究砂岩在埋藏过程中孔隙度演化规律，包括压实作用引起的孔隙度变化规律和成岩作用对砂岩孔隙度变化的影响。首先，从砂岩沉积物表层孔隙度（地表孔隙度）分析开始，结合各种实验与统计数据，研究压实引起的孔隙度变化趋势，建立孔隙度随深度变化的预测模型，为致密砂岩孔隙度恢复奠定基础；其次，通过成岩作用实测数据和前人研究成果，建立石英次生加大、伊利石胶结、绿泥石沉淀、方解石沉淀与溶解、长石溶解等成岩作用的数值模型，预测砂岩成岩作用对孔隙度变化的影响；最后，简要叙述了采用定量模型划分成岩阶段的方法与实例。

第一节 压实与成岩作用对孔隙度的影响

20 世纪 30 年代，Athy（1930）就指出，正常压实条件下泥岩孔隙度与埋深存在指数关系，现今人们在分析砂岩压实程度时也大都运用这个指数关系式来表达孔隙度与埋深的定量关系（刘震等，2007）。Selley（1978）收集整理了许多盆地中砂岩和泥岩孔隙度与埋深关系的数据，编制了未变质盆地中地层孔隙度与埋深关系散点交会图。该图清楚表明，不论是砂岩还是泥岩，其孔隙度都是随埋深增加而明显降低，而且发现浅处（约 500m 以内）地层孔隙度急剧降低，到深处 3000m 以下孔隙度变化很小。刘震（2007）指出碎屑岩压实过程中时间也是影响因素之一，孔隙度是埋深和埋藏时间的双元函数。Scherer（1987）也曾指出，埋深不是成岩作用的最好指示，因为成岩作用与时间也有关系。大量证据表明：影响砂岩孔隙度变化的因素很多，埋深和压实作用在砂岩孔隙度演化过程中起了主要作用。即使是在认为机理最为简单的机械压实作用中，砂岩孔隙度的变化也不仅仅与埋深有关，还要受到诸如沉积物组分、粒度、分选、早期胶结物的存在与否、地温梯度和异常高压带等因素的影响（刘震等，2007）。通常认为改变碎屑岩孔隙度的成岩作用包括两大类：一类是降低地层孔隙度的作用，主要是机械压实作用和胶结作用，其次为压溶作用、蚀变作用和重结晶作用；另一类是增加地层孔隙度的作用，主要是溶蚀作用，它是钙屑砂岩储层次生孔隙产生及孔隙度变大的重要原因。压实作用是使砂岩储层孔隙度变小、储集性变差的首要作用，压实压溶作用主要表现为云母及其长轴的其他碎屑颗粒的纵向排列（罗文军等，2012），其带来的孔隙度减少值通常大于 20%，胶结作用也会引起孔隙度的减少，但其引起的孔隙度损失通常小于 10%（朱国华等，1985；曾溅辉，2001；朱剑兵等，2006；杨晓萍等，2007）。溶蚀作用产生次生孔隙，主要表现为格架颗粒的溶蚀及少量填隙物的溶蚀，其中长石的溶蚀非常明显，常以粒间孔、粒内溶孔为主。早期溶蚀主要是溶蚀长石、少量胶结物和颗粒边缘，部分层位甚至形成了少量铸模孔，形成的自生高岭石充填于粒间孔中，晚期溶蚀发生在烃源岩进入生油高峰期，即大量有机酸生成时期，有机酸对胶结物进行溶蚀，形成了大量的粒间溶孔（刘焕等，2012）。

一、压实—胶结作用引起的减孔模型

压实和胶结作用是导致碎屑岩孔隙度减小的关键成岩作用。孔隙减小模型可划分为纯机械压实模型和压实—胶结综合模型两种（王国亭等，2012）。纯机械压实模型适用于胶结作用发生之前，正常压实条件下孔隙度与深度存在指数关系（Athy，1930），此阶段的模型为：

$$\phi_c = \phi_o e^{-cH} \tag{5-1}$$

式中　ϕ_c——机械压实后剩余孔隙度，%；

　　　H——埋深，m；

　　　ϕ_o——原始孔隙度，即开始埋藏的孔隙度或地表孔隙度，%；

　　　c——压实系数，1/m 或 1/km。

在纯机械压实作用阶段，不同埋藏阶段孔隙演化特征也不相同，因此根据埋藏速率分时深域建立模型能更准确反映孔隙演化规律；不同时深域内孔隙演化模型相同，但方程系数有所差异。恢复砂岩初始孔隙度可为模型提供边界条件，原始孔隙度（ϕ_o）与分选系数（S_o）之间的一定的函数关系（Scherer，1987），计算公式为：

$$\phi_o = 20.91 + 22.90/S_o \tag{5-2}$$

压实—胶结综合模型适用于胶结作用发生之后直至现今的阶段，在此阶段压实作用和胶结作用共同控制着孔隙的演化。由于此阶段埋藏深度和埋藏时间同压实和胶结作用密切相关，因此孔隙度同压实作用和胶结作用的关系也就体现为孔隙度同埋藏深度和埋藏时间之间的关系。基于大量的孔隙度、埋深及埋藏时间等数据，采用多元回归分析的方法，回归分析出压实—胶结综合作用阶段孔隙度同埋深和埋藏时间之间的双元函数关系（潘高峰等，2011），此阶段模型为：

$$\phi_c = \phi_0 \times e^{(-bT-cH-dTH)} \tag{5-3}$$

式中　ϕ_c——压实和胶结综合作用后剩余孔隙度，%；

　　　T——距离初始埋藏的时间，Ma；

　　　H——埋深，m；

　　　ϕ_o——原始孔隙度，即开始埋藏的孔隙度或地表孔隙度，%；

　　　b、c、d——回归系数。

从式（5-3）可以看出，此阶段孔隙度随着深度和时间的增大而减小，时间和深度对孔隙度变化率的影响取决于 b、c、d 的大小。

二、溶蚀引起的增孔模型

2011 年，潘高峰等根据碎屑颗粒溶蚀孔隙度、有机酸浓度、地层温度、地层埋深及埋藏时间的相互关系，建立了溶蚀窗口内孔隙度变化率同溶蚀时间的关系，即：

$$\phi_s = 3\Delta\phi(T - T_1)^2/\Delta T^2 - 2\Delta\phi(T - T_1)^3/\Delta T^3 \tag{5-4}$$

式中　ϕ_s——溶蚀作用形成的孔隙度，%；

T——初始埋藏的时间，Ma；

ΔT——溶蚀作用期的总时间，Ma；

$\Delta\phi$——现今最大增孔幅度，%；

T_1——溶蚀作用开始时间，Ma；

T_2——溶蚀作用结束时间，Ma。

边界条件为：$T=T_1$ 时，$\phi_s=0$；$T=T_2$ 时，$\phi_s=\Delta\phi$；$\Delta T=T_2-T_1$。

第二节　成岩作用定量模型

上文介绍了压实—胶结作用引起的减孔模型和溶蚀作用引起的增孔模型，它们属于综合多因素的统计模型。本节重点介绍成岩作用的单因素（矿物）定量模型，包括石英次生加大、伊利石胶结、绿泥石沉淀、方解石沉淀与溶解、长石溶解等定量模型。

一、石英次生加大

石英次生加大是砂岩中最常见的一种成岩矿物，在储层演化中，它又是充填粒间孔隙，造成孔隙度降低的主要因素。尤其在分选比较好，碎屑石英含量高，其他塑性颗粒少的砂岩中，石英的次生加大更为发育（张哨楠，1998）。砂岩中碎屑石英次生加大与再生胶结现象在许多油田都十分普遍，它是减少砂岩孔隙度，使储层物性变差的主要原因之一（方伟，1992）。石英的次生加大现象越明显，储层原有的孔隙空间被侵占得越多，储层物性变得越差。石英次生加大的类型有环边式、愈合式、多期式（甘贵元，2010）。

Lander 等（2008）认为，石英晶体不同轴向的沉淀速率差别较大，c 轴方向的沉淀速率最大，比其他方向大 10～20 倍。目前，定量分析次生加大的技术主要是实验室技术，数值模拟技术较少。本文的数值模拟技术主要采用 Walderhaug（2000）的模型，即：

$$\begin{cases} V_q = M \times r \times A \times t/\rho \\ r = a \times 10^{bT} \\ A = (1 - C) \times 6 \times f \times V \times \phi(D \times \phi_0) \end{cases} \tag{5-5}$$

式中　V_q——石英次生加大体积，cm^3；

M——石英的摩尔质量，g/mol，取值 60.09；

r——石英沉淀速率，$mol/(cm^2 \cdot s)$；

A——石英表面积，cm^2；

t——时间，s；

ρ——石英的密度，g/cm^3，取值 2.65；

C——石英颗粒表面被黏土或其他物质覆盖的比例，或称包壳因子，小数；

f——石英碎屑的体积比例;

V——样品的体积, cm^3;

D——石英颗粒大小, 直径, cm;

ϕ_0——沉积时的孔隙度,%;

ϕ——当前时间段的孔隙度,%;

T——古地温,℃;

a——石英沉淀速率回归系数, $mol/(cm^2 \cdot s)$;

b——石英沉淀速率回归系数,℃$^{-1}$。

在 Walderhaug 的模型中, $a = 1.98 \times 10^{-22} mol/(cm^2 \cdot s)$, $b = 0.022$℃$^{-1}$。肖丽华等 (2003, 2005), 在松辽盆地和渤海湾盆地的应用后认为, 中国东部陆相盆地可取 $a = 8.14 \times 10^{-23} mol/(cm^2 \cdot s)$, $b = 0.018$℃$^{-1}$。笔者通过在四川的应用及分析, 认为 $a = 1.98 \times 10^{-22} mol/(cm^2 \cdot s)$, $b = 0.020$℃$^{-1}$比较适合。图 5-1 为四川盆地须家河组致密砂岩石英次生加大史模拟结果。可见, 模型中关键参数 a 和参数 b 需要根据实际地区的地质情况进行适当调整以适应复杂的地质条件。

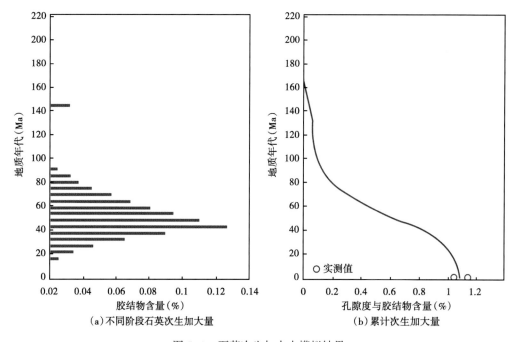

(a)不同阶段石英次生加大量　　　　　(b)累计次生加大量

图 5-1　石英次生加大史模拟结果

二、伊利石胶结

海相砂岩伊利石胶结作用比湖相砂岩更突出。有关的热力学研究表明, 流体中存在的钾离子将使得长石溶解生成伊利石的吉布斯自由能增量小于生成高岭石的吉布斯自由能增量(黄可可等, 2009), 因而伊利石的优先沉淀在热力学上是有依据的。但是, 从动力学角度来说, 溶解速率、沉淀速率以及伊利石的成核动力学屏障都对伊利石的生长提出了更加苛刻的条件（Aagaard 等，1992）。同时，在开放体系的成岩过程中，长石等铝硅酸盐溶解生成的水溶物将以扩散和对流方式迁移，且迁移速率通常都大于长石的溶解速率，长石溶解产生的钾离子会被迅速带走，很难达到伊利石沉淀反应所需的钾离子浓度的临界值，因而在开放体系中，通过长石溶解形成伊利石几乎是不可能的。对于海相砂岩或在埋藏成岩阶段初期受海源流体影响的砂岩（如鄂尔多斯盆地太原组、四川盆地三叠系须家河组第二段），情况会变得更加复杂，以钾作为阳离子的钾长石在这里会受到影响，这里涉及的主要问题是孔隙流体与钾长石之间的平衡问题。当孔隙流体中的 K^+/H^+ 离子活度处于钾长石饱和点以下时，伊利石生长所需的钾主要由钾长石溶解提供，过程主要按以下公式发生：

$$KAlSi_3O_8（钾长石） + Al_2Si_2O_5（OH）_4（高岭石） =$$
$$KAl_3Si_3O_{10}（OH）_2（伊利石）+2SiO_2+H_2O \qquad (5-6)$$

当孔隙流体中的 K^+ 浓度达到钾长石饱和点以上时，额外钾离子为伊利石中钾的主要来源，过程主要按以下公式发生：

$$3Al_2Si_2O_5（OH）_4（高岭石）+2K^+ =$$
$$2KAl_3Si_3O_{10}（OH）_2（伊利石） + 2H^+ + 3H_2O \qquad (5-7)$$

在这种情况下，伊利石沉淀的动力学屏障已被克服，温度不再是决定伊利石沉淀能否发生的重要决定因素。高岭石的伊利石化也有利于钾长石的溶解和次生孔隙的形成，这个过程是减体积的过程，可以产生额外的储层空间，对在相对深埋藏的成岩过程中由钾长石溶解形成的次生孔隙具有显著作用，增大砂岩的孔隙度（黄思静等，2008）。

伊利石胶结的动力学模型如下：

$$\begin{cases} V_i = M \times Rate \times S \times t/\rho \\ Rate = A \times \exp[F_a/R \times (T + 273)] \times Q/(K - 1) \\ S = (1 - C) \times 6 \times f \times V \times \phi/(D \times \phi_0) \end{cases} \qquad (5-8)$$

式中　V_i——伊利石次生加大体积，cm^3；

　　　M——伊利石的摩尔质量，g/mol，取值 144；

　　　Rate——伊利石沉淀速率，$mol/(cm^2 \cdot s)$；

　　　S——伊利石表面积，cm^2；

　　　t——时间，s；

　　　ρ——伊利石的密度，g/cm^3，取值 2.75；

　　　C——伊利石颗粒表面被黏土或其他物质覆盖的比例，或称包壳因子；

　　　f——伊利石碎屑的体积比例；

　　　V——样品的体积，cm^3；

　　　D——伊利石颗粒大小，直径，cm；

　　　ϕ_0——沉积时的孔隙度，%；

　　　ϕ——当前时间段的孔隙度，%；

　　　T——古地温，℃；

R——气体常数，1.986 cal/(mol·K)；

A——频率因子，mol/(cm^2·s)；

E_a——活化能，kJ/mol。

$Q/(K-1)$——为反应物溶度系数，相对值（表5-1）。

以四川盆地三叠系须家河组为例，频率因子 115 mol/(cm^2·s)，活化能 73 kJ/mol，反应物溶度系数（表5-1），模拟结果如图 5-2 所示。

表 5-1　伊利石胶结时采用的反应物溶度系数

地温（℃）	80	90	100	110	120	130	140	150	160
$Q/(K-1)$	10.83	11.34	11.86	12.37	12.89	13.4	13.91	14.42	14.94

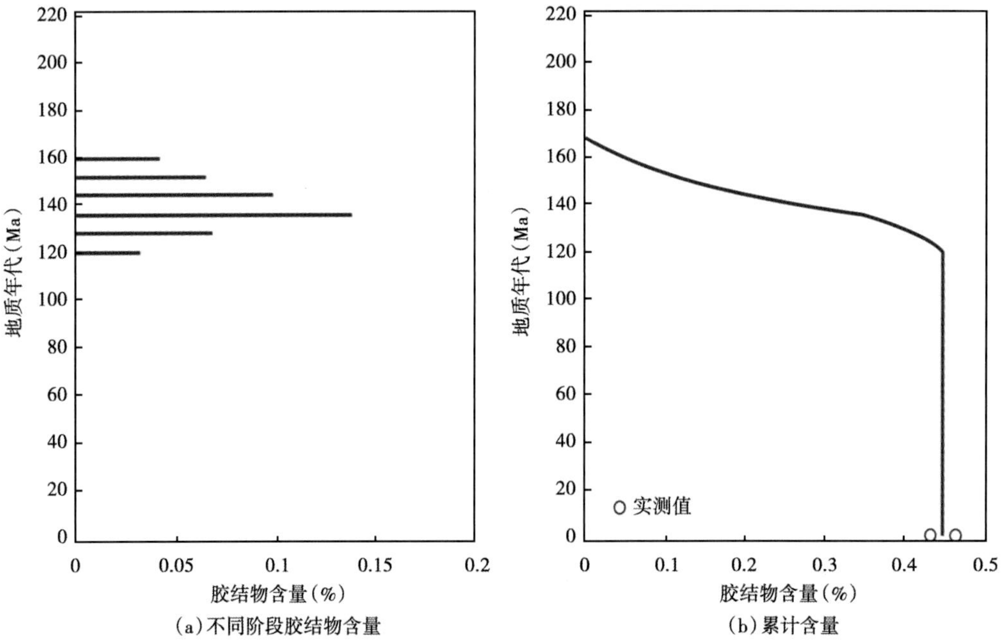

（a）不同阶段胶结物含量　　（b）累计含量

图 5-2　伊利石胶结史模拟结果

三、绿泥石沉淀

绿泥石广泛存在于中国各含油气盆地的砂岩储层中，绿泥石属于富铁、镁的层状硅酸盐矿物，形成于富铁的碱性环境中。砂岩中自生绿泥有颗粒包膜、孔隙衬里、孔隙充填和蜂窝状 4 种产状。近年的研究（Thomson，1979；田建锋等，2008；孙治雷等，2008；李弘等，2008）均证明了这种绿泥石对砂岩，尤其是深埋藏条件下砂岩孔隙的重要保存作用。但兰叶芳（2011）也指出了孔隙度类似的前提下，以孔隙衬里方式存在的自生绿泥石含量的增加，会降低砂岩储层的质量并影响烃类开发的效果。

1. 成因类型

绿泥石最有利的形成条件是富铁（Fe^{2+}）或镁的碱性水介质环境，根据其物质来源和形成方式，可分为以下三种成因类型。

1）黏土矿物的转化

随着温度的升高，蒙皂石有向绿泥石转化的趋势，在富铁、镁的碱性环境时转化为绿泥石，成岩过程中伊利石也可以转化为绿泥石，公式为：

$$KAl_4[AlSi_7O_{20}](OH)_4（伊利石）+1.64Mg^{2+}+1.89Fe^{2+}+8.24H_2O=$$
$$0.82Fe_4Mg_4Al_6Si_6O_{20}(OH)_{16}（绿泥石）+0.6K^++1.37H_4SiO_4+6.46H^+ \quad (5-9)$$

此外高岭石在富镁的碱性环境中也可以转化为绿泥石，公式为：

$$3Al_2Si_2O_5(OH)_4（高岭石）+4Mg^{2+}+4Fe^{2+}+9H_2O=$$
$$Fe_4Mg_4Al_6Si_6O_{20}(OH)_{16}（绿泥石）+14H^+ \quad (5-10)$$

2）物质的溶蚀结晶

当温度升高时，砂岩不断脱水释放出铁与镁，黑云母和一些富铁、镁岩屑不断水解溶蚀提供铁和镁，沉积时期絮凝的富铁的胶体也发生了水解溶蚀，导致砂岩中孔隙流体内铁含量不断升高。当孔隙流体中铁、镁离子含量达到一定的程度，就会有绿泥石从碱性孔隙水中析出（Wilson，1982；Salman，2002；张金亮等，2004）。

3）富含铁镁孔隙流体的渗入

埋藏成岩期间，由于相邻地层压力和孔隙流体的差异，或者由于构造作用的影响，有富含铁或镁的流体侵入相邻地层时，能快速将原来的层状硅酸盐（伊利石、高岭石和蒙皂石）转化成绿泥石，如果转化速度快，自生绿泥石常常保留原有黏土矿物的结构特征（田建锋等，2008）。

2. 绿泥石化学成分

通过对不同世代绿泥石的化学分析，表明绿泥石元素构成不同，反映了不同世代绿泥石化学成分上有差异（表5-2）。

表5-2　不同世代绿泥石化学成分变化

世代	FeO	MgO	Al₂O₃	SiO₂	CaO
第一世代（%）	32.7	8.25	20.80	33.2	4.30
第二世代（%）	12.01	9.42	27.28	47.38	3.50
第三世代（%）	3.31	12.32	33.66	51.68	0.03

绿泥石化学成分的变化反映了孔隙流体组分的变化，早期铁处于过补偿状态。晚期铁处于欠补偿状态，随着孔隙流体的变化，晚期还经常出现铁白云石，铁方解石，甚至浊沸石、硅质等其他矿物充填于绿泥石衬里剩余粒间孔隙中，形成绿泥石—浊沸石—钙质，或绿泥石—方解石—硅质等不同组合，这些均受孔隙流体介质环境控制。

3. 绿泥石衬里对砂岩孔隙度的影响

绿泥石衬里具有垂直颗粒壁向中心生长的特征，形成于沉积期后。对储层碎屑岩孔隙有以下保护作用。主要表现在：岩石受上覆岩层压实，在颗粒接触的绿泥石，可降低由压实引起的孔隙度减小值；早期形成的绿泥石胶结物可以对抗机械压实，以降低压实对孔隙度的减小；绿泥石衬里使长石溶孔、长石铸模孔得以保留下来；错断的绿泥石包膜起到了减小岩石变形的作用；绿泥石包裹石英，可增强岩石抗机械压实的强度，使孔隙得以较好地保存；一些砂岩储层中，绿泥石衬里可阻止自生石英生长（朱平等，2004）。

4. 绿泥石沉淀数值模型

绿泥石沉淀量与地层水的流动有关，早期埋藏过程中，压实作用越大，地层水的流动越明显。绿泥石沉淀量与压实作用引起的孔隙变化量成正比，经验公式如下：

$$\begin{cases} V_c = V_{max} \times r \times (\phi_0 - \phi_i)/\phi_0 \\ \phi_i \leqslant \phi_{min} \end{cases} \qquad (5-11)$$

式中　V_c——单位绿泥石沉淀量，cm^3；

V_{max}——单位绿泥石最大沉淀量，cm^3；来自实测资料。

r——沉淀速率调节系数；

ϕ_0——砂岩沉积物表面孔隙度，%；

ϕ_i——第 i 时刻砂岩孔隙度，%；

ϕ_{min}——绿泥石停止沉淀时砂岩孔隙度，%，来自实际地区的实测资料。

以四川盆地三叠系须家河组为例，绿泥石开始沉淀的埋深 400m，停止沉淀时砂岩孔隙度 15%，沉淀速率调节系数取 0.3，模拟结果如图 5-3 所示。

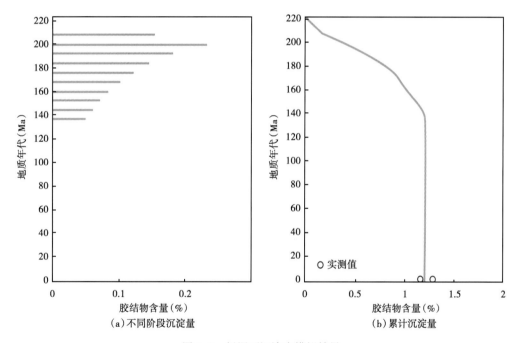

图 5-3　绿泥石沉淀史模拟结果

四、方解石沉淀与溶解

1. 方解石沉淀与溶解

方解石是碎屑岩中最常见的成岩自生矿物之一，绝大多数陆源碎屑岩的孔隙之中都会出现方解石胶结物沉淀或者早期方解石胶结物被溶蚀的现象。沉积物埋藏成岩过程中方解石等碳酸盐矿物的沉淀—溶解对沉积岩的原生孔隙具有明显的改造作用，进而影响到油气储层的质量（Taylor，1989；Giles 等，1990）。正因如此，探讨方解石在成岩环境中的化学行为特征已成了认识沉积岩次生孔隙（如粒间溶孔）形成和发育的重要途径之一。碳酸盐矿物（方解石、白云石等）的沉淀—溶解是成岩过程中最主要的水—岩作用之一，其中方解石的溶解—沉淀平衡反应为：

$$CaCO_3 = Ca^{2+} + CO_3^{2-} \qquad (5-12)$$

方解石溶解后，其中的 CO_3^{2-} 进入溶液，引起体系中碳酸总量的增加，反之方解石的沉淀可使溶液中的 CO_3^{2-} 进入固相的方解石，使溶液中碳酸总量降低，因此溶液中碳酸总量必然会随着方解石的溶解—沉淀平衡而改变。但整个固液体系遵从质量守恒原则，即溶液中 Ca^{2+} 变化的数量应与碳酸总量的变化是相当的。

2. 影响方解石溶解度的主要因素

方解石的溶解度与碎屑岩中碳酸盐类胶结物的形成及溶解有密切的关系，并进一步影响到岩石中原生孔隙的破坏和次生孔隙的形成过程。它的溶解度与以下几个因素有关。

1）pH 值和温压

在相同的碳酸总量的前提下，酸性溶液溶解方解石，而碱性溶液沉淀方解石，随pH 值的降低，方解石的溶解度呈现指数增加的现象。

2）地下水类型对方解石溶解度的影响

地下水对方解石溶解度的影响主要表现于初始水中碳酸总量与 Ca^{2+} 的相对数量多少方面，即 $[\sum CO_2] - [Ca^{2+}]$ 值的大小，其对方解石的溶解度影响很大。$[\sum CO_2] - [Ca^{2+}]$ 值越小，水的溶解能力越强。当 $[\sum CO_2] - [Ca^{2+}] \geqslant 0$，即溶液中的碳酸含量高于 Ca^{2+} 数量，如 Na_2CO_3 型、$NaHCO_3$ 型的地下水，方解石的溶解度将会大幅度降低，甚至要低于正常淡水中的溶解度。该值越大，方解石的溶解度越低。如果一个地区的水接近方解石的饱和溶液，既不可能大量沉淀、也不可能大量溶解方解石；碳酸氢钠型不是典型的方解石过饱和溶液，产生了大量的方解石沉淀，就会降低了岩石的孔隙度、渗透率值。而 $CaCl_2$ 型孔隙水是典型的欠饱和水，有利于早期方解石胶结物的溶解，形成次生孔隙，增大砂岩的孔隙度（于炳松等，2006）。

3. 方解石沉淀与溶解的数值模型

主要考虑有机酸对方解石沉淀量与溶解量的影响，方解石沉淀量与溶解量计算的经验公式如下：

$$\begin{cases} V_p = V_{max\_p} \times r_p \times (t_s - t)/t_s \\ V_s = V_{max\_s} \times r_s \times M_i/M_{oa} \\ V_{total} = V_p - V_s \end{cases} \qquad (5-13)$$

式中　V_p——单位方解石沉淀量，cm^3；

　　　V_s——单位方解石溶解量，cm^3；

V_{total}——单位方解石总沉淀量，cm^3；

V_{max_p}——单位方解石最大沉淀量，cm^3，来自实测资料；

V_{max_s}——单位方解石最大溶解量，cm^3，来自实测资料；

r_p——沉淀速率调节系数；

r_s——溶解速率调节系数；

t——模拟的地质年代，小于 t_s，Ma；

t_s——方解石开始沉淀的地质年代，Ma；

M_{oa}——现今单位面积有机酸生成量，$10^4 t/km^2$；

M_i——第 i 时刻单位面积有机酸生成量，$10^4 t/km^2$。

以四川盆地志留系为例，方解石开始沉淀的温度 40°C，沉淀速率调节系数为 1，溶解速率调节系数取 1，模拟结果如图 5-4 所示。

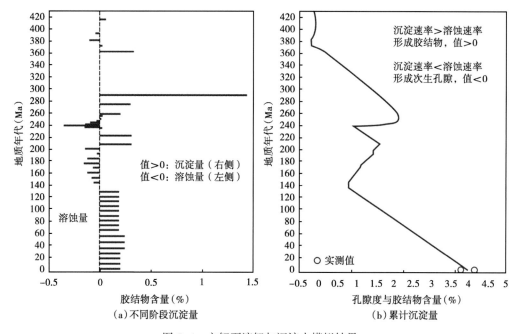

图 5-4　方解石溶解与沉淀史模拟结果

五、长石溶解

长石溶解作用是砂岩次生孔隙发育的主要因素之一。砂岩中长石含量越多，形成的次生孔隙越多，统计得到，次生孔隙度约占长石体积的 10%~15%。长石溶解作用与有机质生酸量、成岩阶段（R_o）有关。长石溶解量计算的经验公式如下：

$$V_f = V_{max} \times p_f \times r \times (R_{o_s} - R_{o_i})/(R_{o_e} - R_{o_s}) \tag{5-14}$$

式中　V_f——单位体积长石溶解量，cm^3；

　　　V_{max}——单位长石最大溶解量，cm^3，来自实测资料；

p_f——砂岩中长石所占的百分比；

r——长石溶解速率调节系数；

R_{o_s}——长石开始溶解的R_o，%；

R_{o_e}——长石结束溶解的R_o，%；

R_{o_i}——第i时刻的R_o，%。

以四川盆地三叠系须家河组为例，砂岩中长石所占的百分比取25%，单位长石最大溶解量10%，长石溶解速率调节系数取1，模拟结果如图5-5所示。

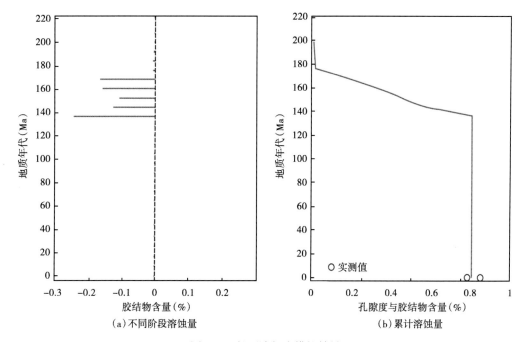

（a）不同阶段溶蚀量　　　　　　（b）累计溶蚀量

图5-5　长石溶解史模拟结果

第三节　成岩阶段划分

前文介绍了综合多因素的统计模型和成岩作用的单因素（矿物）定量模型，本节重点介绍成岩阶段的相关术语及碎屑岩成岩阶段划分方案，论述用于成岩相综合评价的成岩指数模型，并结合实例探讨定量划分成岩阶段的方法和过程。

一、成岩阶段相关术语及划分

1. 相关术语

成岩阶段：指沉积物被埋藏以后，变质作用之前，在较低的温度和压力条件下所发生的物理及化学变化的时期称为成岩阶段。

同生成岩阶段：指沉积物堆积下来后，与沉积介质仍然保持着联系，与底层水相接触时所发生的一系列变化的阶段。

表生成岩阶段：指处于某一成岩阶段弱固结或固结的碎屑岩，因构造抬升而暴露或接近地表，受到大气淡水的溶蚀，发生变化与作用的阶段。

后生成岩阶段：指固结成岩之后到遭受变质或再次风化之前所发生的变化的阶段。

2. 成岩阶段的划分

碎屑沉积物从形成到固结成岩并发生变质作用的整合演化过程，其成岩阶段是按照一定的顺序和阶段发展的。由于不同的成岩阶段具有各自的物理、化学、介质环境及沉积物或矿物的变化情况，因此碎屑岩成岩阶段的划分依据和命名也不尽相同。

1868 年 Von Guembel 首先提出"成岩作用"一词，表示沉积岩转变为结晶片麻岩和片麻岩过程中的一切变化，包括变质作用。1894 年 Walther 将变质作用剔除，只限于由沉积物转变为沉积岩过程中所发生的作用。

对于成岩阶段的划分，国外的 Schmidt 等（1979）、Pettijohn（1981）和 Morad 等（2000）各自提出了划分依据，其中 Schmidt 和 Morad 的成岩阶段划分观点在国外学者之间较为流行。对于国内的陆相碎屑岩储层，周书欣等（1981）、沙庆安等（1986）和陈丽华等（1986）多位学者对成岩阶段的划分进行了探讨，目前主要采用的是由应凤祥等（2003）起草的碎屑岩成岩阶段划分标准。该标准规定了碎屑岩成岩阶段的命名及划分的依据、标志和方法。统一了不同水介质湖盆储层成岩阶段划分术语和定义，从定性和定量相结合的角度建立了中国陆相盆地成岩阶段划分标志（张金亮等，2013）。

根据沉积水介质性质的不同，可分为淡水—半咸水介质、酸性水介质（含煤地层）和碱性水介质（盐湖），其中碎屑岩在成岩特征和标志上既有共性，又有各自的特殊性（朱筱敏，2008）。本书依据有机质成熟度（R_o）、古温度、古环境和%S 等指标，将前人具有代表性的划分方案整理见表 5-3。

表 5-3　成岩作用阶段划分方案（据张金亮等，2013，修改）

作者（年代）	划分方案					
Schmidt 等（1979）	早成岩阶段	中成岩阶段				晚成岩阶段
		未成熟	半成熟	成熟期	超成熟期	
				A	B	
		$R_o \leq 0.2\%$	$0.2\% < R_o \leq 0.55\%$	$0.55\% < R_o \leq 0.9\%$	$0.9\% < R_o \leq 2.5\%$	$2.5\% < R_o \leq 3.0\%$
刘宝珺（1980）	成岩阶段	后生成岩阶段				表生成岩阶段
	盆地水压力、常温	低温低压				温度影响减小
周书欣（1981）	同生成岩阶段	硬结成岩阶段		后生成岩阶段		
		早期	晚期	变生成岩阶段	表生成岩阶段	
	表温	$T < 96℃$	$96℃ < T \leq 120℃$	$120℃ < T \leq 230℃$	表温	
沙庆安等（1986）	海底成岩作用	地下成岩作用	早期地表成岩阶段	晚期地表成岩作用	晚期海底成岩作用	

作者（年代）	划分方案				
陈丽华等（1986）	同生成岩阶段	成岩阶段	后生成岩阶段		表生成岩阶段
			早期	晚期	
	表温	$T<65℃$	$65℃≤T≤180℃$	$180℃<T≤250℃$	表温
	$R_o≤0.2\%$		$0.6\%<R_o≤2.0\%$	$2.0\%<R_o≤4.0\%$	$R_o>4.0\%$
Morad 等（2000）	早成岩阶段	中成岩阶段			表生成岩阶段
		浅层中成岩阶段		深层中成岩段	
	$T<70℃$	$70℃<T≤100℃$		$T>100℃$	
应凤祥等（2003）	早成岩阶段		中成岩阶段		晚成岩阶段	表生成岩阶段
	A	B	A	B		
	$\%S>70\%$	$50\%<\%S≤70\%$	$15\%<\%S≤50\%$	$\%S≤15\%$	$\%S$ 消失	
	$T<65℃$	$65℃≤T≤85℃$	$85℃<T≤140℃$	$140℃<T≤175℃$	$175℃<T≤200℃$	古常温或常温
	$R_o≤0.35\%$	$0.35\%<R_o≤0.5\%$	$0.5\%<R_o≤1.3\%$	$1.3\%<R_o≤2\%$	$2\%<R_o≤4\%$	

注：%S 为伊利石/蒙皂石混层黏土矿物中蒙皂石混层比（%）；T 为古温度（℃）；R_o 为镜质组反射率（%）。

二、成岩相综合评价及实例应用

1. 成岩指数 I_D 计算模型

孟元林等（2001）认为碎屑岩的成岩特征除与其原始岩性有关外，主要受成岩场的影响与控制。成岩场是指各种成岩参量的作用范围和作用梯度，它包括温度、压力和流体（水化学和水动力学特征）等地质因素。正是成岩场中各地质因素在地史时期规律性的演化，形成了一系列成岩序次和成岩阶段，在演化过程中，也使各种成岩参数，如镜质组反射率 R_o 和伊/蒙混层中的蒙皂石含量%S 等发生有规律的变化。因此成岩相综合评价即是对各种单项指标参数模拟结果进行综合分析构造一个能够反映成岩作用强度且便于成岩阶段划分的函数——成岩指数 I_D，通过计算成岩指数，进而划分成岩阶段模拟成岩史（庞雄奇等，2005；郭秋麟等，2016）。

成岩指数 I_D 计算模型如下：

$$I_D = \sum_{i=1}^{n} P_i \times V_i \tag{5-15}$$

$$V_i = \begin{cases} [Q_{max}(i) - Q_i]/Q_{max}(i) & 随着沉积和成岩时间的增加成增加趋势 \\ Q_i/Q_{max}(i) & 随着沉积和成岩时间的增加成减小趋势 \end{cases} \tag{5-16}$$

式中　I_D——成岩指数；

　　n——成岩指标的个数；

　　Q_i——第 i 个成岩指标模拟计算的结果，如镜质组反射率、古地温等；

　　P_i——第 i 个成岩指标的权值；

　　$Q_{max}(i)$——第 i 个成岩指标的最大值（理论上），根据参数的变化规律，这个值对应的时间可能是在成岩最晚期时，也可能是在未成岩时。

2. 成岩阶段划分标准

成岩相综合评价通常采用式（5-15），其中成岩相综合评价各成岩阶段的界限值通常由如下公式进行确定。

$$L_k = \sum_{i=1}^{m} P_i \times L_i / Q_{\max}(i) \qquad (5-17)$$

式中　L_k——第 k 个成岩阶段的成岩指数界限值；

　　　m——成岩指标的个数；

　　　L_i——第 i 个成岩指标的界限值，如 R_o 在早成岩阶段 A 期和 B 期、中成岩阶段 A_1 期、中成岩阶段 A_2 期、中成岩阶段 B 期末的界限值分别为 0.35%、0.5%、0.7%、1.3%、2.0%；

　　　$Q_{\max}(i)$——第 i 个成岩指标的最大值（理论上），根据参数的变化规律，这个值对应的时间可能是在成岩最晚期时，也可能是在未成岩时。

不同研究人员使用的评价指标参数不尽相同，但评价方式基本如上。综合前人研究成果，结合埋藏史、热演化史、成岩史等盆地模拟成果，表 5-4 是考虑了埋深、地温、R_o、产酸率、%S、石英次生加大 6 项参数制定的评价表。6 项参数的权重分别是 0.1、0.2、0.2、0.1、0.2、0.2，表中给定了 6 项参数在不同成岩阶段的界限值及成岩阶段量化的区间值。基于此表，即可在各个单项参数模拟结果的基础上对成岩相做出综合评价。

表 5-4　不同成岩阶段对应的指标参数标准及成岩指标表

阶段划分	阶段量化	埋深（m）	地温（度）	R_o（%）	产酸率（mg/g）	石英次生加大（%）	%S（%）
未成岩	0.0	0	0	0.1	0	0	100
早期 A	0.19	2150	72	0.35	50	0.5	70
早期 B	0.28	2600	85	0.5	100	1	50
中期 A_1	0.38	3200	100	0.7	140	3	35
中期 A_2	0.55	4500	142	1.3	180	6	15
中期 B	0.69	5500	175	2	220	9	5
晚期 C	1	8000	250	3.5	240	20	0

3. 成岩相综合评价实例

以四川盆地东部地区陡山沱组和龙马溪组、雷口坡组和嘉陵江组为两组实例，介绍成岩指数 I_D 计算模型的使用过程及成岩相综合评价。

1）成岩阶段划分参数选择

由于龙马溪组和陡山沱组为黑色页岩烃源岩层，因此在选取划分参数时，排除"石英次生加大"参数，选择"埋深""地温"R_o""产酸率""%S"五个成岩参数。

另外，雷口坡组和嘉陵江组为非烃源岩层，缺少"产酸率"参数，因此选择"埋深""地温""R_o""石英次生加大""%S"五个成岩参数。

2）各参数权重值确定

考虑到温度、R_o 对成岩作用影响较大，权重取 30%；其他的三个参数，即第一组陡山沱组和龙马溪组成岩模拟参数"%S""埋深""产酸率"分别取 20%、10%、10%（表 5-5）。第二组雷口坡组和嘉陵江组成岩模拟参数"%S""埋深""石英次生加大"分别取 20%、10%、10%（表 5-6）。

3）成岩指数计算及成岩阶段确定

依据实际资料对各项参数进行输入计算后，第一组龙马溪组和陡山沱组成岩指数分别为 0.680、0.891（表 5-5）；第二组雷口坡组和嘉陵江组成岩指数分别为 0.271、0.414（表 5-6）。结合表 5-4 可知，第一组龙马溪组和陡山沱组都处于晚期 C 成岩阶段，第二组雷口坡组处于早期 B 成岩阶段，嘉陵江组处于中期 A_2 成岩阶段。

表 5-5 龙马溪组与陡山沱组成岩评价参数及结果

成岩参数	埋深（m）	地温（℃）	R_o（%）	产酸率（mg/g）	%S（%）	成岩指数 I_D（小数）	评价结果
权重	0.1	0.3	0.3	0.1	0.2	—	—
龙马溪组	4661	90.64	3.25	94	2.61	0.680	中期 B
陡山沱组	6115.5	197	4.37	17	1.78	0.891	晚期 C

表 5-6 雷口坡组与嘉陵江组成岩评价参数及结果

成岩参数	埋深（m）	地温（℃）	R_o（%）	石英次生加大（%）	%S（%）	成岩指数 I_D（小数）	评价结果
权重	0.1	0.3	0.3	0.1	0.2	—	—
雷口坡组	940.5	29.69	0.67	1.74	21.33	0.271	早期 B
嘉陵江组	2151.0	47.21	1.12	9.94	7.87	0.414	中期 A_2

参 考 文 献

陈丽华, 缪昕, 于众. 1986. 扫描电镜在地质上的应用. 北京：科学出版社.

方伟. 1992. 储集砂岩碎屑石英次生加大边定量分析技术及其演变特征研究. 石油实验地质. 14（1）：96-101.

甘贵元. 2010. 柴西南区次生加大及交代作用对储集层物性的影响. 新疆石油地质. 31（2）：115-117.

郭秋麟, 米石云, 石光仁, 等. 1998. 盆地模拟原理. 北京：石油工业出版社.

郭秋麟, 谢红兵, 黄旭南, 等. 2016. 油气资源评价方法体系与应用. 北京：石油工业出版社, 66-68.

黄可可, 黄思静, 佟宏鹏, 等. 2009. 长石溶解过程的热力学计算及其在碎屑岩储层研究中的意义. 地质通报, 28（4）：474-482.

黄思静, 等. 2009. 成岩过程中长石、高岭石、伊利石之间的物质交换与次生孔隙的形成：来自鄂尔多斯盆地上古生界和川西凹陷三叠系须家河组的研究. 地球化学, 38（5）：498-506.

纪友亮, 等. 2006. 渤海湾地区中生代地层剥蚀量及中、新生代构造演化研究. 地质学报, 80（3）：351-358.

兰叶芳, 等. 2011. 储层砂岩中自生绿泥石对孔隙结构的影响——来自鄂尔多斯盆地上三叠统延长组的研究结果．地质通报，30（1）：134-140.

李弘，等．2008. 绿泥石膜对储层孔隙度的影响——以鄂尔多斯盆地 M 油田延长组 2 段为例．岩性油气藏，20（4）：71-75.

刘宝珺．1980. 沉积岩石学．北京：地质出版社．

刘贵满，等．2012. 松辽盆地北部泉三、四段、低渗透储层孔隙度演化史．矿物岩石地球化学通报．31（3）：266-274.

刘焕，等．2012. 川西坳陷中段钙屑砂岩储层特征及主控因素．岩性油气藏．24（2）：77-82.

刘震，等．2007. 压实过程中埋深和时间对碎屑岩孔隙度演化的共同影响．现代地质，21（1）：125-132.

罗文军，等．2012. 川西坳陷须家河组二段致密砂岩储层成岩作用与孔隙演化——以大邑地区为例．石油与天然气地质，33（2）：287-295，301.

孟元林．2001. 成岩演化数值模拟//徐怀先，陈丽华，万玉金等编．石油地质实验测试技术与应用．北京：石油工业出版社：184-192.

潘高峰，等．2011. 砂岩孔隙度演化定量模拟方法——以鄂尔多斯盆地镇泾地区延长组为例．石油学报，32（2）：249-256.

庞雄奇，邱南生，姜振学，等．2005. 油气成藏定量模拟．北京：石油工业出版社：206-214.

Pettijohn F J. 李汉瑜，等，译．1981. 沉积岩．北京：石油工业出版社：254-260.

沙庆安，陈景山，潘正莆，1986. 论成岩作用阶段的划分和术语的选用．岩石学报，2（2）：42-49.

舒艳，等．2011. 西湖凹陷西部斜坡带储层成岩作用及孔隙演化．海洋石油，31（4）：63-67.

孙治雷，等．2008. 四川盆地须家河组砂岩储层中自生绿泥石的来源与成岩演化．沉积学报，26（3）：459-469.

唐大海，等．2002. 川中公山庙区块沙一段砂岩储层成岩作用研究．天然气勘探与开发，25（2）：25-30.

田建锋，等．2008. 砂岩中自生绿泥石的产状、形成机制及其分布规律．矿物岩石地球化学通报，27（2）：200-204.

田建锋，等．2008. 自生绿泥石对砂岩储层孔隙的保护机理．地质科技情报，27（4）：49-53.

王国亭，等．2012. 吐哈盆地巴喀气田八道湾组致密砂岩储层分析及孔隙度演化定量模拟．地质学报，86（11）：1847-1856.

王英民．1998. 海相残余盆地成藏动力学过程模拟理论与方法——以广西十万大山盆地为例．北京：地质出版社．

吴小斌，等．2011. 特低渗砂岩储层微观结构及孔隙演化定量分析．中南大学学报，42（11）：3438-3446.

肖丽华，等．2003. 松辽盆地升平地区深层成岩作用数值模拟与次生孔隙带预测．地质论评，49（5）：544-551.

肖丽华，等．2005. 歧口凹陷沙河街组成岩史分析和成岩阶段预测．地质科学，40（3）：346-362.

杨晓萍，等．2007. 低渗透储层成因机理及优质储层形成与分布．石油学报，28（4）：57-61.

姚秀云，等．1989. 岩石物性综合测定——砂、泥岩孔隙度与深度及渗透率关系的定量研究．石油地球物理勘探，24（5）：533-541.

应凤祥，何东博，龙玉梅，等．2003. SY/T5477-2003 中华人民共和国石油天然气行业标准碎屑岩成岩阶段划分．北京：石油工业出版社．

雍自权，等．2012. 川中营山构造须家河组第二段致密砂岩储层特征．成都理工大学学报（自然科学版），39（2）：137-144.

于炳松，赖兴运．2006. 成岩作用中的地下水碳酸体系与方解石溶解度．沉积学报，24（5）：627-635.

于炳松，赖兴运．2006. 克拉 2 气田储集岩中方解石胶结物的溶解及其对次生孔隙的贡献．矿物岩石，26（2）：74-79.

曾溅辉 . 2001. 东营凹陷第三系水—盐作用对储层孔隙发育的影响 . 石油学报, 22（4）: 39-43.

张金亮, 等 . 2004. 陕甘宁盆地庆阳地区长 8 油层砂岩成岩作用及其对储层性质的影响 . 沉积学报, 22
（2）: 225-23.

张金亮, 张鹏辉, 谢俊, 等 . 2013. 碎屑岩储集层成岩作用研究进展与展望 . 地球科学进展, 28（9）:
957-967.

张哨楠 . 1998. 川西致密砂岩的石英次生加大及其对储层的影响 . 地质论评, 44（6）: 649-655.

周书欣 . 1981. 对成岩作用及其阶段划分的意见 . 石油勘探与开发, （3）: 10-13.

周晓峰, 等 . 2010. 华庆油田长 6 储层砂岩成岩过程中的孔隙度演化 . 石油天然气学报（江汉石油学
院学报）, 32（4）: 12-17.

朱国华 . 1985. 陕北浊沸石次生孔隙砂体的形成与油气关系 . 石油学报, 6（1）: 1-8.

朱剑兵, 等 . 2006. 鄂尔多斯盆地西缘逆冲带上古生界孔隙发育影响因素 . 石油学报, 27（3）: 37-41.

朱平, 等 . 2004. 黏土矿物绿泥石对碎屑储集岩孔隙的保护 . 成都理工大学学报（自然科学版）, 31
（2）: 153-156.

朱筱敏 . 2008. 沉积岩石学 . 北京: 石油工业出版社: 151-153.

Aagaard P, et al. 1992. North Sea clastic diagenesis and formation water constraints∥Kharaka, Maest. Wa-
ter-rock interaction: Rotterdam, Balkema. 2: 1147-1152.

Athy L F. 1930. Density, porosity, and compaction of sedimentary rocks. AAPG Bulletin, 14（1）: 1-24.

Giles M R, Boer R B. 1990. Origin and significance of redistributional secondary porosity. Marine and Petrole-
um Geology, 7: 379 -397.

Lander R H, Richard E. Larese, Linda M. Bonnell. 2008. Toward more accurate quartz cement models: The
importance of euhedral versus noneuhedral growth rates. AAPG Bulletin, 92（11）: 1537-1563.

Morad S, Ketzer J M, De Ros L F. 2000. Spatial and temporal distribution of diagenetic alterations in silici-
clastic rocks: Implications of mass transfer in sedimentary basins. Sedimentology, 2000, 47: 95-120.

Salman B, et al. 2002. Anomalously high porosity and permeability in deeply buried sandstone reservoirs:
Originand predictability. AAPG Bulletin, 86（2）: 301-328.

Scherer M. 1987. Parameters influencing porosityin sandstones: Amodelfor sandstone porosity prediction.
AAPG Bulletin, 71（5）: 485-491.

Schmidt V, McDonald D A. 1979. The role of secondary porosity in the course of sandstone diagenesis∥
Scholle P A, Schluger P R. Aspects of Diagenesis. Tulsa: SEPM Special Publication, 26: 175-207.

Selley R C. 1978. Porosity gradients in North Sea oil-bearing sandstones. Journal of the Geological Society,
135（1）: 119-132.

Taylor J R. 1989. The influence of calcite dissolution on reservoir porosity in Miocene sandstones, Picaron
field, offshore Texas Gulf Coast. Journalof Sedimentary Petrology, 60: 322-334.

Thomson A. 1979. Preservation of porosity in the deep Woodbine/Tuscaloosa trend, Louisiana. Gulf Coast As-
sociation of Geological Societies Transac-tions, 30: 396-403.

Von Guembel C W. 1868. Geognostische beschreibung des ostbayerisehen grenzebirges. Gotha: 968.

Walderhaug O. 2000. Modeling Quartz Cementation and Porosity in Middle Jurassic Brent Group Sandstones of
the Kvitebjørn Field, Northern North Sea. AAPG Bulletin, 84（9）: 1325-1339.

Walther J. 1894. Einleitung in diegeologie als historische wissenschaft. Fischer, Jena: 693-711.

Wilson M D. 1982. Origins of clays controlling permeability in tightgas sands. Journal of Petroleum Technolo-
gy, 34（12）: 2871-2876.

第六章 生 烃 史

生烃史模拟是盆地模拟工作的核心。对含油气盆地的研究，最重要的是搞清楚盆地的生烃演化过程，计算盆地不同时期的油气生成量。获得盆地的生烃史后，结合盆地构造演化、地层和压力变化、油气运移路径分析等，就可以模拟油气的聚集位置和聚集量；或根据运聚单元生烃量与运聚系数类比研究等方法，定量计算盆地不同运聚单元中的油气聚集量。由此可见，生烃史是盆地油气资源评价及地质储量评估等后续工作的重要基础，生烃史模拟已成为盆地模拟系统中不可缺少的组成部分。

生烃量计算方法建立在有机地球化学理论和实验方法发展基础之上，目前主要的计算方法包括化学动力学法和热解模拟法。在国内盆地模拟和历次油气资源评价工作中，主要采用后一种方法。

烃源岩是生烃的物质基础，烃源岩的类型、有机质丰度、演化程度等决定了生烃过程和生烃量，表征烃源岩特征的各种参数也是生烃量计算的关键参数。本章首先对烃源岩及其描述评价方法进行简要阐述，然后对几种主要的生烃量计算方法进行系统论述。

第一节 烃源岩评价

根据石油天然气有机成因理论，对一个含油气盆地而言，烃源岩是盆地生烃机制的物质基础。因此，进行生烃模拟首先需要对烃源岩进行描述和评价，确定各种表征烃源岩质量的关键参数。烃源岩评价的相关研究工作及内容主要包括以下几个方面。

（1）样品采集：选择的烃源岩样品必须具有代表性和合理性，能真实体现某一目标烃源岩层的有机地球化学特征。

（2）样品保护：样品保护体现在包装、运输、保存等环节，在这些过程中，需要注意保持样品的原始特性，不能使样品"变质"或"失真"。

（3）样品预处理：根据不同实验方法和仪器的要求，对样品进行诸如烘干、研磨、切片、磨片、镀金、镀碳等预处理，或进行干酪根提取等。

（4）分析测试：采用不同实验手段对样品进行热解、热压模拟等实验，并根据实验目的收集不同阶段的产物。

（5）获取关键参数：根据实验结果，统计分析得到烃源岩总有机碳含量（TOC）、干酪根类型、R_o、S_1、S_2、HI、氯仿沥青"A"、产烃率、降解率、可转化率、动力学参数等各种有机地球化学指标和参数。

下文对表征烃源岩特性的一些主要参数（也是生烃史模拟所需要的关键参数）进行说明。

一、有机质类型或干酪根类型

有机质类型或干酪根类型可通过样品的分析化验获得，一般可通过烃源岩 H/C、O/C 原子比的统计分析和干酪根类型划分图版（图 6-1），统计有效烃源岩中不同有机质类型（如：Ⅰ型、Ⅱ₁ 型、Ⅱ₂ 型、Ⅲ型）的含量比例。

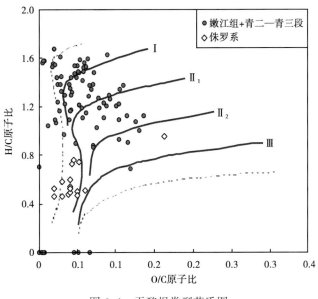

图 6-1　干酪根类型范氏图

不同类型的干酪根其 H/C 比值不同，一般 Ⅰ 型干酪根的 H/C 值大于 1.5，Ⅱ₁ 型为 1.2~1.5，Ⅱ₂ 型为 0.8~1.2，Ⅲ 型小于 0.8。根据烃源岩中不同干酪根类型的比例、烃源岩的平均 H/C 值等可以评价烃源岩好坏（以级别表示），如南堡凹陷不同地区和不同层位烃源岩的评价表（表 6-1）。

表 6-1　南堡凹陷烃源岩干酪根元素组成表

地区	层位	类型百分数（%）				样品数（个）	H/C 平均值	O/C 平均值	类型评价
		Ⅰ H/C （>1.5）	Ⅱ₁ H/C （1.5~1.2）	Ⅱ₂ H/C （1.2~0.8）	Ⅲ H/C （<0.8）				
柳赞	Ed₂	0	100	0	0	1	1.38	0.17	Ⅱ₁
	Ed₃	0	0	100	0	1	1	0.18	Ⅱ₂
	Es₁	0	0	100	0	8	1	0.18	Ⅱ₂
	Es₂	0	0	100	0	2	1.03	0.15	Ⅱ₂
	Es₃¹⁻³	10	0	63	27	59	0.94	0.17	Ⅱ₂
	Es₃⁴⁻⁵	0	23	52	26	31	0.98	0.14	Ⅱ₂
	Ed-Es₃	6	8	63	24	102	0.95	0.16	Ⅱ₂

地区	层位	类型百分数（%）				样品数（个）	H/C 平均值	O/C 平均值	类型评价
		I	II₁	II₂	III				
		H/C (>1.5)	H/C (1.5~1.2)	H/C (1.2~0.8)	H/C (<0.8)				
高尚堡	Ed₂	0	0	100	0	3	1.12	0.12	II₂
	Ed₃	29	14	57	0	7	1.29	0.07	II₁
	Es₁	0	50	50	0	2	1.07	0.1	II₂
	Es₂	0	50	0	50	2	0.95	0.1	II₂
	Es₃¹⁻³	65	15	20	0	20	1.51	0.08	I
	Es₃⁴⁻⁵	84	11	0	5	19	1.57	0.12	I
	Ed-Es₃	58	15	23	4	53	1.44	0.09	II₁
老爷庙	Ed₁	0	0	86	14	14	0.96	0.19	II₂
	Ed₂	0	5	82	13	38	0.99	0.14	II₂
	Ed₃	0	33	67	0	88	1.11	0.09	II₂
	Ed-Es₃	0	22	73	5	140	1.07	0.11	II₂
北堡	Ed₁	0	5	89	5	19	0.96	0.19	II₂
	Ed₂	5	7	65	22	55	0.98	0.18	II₂
	Ed₃	8	31	49	12	91	1.14	0.1	II₂
	Es₁	18	5	61	16	44	1.12	0.07	II₂
	Es₂	0	0	50	50	6	0.83	0.07	II₂
	Es₃¹⁻³	0	0	0	100	9	0.65	0.05	III
	Ed-Es₃	8	16	57	19	224	1.05	0.12	II₂
南堡凹陷	Ed₁	0	3	88	9	33	0.97	0.19	II₂
	Ed₂	3	8	71	18	97	0.99	0.16	II₂
	Ed₃	5	31	58	6	187	1.13	0.09	II₂
	Es₁	15	6	67	13	54	1.1	0.09	II₂
	Es₂	0	0	60	40	10	0.89	0.1	II₂
	Es₃¹⁻³	23	3	47	27	87	1.05	0.14	II₂
	Es₃⁴⁻⁵	32	18	32	18	50	1.2	0.14	II₁
	Ed-Es₃	11	16	59	14	518	1.08	0.12	II₂

不同类型干酪根的显微组成也不一样，可以用指标 T 表示，公式为：

$$T = (100 \times A + 50 \times B - 75 \times C - 100 \times D)/100 \qquad (6-1)$$

式中　A——腐泥组的含量；

　　　B——壳质组的含量；

　　　C——镜质组的含量；

　　　D——惰性组的含量。

一般Ⅰ型干酪根的 T 值大于 80%，Ⅱ₁ 型的 T 值为 80%~40%，Ⅱ₂ 型的 T 值为 40%~0，Ⅲ型的 T 值小于 0，根据烃源岩的平均 T 值即可评价烃源岩好坏。如表 6-2 所示南堡凹陷不同地区不同烃源岩层位采用 T 值评价的烃源岩级别。

表 6-2　南堡凹陷烃源岩有机质类型 T 值统计表

地区	层位	类型百分数（%）				样品数	T 值平均值	类型评价
		Ⅰ	Ⅱ₁	Ⅱ₂	Ⅲ			
		T（>80）	T（40~80）	T（0~40）	T（<0）			
柳赞	Ed₃	0	0	0	100	1	-30.2	Ⅲ
	Es₁	0	16.67	50	33.33	6	11.57	Ⅱ₂
	Es₂	50	50	0	0	2	79.1	Ⅱ₁
	Es₃$^{1-3}$	0	27.78	33.33	38.89	54	2.78	Ⅱ₂
	Es₃$^{4-5}$	0	25	39.29	35.71	28	8.91	Ⅱ₂
	Ed-Es₃	2.2	25.27	35.16	37.36	91	6.56	Ⅱ₂
高尚堡	Ed₁	25	0	25	50	4	6.58	Ⅱ₂
	Ed₂	0	25	50	25	4	14.66	Ⅱ₂
	Ed₃	0	46.67	33.33	20	15	25.09	Ⅱ₂
	Es₁	0	0	66.67	33.33	3	4.7	Ⅱ₂
	Es₃$^{1-3}$	0	37.93	37.93	24.14	29	20.89	Ⅱ₂
	Es₃$^{4-5}$	0	40	0	60	5	9.78	Ⅱ₂
	Ed-Es₃	1.67	35	35	28.33	60	18.84	Ⅱ₂
老爷庙	Ed₁	15.38	38.46	23.08	23.08	13	31.36	Ⅱ₂
	Ed₂	0	19.23	53.85	26.92	26	18	Ⅱ₂
	Ed₃	0	35	35	30	40	15.87	Ⅱ₂
	Ed-Es₃	2.53	30.38	39.24	27.85	79	19.12	Ⅱ₂
北堡	Ed₁	0	35.71	28.57	35.71	14	14.79	Ⅱ₂
	Ed₂	0	38.89	33.33	27.78	36	18.13	Ⅱ₂
	Ed₃	1.64	31.15	42.62	24.59	61	22.04	Ⅱ₂
	Es₁	14.29	14.29	28.57	42.86	7	12.01	Ⅱ₂
	Es₂	0	0	100	0	2	23.6	Ⅱ₂
	Ed-Es₃	1.67	32.5	38.33	27.5	120	19.46	Ⅱ₂
南堡凹陷	Ed₁	9.68	32.26	25.81	32.26	31	20.68	Ⅱ₂
	Ed₂	1.52	30.3	42.42	27.27	66	17.87	Ⅱ₂
	Ed₃	0.85	34.19	38.46	26.5	117	19.87	Ⅱ₂
	Es₁	6.25	12.5	43.75	37.5	16	10.47	Ⅱ₂
	Es₂	25	25	50	0	4	51.36	Ⅱ₁
	Es₃$^{1-3}$	0	31.33	34.94	33.73	83	9.11	Ⅱ₂
	Es₃$^{4-5}$	3.03	24.24	33.33	39.39	33	9.04	Ⅱ₂
	Ed-Es₃	2	30.57	37.14	30.29	350	15.92	Ⅱ₂

二、有机质丰度

1. 有机质丰度求取方法

有机质丰度可以通过样品的实验分析统计得到。在这种情况下，可根据实验结果绘制总有机碳含量等值线图或频率分布图（图6-2），在图上取众数值或平均值作为烃源岩的有机碳含量值。

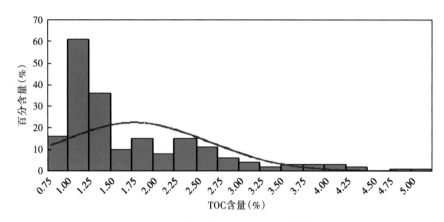

图6-2　总有机碳（TOC）含量统计图

如果可获得的样品较少或没有，可以通过其他方式间接求取 TOC，如利用 $\Delta \log R$ 技术计算 TOC 含量。下面进行简要介绍。

1）基本原理

地层可分为烃源岩层和非烃源岩层两大类。其中非烃源岩层由岩石骨架和孔隙水组成（图6-3a），烃源岩层又可分为未成熟烃源岩层和成熟烃源岩层。未成熟烃源岩层除包含岩石骨架和孔隙水外，还包含固体有机质（图6-3b）；成熟烃源岩层除上述部分外还包含有液态烃（图6-3c）。因为烃源岩层含有固体有机质，其中富含的有机碳具有密

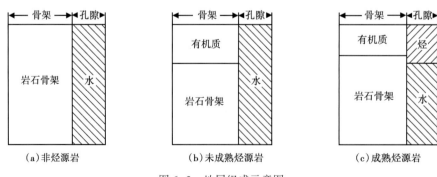

图6-3　地层组成示意图

度低和吸附性强等的特征，所以烃源岩层在许多测井曲线上具有异常反应。一般而言，含碳越高的烃源岩层，测井曲线上的异常反应越大。通过异常值高低的测定，即可反算出含碳量的大小。

对烃源岩层有异常反应的测井曲线主要有：（1）自然伽马曲线，在该曲线上表现为高异常，因为富含碳的烃源岩层往往吸附有较多的放射性元素 U；（2）密度与声波时差曲线，富含碳的烃源岩层，其密度低于其他岩层，在密度曲线上表现为低异常，在声波时差曲线上表现为低速（高时差）异常；（3）电阻率曲线，成熟的烃源岩岩层由于含有不易导电的液态烃类，因而在该曲线上表现为高异常，利用这一特征可识别烃源岩层成熟与否。

2）计算方法

利用计算 $\Delta \log R$TOC 含量的技术用到三种测井曲线，即自然伽马、电阻率、声波时差（或密度、中子）曲线。

根据所采用曲线的类型，$\Delta \log R$ 可定义为：

$$\begin{cases} \Delta \log R = \log \left(R/R_{base} \right) + 0.02 \left(\Delta t - \Delta t_{base} \right) & \text{（声波时差曲线）} \\ \Delta \log R = \log \left(R/R_{base} \right) + 4.0 \left(\phi_N - \phi_{Nbase} \right) & \text{（中子曲线）} \\ \Delta \log R = \log \left(R/R_{base} \right) + 2.50 \left(\rho_b - \rho_{base} \right) & \text{（密度曲线）} \end{cases} \quad (6-2)$$

式中　R——电阻率曲线的实际值，$\Omega \cdot m$；

　　　R_{base}——电阻率曲线的基值，$\Omega \cdot m$；

　　　Δt——声波时差曲线的时差值，$\mu s/m$；

　　　Δt_{base}——声波时差曲线的基值，$\mu s/m$；

　　　ϕ_N——中子测井曲线的实际值；

　　　ϕ_{Nbase}——中子测井曲线的基值；

　　　ρ_b——密度测井曲线的实际值，g/cm^3；

　　　ρ_{base}——密度测井曲线的基值，g/cm^3。

由上式可知，求 $\Delta \log R$ 的关键是确定基值，即确定基线位置。

2. 有机质的生烃转化分析

TOC 含量代表了烃源岩中有机碳的丰富程度。有机碳的比重，即密度 ρ 一般为 1.2~1.3。TOC 中的碳成分按其能否转化为烃类可分为有效碳和无效碳。其中有效碳又称为可转化碳（C_c），无效碳又称为死碳。一般 I 型干酪根的 C_c 值大于 60%，II_1 型的 C_c 值为 40%~60%，II_2 型的 C_c 值为 25%~40%，III 型的 C_c 值为 12%~25%。

每克有效碳（C_c）可转化为 1.18 克烃类（H_c），通过统计及假设可以建立 C_c 与原始氢指数的关系。如图 6-4 所示，虚线是数据的最小二乘法拟合结果，实线是假设 S_2 重量中碳占 85% 时的计算结果。从图 6-4 中可以看到拟合效果非常好，并且提供了一个简单的 C_c 与原始氢指数关系公式：

$$C_c = 0.0085 \times HI_o \quad (6-3)$$

使用 Claypool 公式（Peters 等，2006），可以计算有机碳转化率，公式如下：

$$TR_{HI} = 1 - \frac{HI_{pd} \left[1200 - HI_o \left(1 - PI_o \right) \right]}{HI_o \left[1200 - HI_{pd} \left(1 - PI_{pd} \right) \right]} \quad (6-4)$$

式中　TR_{HI}——转化率（原始氢指数到现今氢指数的变化）；

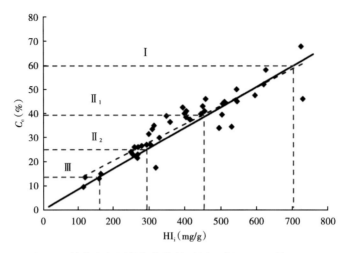

图 6-4　转化率与原始氢指数关系图（据 Modica 等，2012）

HI_o——原始氢指数；

HI_{pd}——现今氢指数；

PI——产出指数，即 $S_1/(S_1+S_2)$；

PI_o——原始产出指数，取值为 0.02；

PI_{pd}——现今产出指数。

Jarvie 等（2007）描述了烃源岩中有机质的转化过程，包括：

（1）干酪根在热作用下生成沥青、热成因气；

（2）沥青在高温下生成石油、热成因气及焦沥青；

（3）石油二次裂解产生热成因气；

（4）同时，还有一部分有机质在生物作用下产生生物气。

因此，气的来源包括了干酪根裂解、沥青裂解、石油裂解、生物成因 4 个方面（图 6-5）。

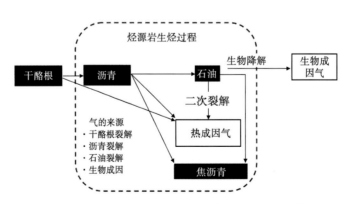

图 6-5　烃源岩中有机质生烃转化过程示意图（据 Jarvie 等，2007）

三、有机碳恢复系数

有机碳恢复系数是把残余有机碳恢复到总有机碳（原始有机碳）的一个数值，其定义为总有机碳与残余有机碳之比，即：

$$C_f = TOC_o / TOC_{pd} \qquad (6-5)$$

式中　TOC_o——原始有机碳含量；

　　　TOC_{pd}——现今残余有机碳含量。

关于有机碳恢复系数，不同学者提出过很多方法，如自然演化剖面法、热解模拟法、物质平衡法、理论推导法、普学类型模型法等。下面择取部分进行简要介绍。

1. Jarvie 法

Jarvie 等（2007）提出一旦通过低熟样品测试或计算得到原始氢指数 HI_o 和转化率，则 TOC_o 可通过下式计算得到：

$$TOC_o = \frac{HI_{pd}\left(\dfrac{TOC_{pd}}{1+k}\right)(83.33)}{\left[HI_o(1-TR_{HI})\left(83.33-\left(\dfrac{TOC_{pd}}{1+k}\right)\right)\right]-\left[HI_{pd}\left(\dfrac{TOC_{pd}}{1+k}\right)\right]} \qquad (6-6)$$

式中　83.33——烃类中碳百分含量；

　　　k——高成熟度烃源岩残余有机碳原始校正系数。

k 通过式（6-7）计算得到。

$$k = TR_{HI} \times TOC_{pd} \qquad (6-7)$$

对 Ⅱ 型干酪根而言，高成熟时 TOC_{pd} 约增加 15%，Ⅰ 型 TOC_{pd} 则为 50%，Ⅲ 型 TOC_{pd} 为 0。其他符号同式（6-4）和式（6-5）。

氢指数可反映生烃潜力，代表有机质类型，恢复结果精度高。不同有机质类型的原始有机碳恢复系数见表 6-3。

表 6-3　不同有机质类型原始有机碳恢复系数简表

有机质类型	氢指数	恢复系数		
	HI（mg/g）	TOC（%）		
		1	3	5
Ⅰ 型	530	1.7	1.87	1.96
Ⅱ 型	475	1.6	1.67	1.72
Ⅲ 型	200	基本不用恢复	1.19	1.22

2. 物质平衡法

根据物质平衡原理，总有机碳等于残余有机碳加上已降解成烃的碳量，即：

$$TOC_o = TOC_{pd} + TOC_o \cdot D/100 \qquad (6-8)$$

移项后得：

$$TOC_{pd} = \frac{(100-D) \cdot TOC_o}{100} \tag{6-9}$$

把式（6-9）代入式（6-5）后得：

$$C_f = \frac{100}{100-D} \tag{6-10}$$

式中 D——降解率，%；

其他符号同式（6-4）和式（6-5）。

显然，烃源岩在某演化阶段的碳恢复系数与该演化阶段的降解率成正比关系，即降解率越大，碳恢复系数就越大。图6-6为根据热解法确定的各类烃源岩的碳恢复系数图版。从图6-6中可看出，碳恢复系数不仅与演化阶段有关，同时还与烃源岩类型有关。

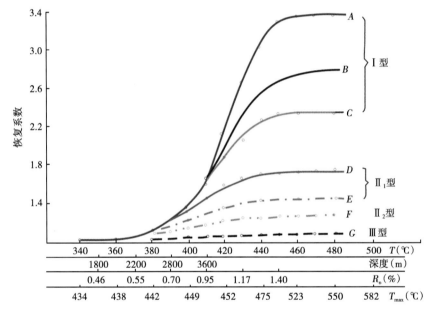

图6-6 不同类型生油岩原始有机碳恢复系数曲线

（程克明等，1995；引自郭秋麟等，1998）

A、B、C、D、E、F、G生油岩的最终降解率分别为70%、60%、53.4%、41%、30%、22%和6.1%

一般认为，未成熟烃源岩中的有机碳可代表总有机碳，因此，对未成熟烃源岩进行不同演化阶段的热模拟，就能做出碳恢复系数图版。对于某一烃源岩层，虽然残余有机碳在不同演化阶段具有不同的值，但其原始有机碳（总有机碳）则是固定不变的。因此，为了便于计算，实际应用中常采用总有机碳。而总有机碳则为现今演化阶段的碳恢复系数与残余有机碳之乘积。

四、有机质成熟度

有机质成熟度（R_o）一般取最主要的有效烃源岩的成熟度平均值。R_o值可通过实验测试直接测得，也可以根据T_{max}换算得到。如Jarvie等（2007）根据统计数据，提出如下换算公式：

$$R_o = 0.018 \times T_{max} - 7.16 \qquad (6-11)$$

郎东升等（1999）建立了三种类型（Ⅰ、Ⅱ、Ⅲ型）干酪根 R_o 与 T_{max} 的关系模版（侯读杰等，2003），从模板（图 6-7 至图 6-9）中可以看出，不同类型干酪根 R_o 与 T_{max} 关系曲线有所差别。

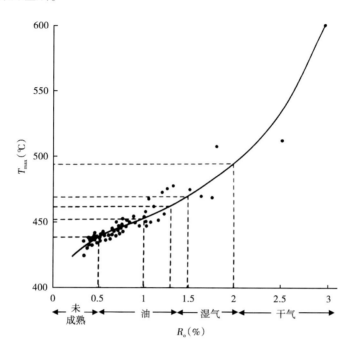

图 6-7　Ⅰ型干酪根 T_{max} 与 R_o 关系图版（据侯读杰等，2003）

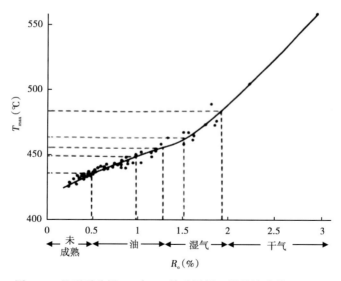

图 6-8　Ⅱ型干酪根 T_{max} 与 R_o 关系图版（据侯读杰等，2003）

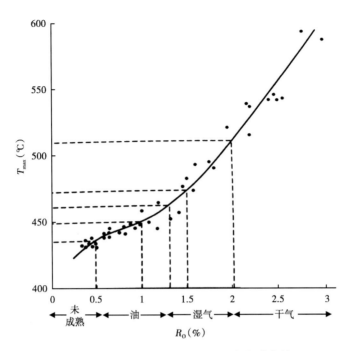

图6-9　Ⅲ型干酪根 $T_{\max}$ 与 R_o 关系图版（据侯读杰等，2003）

有机质成熟度与有机质的成烃转换率也存在一定关系，如 Modeica 等（2012）统计了巴黎盆地托尔阶的Ⅱ型干酪根 R_o 与转化率曲线并拟合了关系公式（图6-10）。

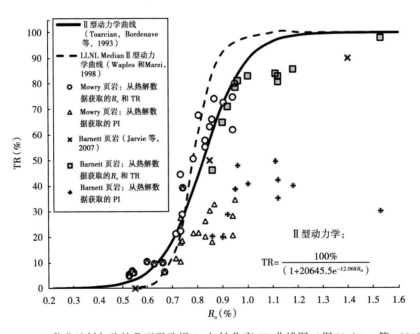

图6-10　巴黎盆地托尔阶的Ⅱ型干酪根 R_o 与转化率 TR 曲线图（据 Modeica 等，2012）

五、其他关键参数

其他一些关键参数包括：

（1）S_1：可溶烃，residual oil content，常用单位 mg/g（HC/Rock）；

（2）S_2：热解烃，kerogen yield，常用单位 mg/g（HC/Rock）；

（3）HI：氢指数，hydrogen index，等于 S_2/TOC，常用单位 mg/g（HC/TOC）；

（4）PI：产率指数，production index，等于 S_1/（S_1+S_2）；

（5）T_{max}：热解峰值温度，peak or modal pyrolytic temperature，一般在 430~470℃范围；

（6）S_1/TOC，运移指数，migration index；

（7）TR：转化率，transformation ratio，%；

（8）（S_1+S_2）/TOC：生烃潜力；

（9）HI_o：原始氢指数，或写为 HI_i，可通过式（6-12）进行计算

$$HI_o = （\frac{Ⅰ型的含量}{100}×750）+（\frac{Ⅱ型的含量}{100}×450）+$$
$$（\frac{Ⅲ型的含量}{100}×125）+（\frac{Ⅳ型的含量}{100}×50） \tag{6-12}$$

如果知道烃源岩中不同类型干酪根的含量，即可通过式（6-12）计算烃源岩的平均原始氢指数。

第二节　产烃率模版法

产烃率模版法以岩石热解模拟实验资料为基础，得到盆地中不同类型烃源岩和干酪根的 R_o—产烃率关系图版，根据在热史模拟中确定的温度、时间与 R_o 演化关系，求取烃源岩在不同地质历史阶段的生油强度和生气强度，从而定量研究盆地的生烃史。一般来说，如果热解模拟样品直接取自实际研究地区，则模拟情况与实际吻合程度较好，结果可信度较高；对于缺少热模拟实验数据的地区，可借鉴盆地类型、烃源岩发展演化等条件相似盆地的产烃率图版，但模拟精度可能受到一定限制。同时，对于以生物化学作用为主的有机质成烃过程，如低熟油气的模拟，则不适用产烃率模版法。

近些年，生烃模拟实验体系呈现多样化的发展，形成了开放体系、封闭体系、半开放体系、水或无水下生烃模拟技术等很多基于不同测试条件和假设的实验技术。根据合适的实验和结果分析，建立气态、液态烃产率与 R_o 关系图版，便可基于产烃率模板进行生烃史模拟。

一、基本原理

未成熟烃源岩中干酪根的含量可作为干酪根总量或原始干酪根量。样品经过生烃模拟后，一部分干酪根转化成液态烃和气态烃，另一部分还残留在样品中。液态烃由轻烃

（$C_6 \sim C_{14}$）和重烃（C_{15+}）组成；气态烃由甲烷（C_1）和其他气体（$C_2 \sim C_2$）组成（图6-11）。一般情况下，气态烃中包含有 O、S、N 等杂质。因此，测量出的气态烃含量要扣除杂质所占的体积。液态烃含量一般用专用装置收集，因而可直接测出。

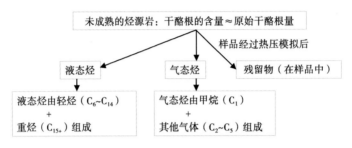

图 6-11　干酪根转化产物构成图

产气量的测量较复杂，可利用有机物元素组成在演化过程中的物质平衡法进行计算（郭秋麟等，1998）。在地质体中演化成烃的有机质是干酪根，在成岩早期，有机质还存在部分氨基酸和少量原始可溶有机质，这些物质主要由碳（C）、氢（H）、氧（O）元素组成，假如含 1t 干酪根的有机质中，H/C 和 O/C 分别为 a 和 b，那么 C、H、O 各自的总含量就可利用下式计算出：

$$\begin{cases} H/C = a \\ O/C = b \\ H+O+C = 1 \end{cases} \qquad (6-13)$$

有机质在演化过程中主要产物是烃类、CO_2 和 H_2O。它们之间始终处于动态平衡，通过动态平衡中 C、H、O 元素转化的分析认为，C 在任何情况下都是充足的。因此，H 是生成烃的关键，但它既可生成烃，又可生成 H_2O。O 则主要生成 CO_2 和 H_2O。如果知道了生成 H_2O 时所消耗的 O 量，就能算出 H_2O 中的 H 量。根据物质平衡法，当原始有机质演化到某一阶段后，气态烃中 H 的量为：

$$H_{气} = H_{总} - H_{水} - H_{残} - H_{液} \qquad (6-14)$$

式中　$H_{总}$——原始有机质中 H 的总含量，由式（6-13）推算出；

　　　$H_{水}$——某演化阶段 H_2O 中 H 的含量；

　　　$H_{残}$——某演化阶段样品中残余有机质中 H 的含量；

　　　$H_{液}$——某演化阶段液态烃中 H 的含量。

知道了某演化阶段生成气态烃的 H 含量，就不难算出气态烃的含量，即产气量。

二、产烃率模版

通过前文实验方法和物质平衡法获得产油量、产气量，推算单位干酪根的产油量和产气量，即可建立产油率、产气率与 R_o 的关系曲线图版（图6-12 和图6-13）。

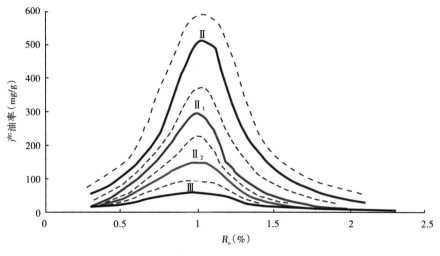

图 6-12 产油率—R_o 关系模版

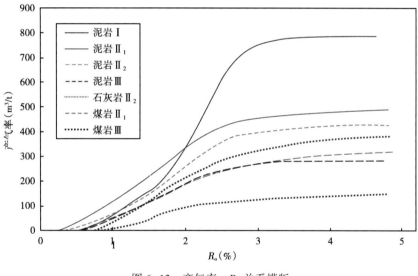

图 6-13 产气率—R_o 关系模版

三、生烃史计算

已知产油率—R_o 关系图版和产气率—R_o 关系图版时，计算生油、生气强度史的一般公式为：

$$\begin{cases} E_{oil} = \dfrac{10^{-8}}{R_{o2} - R_{o1}} \displaystyle\int_{R_{o1}}^{R_{o2}} (Z_2 - Z_1) \cdot P_m \cdot \rho \cdot C_r \cdot C_f \cdot P_k \cdot O_{rk} \cdot \mathrm{d}R_o \\ E_{gas} = \dfrac{10^{-8}}{R_{o2} - R_{o1}} \displaystyle\int_{R_{o1}}^{R_{o2}} (Z_2 - Z_1) \cdot P_m \cdot \rho \cdot C_r \cdot C_f \cdot P_k \cdot O_{rk} \cdot \mathrm{d}R_o \end{cases} \quad (6\text{-}15)$$

式中 E_{oil}——生油强度，t/km^2；

$\quad\quad E_{gas}$——生气强度，m^3/km^2；

$\quad\quad R_{o1}$、R_{o2}——分别为烃源岩顶、底界的 R_o，%；

$\quad\quad Z_1$、Z_2——分别为烃源岩顶、底界的埋深，m；

$\quad\quad P_m$——地层中有效烃源岩含量；

$\quad\quad \rho$——有效烃源岩的密度，t/km^3；

$\quad\quad C_r$——残余有机碳含量，%；

$\quad\quad C_f$——碳恢复系数；

$\quad\quad P_k$——第 k 种干酪根的含量；

$\quad\quad O_{rk}$——第 k 种干酪根的产油率，kg/t；

$\quad\quad G_{rk}$——第 k 种干酪根的产气率，m^3/t。

把各种干酪根的生油强度或总生气强度相加起来，就能得到该烃源岩层的总生油强度或生气强度。

第三节　降解率模版法

降解率模版法是利用岩石热解仪（Rock-Eval）测定有机质热挥发和降解的烃类以及有机二氧化碳的量，从而进一步求取烃源岩的产烃潜量、有机质类型等参数并得到降解率—R_o 模版，从而计算生烃史。

应用 Rock-Eval 热解仪评价样品后可得到一张记录图谱（图6-14），图谱中有三个峰 P_1、P_2 和 P_3，根据这三个峰的面积 A_1、A_2 和 A_3，可计算出 S_1（可溶烃）、S_2（热解烃）和 S_3（有机二氧化碳）的含量。进一步整理后，可得到降解率等参数。

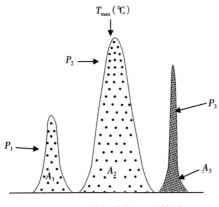

图6-14　热解分析记录谱图

一、热解实验数据

利用岩石样品（简称岩样）的记录图谱与标准样品（简称标样）的记录图谱，可推算出岩石样品的12项参数。以下主要介绍其中的7项。

（1）可溶烃 S_1 的计算：

$$S_1 = \frac{A_{1岩} \times Q_{标}}{A_{2标}} \quad\quad\quad (6-16)$$

式中 S_1——岩样中可溶烃含量，kg/t；

$\quad\quad A_{1岩}$——岩样的 P_1 峰面积；

$\quad\quad A_{2岩}$——标样的 P_2 峰面积；

$\quad\quad Q_{标}$——标样的热解烃量，kg/t。

110

（2）热解烃 S_2 的计算：

$$S_2 = \frac{A_{2岩} \times Q_标}{A_{2标}} \tag{6-17}$$

式中 S_2——岩样热解烃含量，kg/t；

$A_{2岩}$——岩样的 P_2 峰面积；

其余符号同式（6-16）。

（3）有机二氧化碳 S_3 的计算：

$$S_3 = \frac{(A_{3岩} - A_{3空}) Q_标}{A_{3标} - A_{3空}} \tag{6-18}$$

式中 S_3——岩样中有机二氧化碳含量，mg/t；

$A_{3岩}$——岩样的 P_3 峰面积；

$A_{3空}$——空白分析时的 P_3 峰面积；

$A_{3标}$——岩样的 P_3 峰面积；

$Q_标$——标样的热解烃量，kg/t。

（4）产油潜量：

$$P_g = S_1 + S_1 \tag{6-19}$$

式中 P_g——产油潜量，kg/t；

其余符号同式（6-16）和式（6-17）。

（5）有效碳和总有机碳：

$$\begin{cases} C_p = 0.083(S_1 + S_2) \\ C_{TOC} = 0.083(S_{gas} + S_1 + S_2) + C_残 \end{cases} \tag{6-20}$$

式中 C_p——有效碳含量，%；

C_{TOC}——总有机碳含量，%；

S_{gas}——天然气含量，kg/t，由Ⅲ型热解仪测得；

0.083——含烃单位（kg/t）换算为含碳单位（%）的换算系数；

$C_残$——岩样中残余有机碳含量，%，由Ⅲ型热解仪测出。

（6）降解率：

$$D = \frac{C_p}{C_{TOC}} \times 100 \tag{6-21}$$

式中 D——降解率，%；

C_p、C_{TOC} 同式（6-20）。

（7）T_{max}：P_2 峰（热解烃峰）峰顶温度，单位为℃。

二、降解率模版

大量的热解模拟实验证明，随样品所在地层深度的增加而增高，它是重要的成熟度参数。为了衡量 T_{max} 与成熟度 R_o 的关系，法国石油研究院 Espitalie 等经过分析研究后，提出了干酪根在不同演化阶段的 T_{max} 与相应的 R_o 关系图版。这些图版的成熟度范围列于表6-4。

表6-4　法国石油研究院提供的 T_{max} 范围（据 Espitalie，1988）

成熟度指标	未成熟	生油	凝析油	湿气	干气
镜质组反射率（%）	<0.5	0.5~1.3	1.0~1.5	1.3~2	>2
热变指数	<2	2≤~<3	2<~<3	≤3	>3
I 类 T_{max}（℃）	<440	440~450			
II 类 T_{max}（℃）	<435	435~455			
III 类 T_{max}（℃）	<430	430~465	455~475	465~540	>540

利用 Rock-Eval 热解议评价分析结果能直接获得降解率与 T_{max} 的关系图版，因此，结合以上的 T_{max} 与 R_o 关系图版，就能获得降解率与 R_o 关系图版（图6-15）。

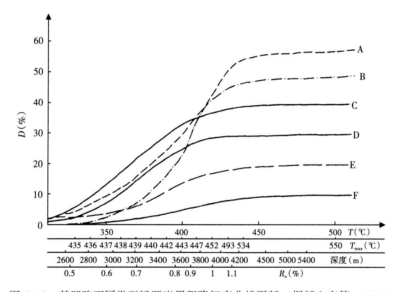

图6-15　某凹陷不同类型烃源岩累积降解率曲线图版（据邬立言等，1986）

（A）最终降解率60%；（B）最终降解率50%；（C）最终降解率40%；
（D）最终降解率3%；（E）最终降解率20%；（F）最终降解率10%

三、生烃史计算

从单位体积有机碳生烃量的概念出发，计算某一生烃岩层某一演化阶段的生烃量和生烃强度的一般公式为：

$$
\begin{cases}
E = \dfrac{10^{-8}}{R_{o2} - R_{o1}} \displaystyle\int_{R_{o1}}^{R_{o2}} (Z_2 - Z_1) \cdot P_m \cdot \rho \cdot C_r \cdot C_f \cdot P_k \cdot \dfrac{D_k}{0.083} \mathrm{d}R \\
C_f = \dfrac{100}{100 - D_{0k}} \\
Q = E \cdot A
\end{cases}
\tag{6-22}
$$

式中　E——生烃强度，t/km^2；

　　　Q——生烃总量，t；

　　　R_{o1}、R_{o2}——分别为烃源岩层顶、底界的R_o，%，由埋藏史与热史确定；

　　　D_k——第k种干酪根的累计降解率，%；

　　　D_{0k}——第k种干酪根现今降解率，%；

　　　P_k——第k种干酪根的含量；

　　　A——有效烃源岩分布面积，km^2；

　　　Z_1、Z_2——分别为现今时刻生油层顶、底界的深度，m；

　　　P_m——烃源岩层中有效烃源岩的含量；

　　　ρ——烃源岩层中有效烃源岩的密度，t/km^3；

　　　C_r——残余有机碳的含量，%；

　　　C_f——碳恢复系数，与转化率成正比。

对n干酪根分别按式（6-22）求出生烃强度E_1，E_2，$\cdots$，E_n，则生烃源岩层的总生烃强度：

$$E = E_1 + E_2 + \cdots + E_n \tag{6-23}$$

由此可求出总生烃强度史。为了求出生油强度和生气强度史，可引入气态烃与总烃比曲线（图6-16），该曲线表示在不同演化阶段气态烃占总烃量的比例，因此有：

$$\begin{cases} E_{gas} = E \cdot P_{gas} \cdot C_{og} \\ E_{oil} = E \cdot (1 - P_{gas}) \end{cases} \tag{6-24}$$

式中　E_{gas}——生气强度，m^3/km^2；

　　　E_{oil}——生油强度，t/km^2；

　　　P_{gas}——气态烃与总烃之比，由气态烃与总烃比曲线（图6-16）查得；

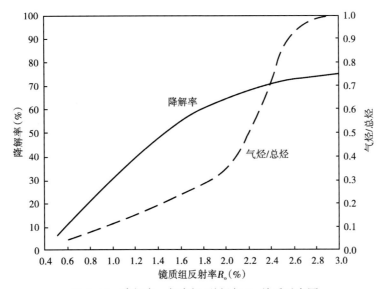

图6-16　降解率、气态烃/总烃与R_o关系示意图

E——总生烃强度，t/km^2；

C_{og}——油气转化当量，即 1t 油相当于多少立方米的气，m^3/t。

第四节　化学动力学法

油气生成的化学动力学模型由 Tissot（1969）首次提出，后经过许多学者的不断改进和完善，现已成为生烃史研究中的一种重要方法。

根据初次裂解（primary cracking）的动力学原理（Espitalie 等，1988；Ungerer 等，1988），初次裂解是指干酪根热降解成烃的过程。干酪根的热降解可视为一系列不同活化能和频率因子的平行一级反应，用 N 个平行一级反应所表示，如图 6-17 所示。从图中可见，干酪根的初次裂解不仅生成液态烃（$C_6 \sim C_{14}$ 和 C_{15+}）同时还伴有气态经（C_1 和 $C_2 \sim C_5$）。二次裂解（secondary cracking）主要生成焦炭（coke）和甲烷气（C_1）。在地表条件下，C_1 代表甲烷气；$C_2 \sim C_5$ 代表其他的气态烃；$C_6 \sim C_{14}$ 代表液态轻烃；C_{15+} 代表液态重烃。根据初次裂解的原理，就能建立多组分生烃动力学模型。

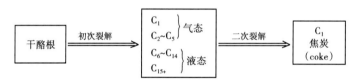

图 6-17　干酪根裂解过程示意图

一、基本原理和动力学方程

传统的单组分动力学模型，通常采用 Tissot 的六级反应法，即六个活化能和频率因子（表 6-5），其中原始生烃潜量只有单一组分"烃"。多组分模型将原来单一组分的原始生烃潜量分解为四个碳馏分（C_1、$C_2 \sim C_5$、$C_6 \sim C_{14}$ 和 C_{15+}）的初始量（表 6-6）。每个碳馏分都要考虑多个平行一级反应，每个反应都遵循一级动力学规则和阿仑尼乌斯（Arrhenius）原理。

表 6-5　化学动力学方程组的参数表（据 Tissot 等，1984）

活化能		干酪根类型					
种类	平均值	Ⅰ 型		Ⅱ 型		Ⅲ 型	
E_{1f}	（kcal/mol）	X_{io}	A_{1f}	X_{io}	A_{1f}	X_{io}	A_{1f}
E_{11}	10	0.024	4.75×10^5	0.022	1.27×10^5	0.023	5.20×10^3
E_{12}	30	0.064	3.04×10^{16}	0.034	7.47×10^{16}	0.053	4.20×10^{16}
E_{13}	50	0.136	2.28×10^{25}	0.251	1.48×10^{27}	0.072	4.33×10^{25}
E_{14}	60	0.152	3.98×10^{30}	0.152	5.52×10^{29}	0.091	1.97×10^{32}
E_{15}	70	0.347	4.47×10^{32}	0.116	2.04×10^{35}	0.049	1.20×10^{33}
E_{16}	80	0.172	1.10×10^{34}	0.120	3.80×10^{35}	0.027	7.56×10^{34}
$X_o = \sum_{i-1}^{6} X_{io}$		0.895		0.695		0.310	

表 6-6 初次裂解动力学参数（据 Espitalie 等，1988，Ⅱ 型干酪根）

活化能 (kcal/mol)	生烃潜量，kg/t				频率因子 s⁻¹
	C_1	$C_2 \sim C_5$	$C_6 \sim C_{14}$	C_{15+}	
48	0.0	0.0	0.0	2.9	0.520×10^{15}
50	0.0	0.0	0.0	5.0	0.520×10^{15}
52	0.0	0.3	1.3	8.3	0.520×10^{15}
54	0.3	0.8	2.7	35.4	0.520×10^{15}
56	0.8	3.0	32.2	359.0	0.520×10^{15}
58	4.6	10.7	24.7	8.0	0.520×10^{15}
60	5.3	7.6	2.1	0.0	0.520×10^{15}
62	4.2	4.5	0.3	0.0	0.520×10^{15}
64	3.6	2.4	0.0	0.0	0.520×10^{15}
66	2.1	0.9	0.0	0.0	0.520×10^{15}
68	1.4	0.6	0.0	0.0	0.520×10^{15}
70	1.0	0.5	0.0	0.0	0.520×10^{15}
72	0.8	0.0	0.0	0.0	0.520×10^{15}

多组分平行一级动力学方程为：

$$\begin{cases} \dfrac{\mathrm{d}X_{ij}}{\mathrm{d}t} = -k_i X_{ij} \\ i = 1, 2, \cdots, m \\ j = 1, 2, \cdots, n \end{cases} \tag{6-25}$$

式中 X_{ij}——t 时刻干酪根中第 j 种组分含第种活化能的物质的数量，kg/kg；

t——埋藏时间，Ma；

k_i——干酪根中含第 i 种活化能的物质在初次裂解时的反应速率，Ma⁻¹；

m——平行一级反应级数；

n——干酪根初次裂解形成的组分数。

多组分干酪根初次裂解反应速率，由下式表示：

$$k_i = A_i \exp\left(\frac{E_i}{RT}\right) \tag{6-26}$$

式中 A_i——干酪根中含第种活化能的物质的频率因子，Ma⁻¹；

E_i——干酪根中含第种活化能的物质的活化能，kcal/mol；

R——气体常数，1.986cal/（mol·K）；

T——古地温，K；

k_i 同式（6-25）。

二、转化率与生烃史计算

在已知埋藏史和热史的基础上，即已知任一时刻的地温，联立解式（6-25）和式

（6-26）方程，就能求出任何埋藏时刻干酪根各组分的初次裂解程度，进而可求出任何时刻转化率。即：

$$\begin{cases} D_j(t) = \left[X_{j0} - \sum_{i=1}^{m} X_{ij} \right] \times 100 \\ X_{j0} = \sum_{i=1}^{m} X_{ij0} \end{cases} \tag{6-27}$$

式中　$D_j(t)$ ——干酪根中第 j 组分在 t 时刻的转化率，%；

　　　X_{j0}——干酪根中第 j 种组分的原始生烃潜量，kg/kg；

　　　X_{ij0}——干酪根中第 j 种组分含第，种活化能的物质的原始生烃潜量，kg/kg；

　　　X_{ij}、i、j 同式（6-25）。

对于不同类型的干酪根，分别按以上公式求取各干酪根多组分的转化率，再按各类干酪根在烃源岩中所占的比例，分别求取各组分的转化率的加权平均值，表达式为：

$$\overline{D_j}(t) = \sum_{e=1}^{q} P_e \cdot D_{je}(t) \tag{6-28}$$

式中　$D_j(t)$ ——t 时刻第 j 种组分干酪根的平均转化率，%；

　　　P_e——烃源岩中第 e 种类型的干酪根的含量占总干酪根的百分数；

　　　$D_{je}(t)$ ——t 时刻第 e 种类型的干酪根中 j 组分的转化率，%；

　　　q——烃源岩中干酪根类型数。

因此，烃源岩中干酪根的总转化率为：

$$D(t) = \sum_{j=1}^{n} \overline{D_j}(t) \tag{6-29}$$

式中　$D(t)$ ——各类型干酪根的总转化率，%；

　　　n——干酪根的组分数；

　　$D_j(t)$ 同式（6-28）。

在已知转化率史的条件下，求烃源岩层生烃强度的公式为：

$$\begin{cases} E_j = \frac{10^{-8}}{D_{j2} - D_{j1}} \int_{D_{j1}}^{D_{j2}} (Z_2 - Z_2) \cdot P_m \cdot \rho \cdot C_r \cdot C_f \cdot \frac{1}{0.083} \cdot D_j \cdot dD_j \\ C_f = \frac{100}{100 - D_{j0}} \end{cases} \tag{6-30}$$

式中　E_j——烃源岩层中第 j 种组分的生烃强度，t/km²；

　　　D_{j1}、D_{j2}——分别为烃源岩层顶、底界第 j 种组分的转化率，%；

　　　D_{j0}——现今时刻烃源岩层第 j 种组分的平均转化率，%；

　　　Z_1、Z_2——分别为现今时刻生油层顶、底界的深度，m；

　　　P_m——烃源岩层中有效烃源岩的含量；

　　　ρ——烃源岩层中有效烃源岩的密度，t/km³；

　　　C_r——残余有机碳的含量，%；

C_f——碳恢复系数，与转化率成正比；

$1/0.083$——从含碳量（%）换算为含烃量（kg/t）的换算系数。

利用式（6-30）求出各组生烃强度后，可由下式分别求出烃源岩层的生气和生油强度：

$$\begin{cases} E_{gas} = (E_{C_1} + E_{C_2 \sim C_5}) \cdot C_{og} \\ E_{oil} = E_{C_6 \sim C_{14}} + E_{C_{15+}} \end{cases} \tag{6-31}$$

式中　E_{gas}——烃源岩层的生气强度，m^3/km^2；

　　　E_{C_1}——C_1组分的生烃强度，t/km^2；

　　　$E_{C_2 \sim C_5}$——$C_2 \sim C_5$组分的生烃强度，t/km^2；

　　　$E_{C_6 \sim C_{14}}$——$C_6 \sim C_{14}$组分的生烃强度，t/km^2；

　　　$E_{C_{15+}}$——组分的生烃强度，t/km^2；

　　　E_{oil}——烃源岩层的生油强度，t/km^2；

　　　C_{og}——油气转化当量，即1t油相当于多少立方米的气，m^3/t。

三、简化的化学动力学方法

通过将组分设定为饱和烃、芳香烃、非烃和沥青（图6-18），可以参照前文的思路进行生烃史模拟。需要输入的参数包括：

（1）干酪根转化为饱和烃、芳香烃、非烃类、沥青质的动力学参数；

（2）转化为伴生气的参数；

（3）油裂解气的参数。

通过分析族组成的百分比以确定生烃模拟过程中各组分的权值（表6-7），给定各组分的裂解活化能分布，求得其转化率，并根据转化率地质剖面（图6-19）建立产烃率图版（图6-20，产烃率 = 生烃潜力指数×转化率），然后即可根据产烃率图版模拟油气生成史。

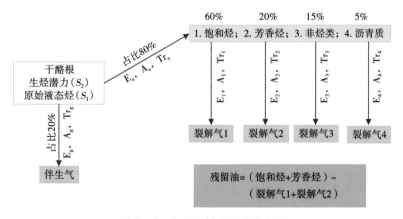

图6-18　干酪根转化组分示意图

表6-7 干酪根产物中各组分百分比

	饱和烃	芳香烃	非烃类	沥青质	岩性
盛1	49.21	11.07	33.83	5.03	深灰色泥岩
盛1	46.95	20.95	30.68	1.42	泥岩
盛1	44.48	7.62	30.63	11.29	深灰色泥岩
盛1	47.95	8	30.57	5.23	泥岩
平均	47.15	11.91	31.43	5.74	

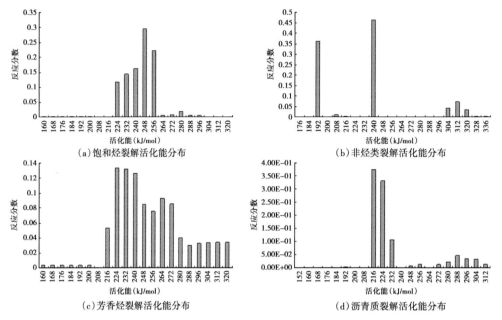

图6-19 不同组分活化能分布图

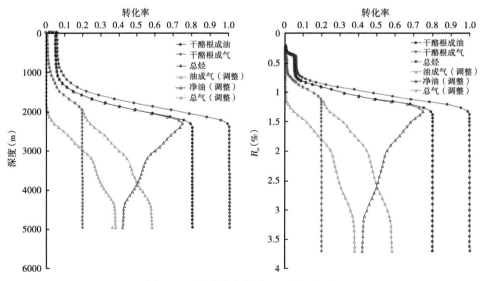

图6-20 转化率与深度、R_o关系图版

118

参 考 文 献

陈克明，等 . 1995. 烃源岩地球化学 . 北京：石油工业出版社 .

郭秋麟，米石云，石广仁，等 . 1998. 盆地模拟原理方法 . 北京：石油工业出版社：102-104.

侯读杰，张林晔 . 2003. 实用油气地球化学图鉴 . 北京：石油工业出版社：55-88.

郎东升，等 . 1999. 储层的流体热解及气相色谱评价技术 . 北京：石油工业出版社 .

邬立言，顾信章，盛志伟，等 . 1986. 生油岩热解快速定量评价 . 北京：科学出版社 .

Claypool G E. 1998. Kerogen conversion in fractured shale petroleum systems. AAPG Bulletin，82（13），Supplement：5.

Espitalie J, Ungerer P, Irwin I, et al. 1988. Primary cracking of kerogens：experimenting and modeling C1，C2-C5, C6-C15 and C15+ classes of hydrocarbon formed. Advances in Organic Geochemistry 1987, 13：873-893.

Jarvie D M, Hill R J, Ruble T E, et al. 2007. Unconventional shale-gas systems：The Mississippian Barnett Shale of north-central Texas as one model for thermogenic shale-gas assessment. AAPG, 91（4）：475-499.

Modica C J, Lapierre S G. 2012. Estimation of kerogen porosity in source rocks as a function of thermal transformation：Example from the Mowry Shale in the Powder River Basin of Wyoming. AAPG, 96（1）：87-108.

Peters K E, C C Walters, J M Moldowan. 2006. The biomarker guide：v. 1— Biomarkers and isotopes in the environment and human history. Cambridge, United Kingdom, Cambridge University Press：471.

Tissot B P, Welte D H. 1978（1st edition），1984（2nd edition）. Petroleum Formation and Occurrence. Springer Verlag, Heidelberg, New Your, Tokyo.

Tissot B P. 1969. Premieres donnees sur les mecanismes et al cinetique de la formation du petrole dans les sediments：simulation d'un schema reactionnel sur ordinateur. Revue de 1'Instiut Francais du Petrole, （France），24：470-501.

Ungerer P, Behar F, Villalba M, et al. 1988. Kinetic modeling of oil cracking. Advances in organic geochemistry, 13：857-868.

第七章 初次运移与排烃史

本章主要涉及排烃模拟相关知识，排油、排气史计算方法与模型三方面内容。首先，对油气初次运移的相关知识进行了介绍，其次通过实例论述目前较为实用的两种排油史计算方法与模型应用，即压实排油计算法和残留油模板计算法。最后，在阐述排气史定量计算原理的基础上，提出了物质平衡法排气史模型并通过实例应用进行说明。

第一节 排烃模拟相关知识

本节主要阐述排烃史模拟之前需要掌握的相关概念、术语及基础知识，重点叙述初次运移的相态问题，探究初次运移的动力及主要通道，总结排烃门限及排油饱和度的研究进展。

一、初次运移

初次运移（primary migration）泛指油气从烃源岩向储层（输导层）的运移（Tissot和 Welte，1984）。是油气自生成后从烃源岩中向外排出的过程，是烃源岩层的运移，也即排烃过程，初次运移既可以指向相邻储层，也可以指向其他渗透性介质，如不整合面或断层裂缝系统等。其动力在成岩作用早期主要是压实过程中产生的瞬时剩余压力，而在成岩晚期则主要是异常高流体压力（异常高流体势）。

初次运移机理和过程还不十分清楚。一般认为初次运移是烃源岩内已生成的油气，主要以游离相态，在异常压力的推动下，克服巨大的毛细管阻力，或更为可能地沿着因干酪根构成的有机网络，或因异常高压引起的微裂缝，在基本垂直于烃源岩层面的方向运移至其上、下的储层或输导层中（李明城，2013）。

二、初次运移的相态、动力和通道

1. 初次运移的相态

游离相是油气初次运移的最重要相态，油溶相和扩散相是天然气初次运移较为重要的相态。

1）石油初次运移的相态

石油初次运移以游离相为主，水溶相作用不大，扩散相可以忽略不计。尽管如此，但目前对游离相运移的观点还有异议，主要是分散的油珠如何克服毛细管阻力，连续油相饱和度多大等。另外，水溶相运移解决不了大规模石油运移的问题，如水源、溶解度等，因此作用不大；扩散相是存在，但扩散速度相对较慢，石油运移规模小，基本可以忽略不计。

2）天然气初次运移的相态

游离相是天然气初次运移的最重要相态；天然气在石油中的溶解度较大，在排油过程中有相当一部分天然气可以溶解在油中被带出烃源岩，因此油溶相也是较为重要的相态；水溶相对天然气初次运移贡献不大，因为气在水中的溶解度较小；与石油不同，天然气扩散相在初次运移中起到一定的作用。

2. 初次运移的动力

剩余压力（或源储压差）是油气初次运移最重要的动力，分子扩散作用是天然气较重要的初次运移动力。

1）剩余压力或源储压差

初次运移的动力，在成岩作用早期主要是压实过程中产生的瞬时剩余压力，而在成岩晚期则主要是异常高流体压力，即源储压差。剩余压力包括正常压实产生的剩余压力、欠压实产生的异常压力、温度升高引起的烃源岩内水体膨胀导致的压力、干酪根热降解生成烃类产生的压力及构造运动产生的构造应力等。其中，生烃增压被认为是最重要的因素。干酪根在热降解生成烃类的同时，也产生大量的水和 CO_2 等非烃类气体。曾经有学者计算，有机碳 1% 的烃源岩，其生烃作用导致的体积增加约 $44 \sim 50 m^3/10^4 m^2$，体积膨胀使烃源岩异常压力大大提高，促使烃源岩产生微裂隙，构成初次运移的动力，同时由于 CH_4 和 CO_2 等气体溶于原油中，降低了石油的黏度和表面张力，提高了石油的流动性，使石油易于排出。

2）分子扩散

扩散作用是天然气重要的初次运移方式。由于浓度差引起的分子扩散作用是天然气初次运移的动力之一。当分子浓度梯度和扩散面积一定时，扩散速度取决于扩散系数。相对而言，小分子烃类较大分子烃类易于扩散，温度越高越利于烃类的扩散。

3. 初次运移的通道

初次运移过程复杂，运移机理还处于探讨阶段，运移通道也不完全清楚，目前被认为可能存在几种重要通道。

1）有机网络

由连续分布的有机质格架构成的有机网络是重要的通道，因为有机质在生烃过程中形成的有机质收缩缝。Momper（1978）认为，生油岩中的有机质不是分散在岩石基质之中，而是沿层理面呈薄毡状分布。因此，干酪根网络一般在二维空间比较完整，在三维空间中相互连接比较少。由于生油时间长，运移速度慢，因此三维空间里干酪根网络稀疏的连接，已足够把油气运移到储层或裂隙中去。由于这种运移方式不受水的限制又没有巨大的毛细管阻力，显然通过干酪根网络的运移是重要的运移方式。

2）微裂隙

微裂隙不是长期存在而是阶段性存在的。烃源岩孔隙流体压力，在压实过程中逐步升高，超过了烃源岩破裂极限，就会使烃源岩中产生微裂隙，导致孔隙流体迅速排出，压力相应释放，最终导致微裂隙闭合，使烃源岩进入了一个相对稳定的阶段。微裂隙作为油气初次运移主要通道的观点得到认可。早在 1961 年，Snarsky 就提出流体从烃源岩通过微裂隙逸出的观点，认为"由于烃源岩压实、岩石弹性变形以及油与水的弹性，同时再加上温度与构造力的增大，岩层内部孔隙压力可升高到比岩石的压力大得多。这种压力可引起岩石破裂和裂隙的扩大，油气便可沿着这样形成的通道运移，进入具静水压力的孔隙性与渗透性地层中"。张金功等（1996）认为异常超孔隙流体压力作用下的微裂隙排烃是油气初次运移的最重要机制。埋藏状态下异常超压带内，泥岩裂缝在垂向和横向上均有分布，在相当长的时间内保持张开状态，同时进行着大规模的流体运移，直至泥岩排液趋于停止时，裂隙才会闭合。

3）岩石颗粒间的孔隙

岩石颗粒间的孔隙，包括原生孔隙和次生孔隙，也是油气初次运移的通道之一。这些孔隙在与有机网络、微裂隙的相互作用中起到良好的通道作用。

三、排烃门限及排油饱和度

1. 排烃门限

烃源岩在埋深、热演化及生烃过程中，只有生烃量满足了有机质、矿物颗粒的吸附还是地层水的溶解后，多余的烃类才能排出母体发生油气的初次运移。烃源岩中的油气开始以游离相大量排出的临界地质条件称为排烃门限。

由于天然气排出比较容易，只要有一定量的气生成就可以排出，因此探讨排气门限的研究比较少。相比之下，石油的排出比较难，也比较复杂，排油门限研究是研究重点。

排油门限一般采用含油饱和度、有机质成熟度、埋深、S_1/TOC 等地质参数标定。图 7-1 为确定排油门限的实例，从图中发现，在 2000m 之下，S_1/TOC 值快速下降，因此确定松辽盆地排油门限为 2000m。从表 7-1 中可以发现，以上方法具有局限性，其确定的排油门限滞后。因为在生油速率大于排油速率时，此种方法体现不出拐点，但实际上此时已开始排油。

表 7-1　松辽盆地烃源岩排油门限及生油门限

地质参数	埋深（m）	R_o（%）	S_1/TOC（mg/g）
排油门限	2000	1.0	200
生油门限	1550	0.65	25

2. 排油饱和度

烃源岩的含油饱和度取决于氯仿沥青"A"的含量和孔隙度。当烃源岩的含油饱和度较低时，由于烃量较少无法满足自身的吸附，此时不能有效排油；当含油饱和度大于某一值时，石油才会从烃源岩中排出，这一含油饱和度称为临界含油饱和度（S_o），即排油饱和度。不同学者研究得出的临界含油饱和度差别较大（表 7-2）。

李骞等（2010）建立了利用长岩心驱替装置和色谱仪确定凝析油临界流动饱和度的方法。运用该方法对某实际凝析气藏真实岩心和 $C_1 \sim C_5$ 混合物流体进行了两组实验，测定的临界流动饱和度分别为 3.04% 和 4.66%。凝析油的流动特征分析结果表明，凝析油的临界流动饱和度很低。李菊花等（2017）建立新型微观网络动态模拟方法，计算凝析油临界含油饱和度，得出凝析油临界含油饱和度随着平均孔隙半径的增大而减小（从 20% 减小到 5%）。界面张力对临界含油饱和度的影响趋势存在一个临界值。当界面张力

122

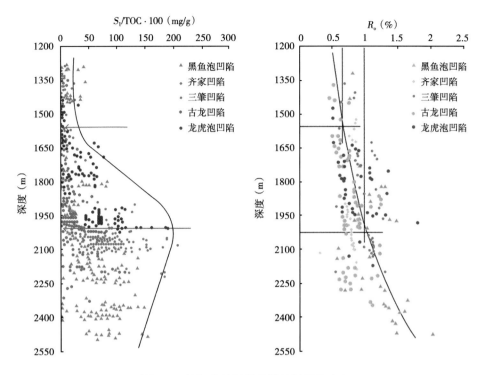

图 7-1 松辽盆地烃源岩排油门限的确定

小于该临界值时，随着界面张力增加凝析油临界含油饱和度大幅增加；当界面张力大于该值后，临界含油饱和度值增幅减低。李金宜等（2016）将渤海稀油相渗岩心划分为稀油低渗固结岩心、稀油中高渗固结岩心、稀油疏松岩心三大类，建立各类岩心残余油饱和度预判图版。实验室测得残余油饱和度为22.9%。在稀油中高渗岩心油水黏度比为0~5的预判图版里，根据该岩心的孔渗值，可以定量判断出其残余油饱和度的合理值分布范围为25%~30%。很显然，实验室测得的残余油饱和度值偏小。

目前，石油运聚模拟的临界含油饱和度一般采用3%~10%；油藏数值模拟采用的临界含油饱和度较大些，一般在10%左右。

从表7-2中发现，排油饱和度不是一成不变的，它既受烃源岩生油条件的控制，也受其当时排油条件的制约。

表 7-2 国内外不同学者研究得出的石油排运临界饱和度（据庞雄奇等，2005；修改）

研究者	时 间	排烃门限	说 明
Hunt	1961	$S_o>0.3\%$	
Philip	1965	$S_o>0.25\%$	
Tissot	1971	$S_o>0.3\%~0.9\%$	C_{15+}
Dickey	1975	$S_o>1\%~20\%$	
Brooks	1977	$S_o>0.3\%~0.9\%$	

研究者	时 间	排烃门限	说 明
Momper	1978	$S_o > 0.0825\% \sim 0.0850\%$	提取沥青
Hunt	1979	$S_o > 0.2\% \sim 0.9\%$	
Ungerer	1987	$S_o > 20\%$	
田克勤等	1981	$T > 101℃$；$Z > 2600m$	考虑大量生油
何炳骏	1981	$Z > 2100 \sim 3100m$	据急剧压实排液
王允诚等	1983	$Z > 2400m$	考虑大量生油
陈发景等	1986	$S_o > 1\%$	考虑生烃门限，比较 Dickey 结果
周国君等	1987	$Z > 2900m$	据裂缝成因
李骞等	2010	$S_o > 3.04\%$ 和 4.66%	凝析气藏流动临界含油饱和度
李金宜等	2016	$S_o > 22.9\% \sim 30\%$	油藏残余油饱和度
李菊花等	2017	$S_o > 5\% \sim 20\%$	凝析油临界含油饱和度

S_o 为排油饱和度；T 为地层温度；Z 为地层埋深。

第二节　排油史计算方法与模型

排油史计算方法有许多种，包括压实排油计算法、残留油模板计算法、压差排油法（郭秋麟等，1998）、多相渗流理论计算排烃量、排烃门限约束的单位体积岩石排烃量的计算方法（庞雄奇，2005）等。本节重点论述目前较为实用的压实排油计算法、残留油模板计算法。

一、压实排油计算法

压实排油计算法的理论依据主要有两点：首先，石油初次运移以连续油相运移为主，在成岩压实阶段排油驱动力为压实作用；其次，烃源岩在含油饱和度很低时，油呈分散状的油滴或油珠分布，要使这些油滴或油珠在亲水介质中通过孔喉就必须克服巨大的毛细管阻力。但若含油饱和度到达一定的程度，从而使分散的油滴或油珠形成连接的亲油通道，这时连续的油相发生运移时就不存在（或几乎不存在）毛细管主力，因此石油便能顺利地运移到储层中，此时的含油饱和度就称为排油临界饱和度。

压实排油的基本原理是：烃源岩在生烃与受压实排液过程中，当含油饱和度大于临界饱和度时，将石油从烃源岩中排出并进入储层或运载层，所排出的石油量为排液量与含油饱和度之乘积。

1. 排液系数计算模型

以某井某烃源层为例，设在 t_0 时刻烃源岩体积和孔隙度分别为 V_0 和 ϕ_0，在之后的任意时刻（t）的体积和孔隙度分别为 V 和 ϕ。

根据岩石骨架不变的原则，存在以下守恒：

$$V_0(1 - \phi_0) = V(1 - \phi) \tag{7-1}$$

即

$$V = \frac{1 - \phi_0}{1 - \phi}V_0 \qquad (7-2)$$

根据压实平衡原理，烃源岩层压实前（t_0）后（t）的体积之差等于这一过程中从烃源岩层排出的液体体积，即：

$$\Delta V = V_0 - V \qquad (7-3)$$

将式（7-2）代入上式，则：

$$\Delta V = V_0 - \frac{1 - \phi_0}{1 - \phi}V_0 = \frac{\phi_0 - \phi}{1 - \phi}V_0 \qquad (7-4)$$

排液系数为排出的液体体积（ΔV）与 t_0 时刻烃源岩层孔隙体积（V_ϕ）之比，即：

$$C = \frac{\Delta V}{V_\phi} = \frac{\Delta V}{V_0 \phi_0} \qquad (7-5)$$

将式（7-4）代入上式，则：

$$C = \frac{\phi_0 - \phi}{(1 - \phi)\phi_0} \qquad (7-6)$$

式中　C——在 t_0 时刻于 t 时刻之间，烃源岩层的排液系数；

　　　ϕ_0——t_0 时刻烃源岩层孔隙度；

　　　ϕ——t 时刻（t_0 时刻之后的任意时刻）烃源岩层孔隙度。

式（7-4）是表示某一阶段压实前后排液系数的一般公式。根据烃源岩层埋藏史可以推导出排液系数史公式，即排液系数模型：

$$\begin{cases} C_1 = \quad 开始埋藏时，即\ i = 1 \\ C_i = \dfrac{\phi_{i-1} - \phi_i}{(1 - \phi_i)\phi_{i-1}} \quad i > 1 \end{cases} \qquad (7-7)$$

式中　C_1——在烃源岩层开始埋藏时的排液系数；

　　　C_i——第 i 时刻烃源岩层的排液系数，其中，$i = 1，2，3，\cdots$，直到今天；

　　　ϕ_{i-1}——第 $i-1$ 时刻烃源岩层孔隙度，可根据埋藏史的算出；

　　　ϕ_i——第 i 时刻烃源岩层孔隙度，可根据埋藏史的算出。

2. 含油饱和度计算

在烃源岩层埋藏过程中，任意时刻含油饱和度的计算公式如下：

$$\begin{cases} S_1 = 0 \quad 开始埋藏时，即\ i = 1 \\ S_i = \dfrac{G_i - E_{i-1}}{h_i \phi_{i-1} \rho_o} \quad i > 1 \end{cases} \qquad (7-8)$$

式中　S_1——在烃源岩层开始埋藏时的含油饱和度；

　　　S_i——第 i 时刻烃源岩层的含油饱和度；

G_i——第 i 时刻烃源岩层的生油强度，t/km^2，由生烃史确定；

E_{i-1}——第 $i-1$ 时刻烃源岩层的排油强度，t/km^2；

h_i——第 i 时刻烃源岩层的厚度，km；

ϕ_{i-1}——第 $i-1$ 时刻烃源岩层孔隙度，可根据埋藏史的算出；

ρ_o——烃源岩层中石油的密度，t/km^3。

3. 排油史计算模型

在已知压实过程不同时间段排液系数和含油饱和度的情况下，排油史，即排油强度史的计算模型如下：

$$\begin{cases} E_1 = 0 & \text{开始埋藏时，即 } i = 1 \\ E_i = 0 & \text{当 } S_i < S_o \\ E_i = E_{i-1} + (G_i - E_{i-1})C_i & \text{当 } S_i \geqslant S_o \end{cases} \quad (7-9)$$

式中 E_1——在烃源岩层开始埋藏时的排油强度，t/km^2；

E_i——第 i 时刻烃源岩层的排油强度，t/km^2；

E_{i-1}——第 $i-1$ 时刻烃源岩层的排油强度，t/km^2；

G_i——第 i 时刻烃源岩层的生油强度，t/km^2；

C_i——第 i 时刻烃源岩层的排液系数；

S_o——排油临界饱和度。

4. 关键参数与模拟结果

关键参数包括：烃源岩孔隙度、生烃强度及含油饱和度，除此之外，石油排运临界饱和度对排油量的影响较大。表 7-3 为某盆地烃源岩排油史及含油饱和度史模拟结果。实例中，石油排运临界饱和度取 3%。从表 7-3 中可发现，只有含油饱和度大于石油排运临界饱和度时才有油排出。

表 7-3 某盆地烃源岩排油史及含油饱和度史模拟结果

序号	地质年代（Ma）	埋藏深度（m）	地温（℃）	R_o（%）	生油强度（$10^4 t/km^2$）	排油强度（$10^4 t/km^2$）		含油饱和度（%）	烃源岩孔隙度（%）
						残留油间接法	压实排油法		
1	128.0	0.0	10.0	0.2	0	0	0	0	50
2	127.0	166.5	16.6	0.23	1.16	0.92	0	0	43
3	126.0	319.2	22.6	0.24	3.08	2.44	0	0	38
4	125.0	462.1	28.3	0.25	6.33	5	0	0	34
5	123.3	599.9	33.7	0.26	11.65	9.21	0	0	30
6	121.7	730.6	38.9	0.28	15.24	12.04	0	0	27
7	120.0	855.9	43.8	0.3	18.85	14.89	0	0	24
8	113.3	1005.6	49.7	0.33	26.11	20.63	0	0	21
9	106.7	1152.4	55.5	0.35	31.51	24.89	0	1	19
10	100.0	1295.7	61.2	0.37	37.02	29.25	0	1	17

序号	地质年代（Ma）	埋藏深度（m）	地温（℃）	R_o（%）	生油强度（10^4 t/km^2）	排油强度（10^4 t/km^2）		含油饱和度（%）	烃源岩孔隙度（%）
						残留油间接法	压实排油法		
11	90.0	1398.6	65.3	0.41	45.65	36.06	0	1	15
12	80.0	1500.2	69.3	0.43	50.54	39.93	0	2	14
13	77.9	1641.9	74.9	0.43	52.34	41.34	0	2	12
14	75.7	1775.9	80.2	0.45	56.55	44.67	0	2	11
15	73.6	1903.8	85.2	0.47	63.57	50.22	0	3	10
16	71.4	2026.6	90.1	0.5	70.61	55.78	0.77	4	9
17	69.3	2144.8	94.8	0.53	77.6	61.3	8.88	4	8
18	67.1	2258.5	99.3	0.56	87.09	68.8	16.76	5	7
19	65.0	2367.9	103.6	0.6	97.13	76.73	24.49	6	7
20	60.1	2477.3	107.9	0.65	116.37	91.93	33.25	7	6
21	55.2	2582.9	112.1	0.68	133.89	105.77	42.48	9	6
22	50.3	2684.1	116.1	0.72	147.69	116.67	51.68	10	5
23	45.4	2780.5	119.9	0.75	159.65	126.13	60.64	11	5
24	41.8	2845.7	122.5	0.77	175.98	139.02	67.19	13	4
25	38.3	2907.8	124.9	0.79	194.12	153.35	74.03	15	4
26	34.7	2966.5	127.2	0.81	212.48	167.86	81.07	17	4
27	31.1	2866.5	123.3	0.81	212.48	167.86	81.07	17	4
28	27.6	2766.5	119.3	0.81	212.48	167.86	81.07	17	4
29	24.0	2666.5	115.3	0.81	212.48	167.86	81.07	17	4
30	16.7	2778.3	119.8	0.81	212.48	167.86	81.07	17	4
31	9.3	2880.0	123.3	0.81	212.48	167.86	81.07	17	4
32	2.0	2970.8	127.4	0.82	214.25	169.26	81.59	18	4
33	0	3000.0	128.6	0.83	223.93	176.9	85.22	19	4

注：石油排运临界饱和度取 3%。

二、残留油模板计算法

这是一种间接计算排油量的物质平衡法，其基本原理是通过实验室测试获得残留油含量，利用生烃史模拟得到生油量，然后将生油量扣减残留油得到排油量。这种方法的优点是过程简单、易操作，而且有实验测试数据作为支撑，同时避开了排油机理还无法解释的难题；其缺点是只能测试到现今的残留油含量，对于漫长的地质历史时期，残留油含量是否与现在一致还不清楚，另外测试得到的残留油含量可能会受采样、运输、测试方法等多个环节的影响，最终测试数据是否可靠还需要进一步研究与修正。

1. 残留油曲线

残留油曲线与产油率曲线类似，是描述烃源岩残留油量与有机质随成熟度（用 R_o

表示）关系的曲线，一般用每吨 TOC 含千克液态烃表示，即 kgHC／tTOC 或等价与 mgHC／gTOC。

由于残留油含量与干酪根类型密切相关，因此需要建立不同类型残留油与 R_o 关系曲线，即模板。同样的道理，不同 TOC 含量的烃源岩其残留油量差别较大，一般规律是残留油量与 TOC 含量成正比，因此在建立残留油与 R_o 关系曲线时还要按 TOC 的统计期间分开进行，通常将 TOC 统计期间设为三个档，即小于 2%、2%~4%、大于 4%。图 7-2 为不同类型干酪根残留油量与 R_o 关系的典型实例。

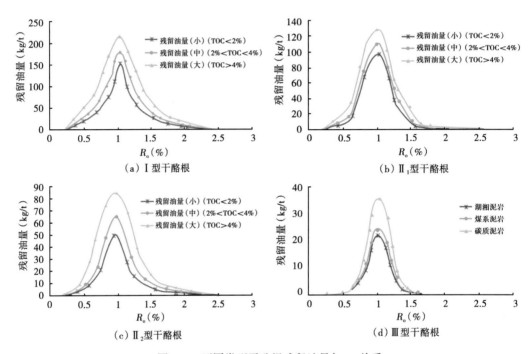

图 7-2　不同类型干酪根残留油量与 R_o 关系

2. 利用残留油曲线模拟排油史

在完成埋藏史和热演化史模拟之后，已知残留油与 R_o 关系曲线的条件下，任意时刻第 k 种干酪根残留油强度的计算公式如下：

$$Qr = \sum_{k=1}^{N} \left(\frac{10^{-8}}{R_{o2} - R_{o1}} \right) \int_{R_{o1}}^{R_{o2}} (Z_2 - Z_1) P_m \times \rho \times TOC \times P_k \times F_k \times dR_o \qquad (7-10)$$

式中　Qr——残留油强度，t/km^2；

R_{o1}、R_{o2}——分别为烃源岩顶、底界的 R_o，%；

Z_1、Z_2——分别为烃源岩顶、底界的埋深，m；

P_m——地层中有效烃源岩百分含量；

ρ——有效烃源岩密度，t/km^3；

TOC——有机碳含量，%；

N——干酪根类型数；

128

P_k——第 k 种干酪根的含量；

F_k——第 k 种干酪根的残留油含量，kg/t，根据 TOC 值查找对应曲线的残留油含量。

计算排油史的公式如下：

$$\begin{cases} E_1 = 0 & \text{开始埋藏时，即 } i = 1 \\ E_i = 0 & \text{当 } Or_i > G_i \\ E_i = G_i - Qr_i & \text{当 } G_i \geqslant Qr_i \end{cases} \tag{7-11}$$

式中　E_1——在烃源岩层开始埋藏时的排油强度，t/km²；

　　　E_i——第 i 时刻烃源岩排油强度，t/km²；

　　　G_i——第 i 时刻烃源岩生油强度，t/km²；

　　　Qr_i——第 i 时刻烃源岩残留油强度，t/km²。

3. 关键参数与模拟结果

关键参数包括：生烃强度和残留油量。有别于压实排油法不同，残留油模板计算法与石油排运临界饱和度无关。从表 7-3 中可发现：（1）在含油饱和度未到达 3%（石油排运临界饱和度）时已有石油排出；（2）计算得到的排油强度比压实排油法大。图 7-3 展示烃源岩层 F_7 和 F_8 瞬时排油强度与累计排油强度的过程，图 7-4 展示塔里木盆地寒武系烃源岩排油强度模拟结果。

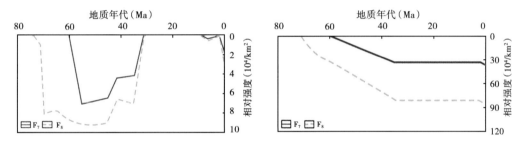

图 7-3　某盆地烃源岩瞬时排油强度与累计排油强度

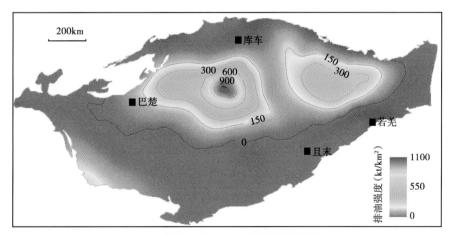

图 7-4　塔里木盆地寒武系烃源岩排油强度

第三节　排气史计算方法与模型

天然气与石油相比，在初次运移机理方面存在的争议较少，目前普遍认为天然气以游离相、油溶相、扩散相和水溶相四种相态运移。依据初次运移机理，计算各相态的运移量，从而得到排气量。这种方法易于被大家接受，但在实际操作时常会遇到一些难题，如难于准确计算扩散气量和游离气量等。基于物质平衡原理，提出物质平衡运移模型，绕开了以上多种相态运移定量计算的难题，简化了计算过程，因而成为目前天然气初次运移史模拟计算的重要模型。

一、物质平衡法计算排气量的原理

分子量较小的天然气在固态干酪根和液态的重烃降解或裂解生成气后，体积比原来状态增加多倍，致使烃源岩孔隙空间无法容纳。同时，天然气易于运移，甲烷尤其如此。并且天然气以溶解、扩散和游离相态存在于烃源岩中。根据物质平衡原理可以得到以下平衡方程：

$$Q_{排} = Q_{生} - (Q_{吸} + Q_{溶} + Q_{游}) = Q_{生} - (Q_{吸} + Q_{油溶} + Q_{水溶} + Q_{游}) \qquad (7-12)$$

式中　$Q_{排}$——烃源岩层的排气量，m^3；

$\quad\quad Q_{生}$——烃源岩层的生气量，m^3；

$\quad\quad Q_{吸}$——烃源岩层中岩石对气的吸附量，m^3；

$\quad\quad Q_{油溶}$——烃源岩层中残余油溶解气量，m^3；

$\quad\quad Q_{水溶}$——烃源岩层中水溶解气量，m^3；

$\quad\quad Q_{游}$——烃源岩层孔隙中游离气量，m^3；

以上公式说明，只要把烃源岩层中的水溶气量、油溶气量、游离气量及吸附气量等影响因素分析透彻，就能较准确地计算出排气量。

1. 天然气在水中的溶解规律

影响着天然气在水中的溶解度的因素主要有温度、压力、地层水矿化度、水溶有机质含量等。

1）温度对溶解度的影响

温度对天然气的影响如图7-5所示。其主要特征是，随着温度的升高在25~85℃之间天然气的溶解度有下降的趋势，而在85℃以上有回升的趋势。总的来说，在85℃以下溶解度是随着温度升高而降低的，这就是气体的溶解度与固体的不同之处。自然现象常能反映出这个特征，如若把装有冷水的玻璃杯放在温室中，则玻璃杯的内侧将被气体所覆盖，这是因为原来溶于水中的那些空气，由于受热而从中析出的结果。

2）压力对溶解度的影响

除了温度以外，压力对气体的溶解度影响更大，表现为随着压力的升高溶解度增大，且溶解度增大的速率随着压力升高而减小（图7-6）。

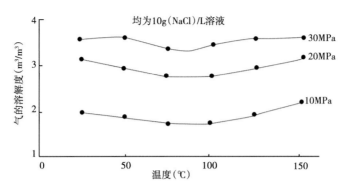

图 7-5　温度对天然气溶解度的影响（据王振平等，1997）

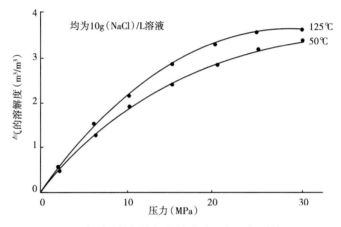

图 7-6　压力对天然气溶解度的影响（据王振平等，1997）

在封闭的容器中，存在于液体表面的气体分子，随时在轰击液体表面并不断溶解于液体当中，其溶解速度与该气体的分子压力成正比。另一方面，已进入液体的气体分子，照例也随时处于运动当中，从溶液的表面跑出来飞向外面。由于气体不断溶解的结果，被溶解的气体分子浓度将逐渐增加，因而其析出的速度，即单位时间从溶液中跑出来的分子个数也将增加，直到溶解速度达到平衡为止（李汶国，1997）。

在液面上的气体⇌溶解的气体

如果这时气体的压力发生了变化，则以上平衡就将打破，然后在新的压力条件下建立新的平衡。因此，不难理解溶解度随压力升高而增大的规律。

在温度和压力较低的情况下，气体在水中的溶解度变化遵循亨利定律。在自然地质条件下，温度和压力等都将随埋深而增加，天然气的体积变化将逐渐偏离气态方程所得的体积，而且埋藏越深，偏离越大。因此，在埋藏较深的条件下不适于使用气态方程直接求体积。表 7-4 表示了溶解度随温度、压力的变化情况。

表7-4　油气藏中一些常见的伴生气在高温高压条件下在水中的溶解度（据郭秋麟等，1998）

压力 MPa	N_2			Ar		H_2		
	25℃	50℃	100℃	25℃	50℃	25℃	50℃	100℃
	每克水中的溶解气量（按标准状况下的体积计算）（cm^3）							
5.0	0.674	0.553	0.516	1.43	1.10	0.867	0.809	0.911
10.0	1.264	1.011	0.986	2.60	2.00	1.728	1.612	1.805
20.0	2.257	1.830	1.822	4.52	3.56	3.39	3.16	3.54
40.0	3.750	3.125	3.171	7.20	5.59	6.57	6.16	6.84
100.0	7.15	6.12	6.25	—	—	15.20	14.40	15.77

压力 MPa	He		CO_2				H_2S		
	25℃	75℃	25℃	50℃	100℃	200℃	71.1℃	137.8℃	171℃
	每克水中的溶解气量（按标准状况下的体积计算）（cm^3）								
5.0	0.433	0.489	27.23	17.25	10.18	—	494	29.4	24.7
10.0	0.849	0.970	31.75	25.63	17.37	15.2	—	59.2	55.1
20.0	1.688	1.907	35.03	29.14	25.69	30.7	149.3	149.3	138.1
40.0	3.241	3.666	38.62	33.29	32.39	50.4	—	—	—
100.0	7.263	8.251	—	—	—	—	—	—	—

3）矿化度对溶解度的影响

在温度、压力相同的情况下，溶解度随着矿化度升高而降低（图7-7）。

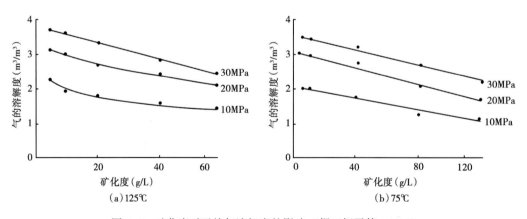

图7-7　矿化度对天然气溶解度的影响（据王振平等，1997）

表7-5所列的数据表明，在相同的温度和压力条件下，气体在水中的溶解度随着含盐度的增加而逐渐降低。而在含盐度相同的情况下仍然显示出随着压力（深度）的增加而增加的规律。

表 7-5　当地温梯度为 3℃/100m 时，甲烷在不同深度的水中的溶解度（据李汶国，1997）

深度 （m）	温度 （℃）	氯化钠的质量浓度 ρ（NaCl）（g/L）						
		0	50	100	200	250	300	350
1000	45	1.82	1.44	1.22	0.90	0.76	0.67	0.61
2000	75	2.57	2.06	1.75	1.29	1.09	0.97	0.85
3000	105	3.58	2.87	2.45	1.88	1.55	1.42	1.22
4000	135	5.13	4.13	3.55	2.74	2.27	2.02	1.81
5000	165	7.83	6.35	5.51	4.20	3.68	3.31	3.00
6000	195	11.75	9.85	8.71	6.89	6.13	5.61	5.10
7000	225	18.38	14.12	12.09	8.48	7.55	6.64	5.98
8000	255	27.74	20.53	16.72	10.94	8.89	7.51	6.36

注：$cm^3_{CH_4}/cm^3_{水}$，气体的体积按其在标准状况下的体积计算。

2. 天然气在石油中的溶解规律

实验表明，石油与烃类气体具有互溶性，烃类气体在石油中的溶解度，尤其是重烃气的溶解度很大，约比在水中的溶解度大 10 倍。气态烃在油中的溶解能力取决于地层的油气性质、天然气组分、地层温度和饱和压力的大小。原油相对密度越低，则溶解气越高（图 7-8）。此外，湿气比干气更容易溶于石油中；天然气中存在氮气时，将极大地降低它在石油中的溶解度（郭秋麟等，1998）。

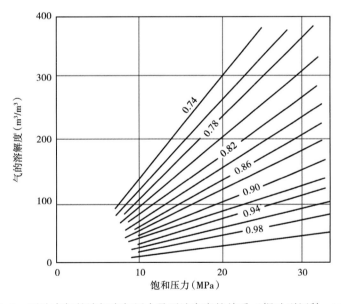

图 7-8　石油中气的溶解度与压力及石油密度的关系（据叶列缅科，1961）

3. 烃源岩对天然气的吸附作用

气体在液体中的溶解度遵循亨利定律，吸附过程亦存在这种现象，即吸附量与压力（或浓度）成正比，称为亨利吸附，即：

$$q = \beta X \tag{7-13}$$

式中　q——单位吸附剂的吸附量；

133

β——吸附常数；

x——浓度；

图 7-9 表明，吸附量往往随着压力的增大而增加。

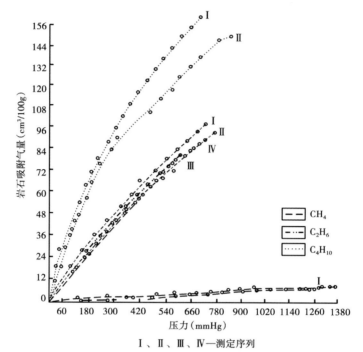

I、II、III、IV—测定序列

图 7-9　泥岩对烃气的吸附

原苏联学者对不同岩石吸附不同气体容积的研究得出，岩石吸附气体能力大小顺序为：

蒙皂石黏土→高岭石黏土→石灰石→砂岩

同一种岩石对不同气体吸附能力大小的顺序为：

$CO \to CO_2 \to C_4H_{10} \to C_3H_8 \to C_2H_6 \to CH_4 \to N_2 \to H_2$

对于烃类气体，一般分子量越大，被吸附的量也越大（表 7-6）。

表 7-6　不同岩石对烃类气体的吸附容积　　　单位：cm^3/kg

岩石	CH_4	C_2H_6	C_3H_8	nC_4H_{10}	iC_4H_{10}
蒙皂石黏土	23.0	32.5	43.0	68.7	50.4
高岭石黏土	4.9	9.3	36.7	20.0	41.0
干燥生物灰岩	8.6	32.7	42.4	26.2	35.2
潮湿（2.5%）生物灰岩	4.5	9.0	10.5	5.9	12.6
干燥灰岩	5.8	3.4	—	4.0	4.8
干燥白云岩	—	1.3	4.6	5.7	11.0
干燥砂岩	8.5	8.7	9.2	5.6	9.2
潮湿砂岩	1.3	4.4	7.3	3.9	4.6

4. 烃源岩中游离气含量的影响因素

烃源岩中油离气含量的影响因素主要包括烃源岩孔隙度、密度、压力、含油饱和度、含水饱和度等。

烃源岩中孔隙为游离气提供赋存空间，是控制游离气的含量的主要因素。孔隙度增大的地区，游离气含量也较大，反之则较小；显而易见，含油（水）饱和度越大游离气越小；实验证明（聂海宽等，2012）游离气的含量随着烃源岩密度增大呈现减小的趋势（图 7-10）；而压力对烃源岩中的游离气影响较大，随着压力的增加，烃源岩中的游离气成增长趋势（薛冰等，2015）。

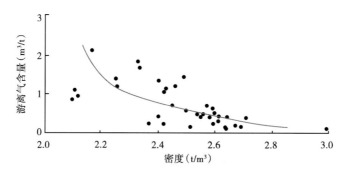

图 7-10　四川盆地及其周缘下古生界黑色页岩密度与游离气含量关系（据聂海宽，2012）

总之，烃源岩对天然气的吸附主要取决于温度、压力、岩性、有机质类型、丰度、演化程度以及气体本身的特性等因素。

二、排气史计算模型

根据天然气物质平衡运移原理，只要计算出烃源岩中残余水溶气量、残余油溶气量、烃源岩吸附气量和游离气量，就能算出排气量。

1. 残余水溶解气量计算

1）烃源层中残余水量

$$V_{水} = V_{岩} \times \phi \times S_{w} \tag{7-14}$$

式中　$V_{水}$——烃源岩单位面积残余水量，m^3/km^2；

　　　$V_{岩}$——单位面积内烃源岩的总体积，m^3/km^2；

　　　ϕ——烃源岩平均孔隙度；

　　　S_{w}——含水饱和度。

2）天然气在地层中的溶解度

（1）天然气在纯水中的溶解度：

$$\begin{cases} R'_{sw} = 0.1781 \left[A + B(145.038p) + C(145.038p)^{1.96} \right] \\ A = 2.12 + 0.00345(1.8T + 32) - 0.0000359(1.8T + 32)^2 \\ B = 0.0107 - 0.0000526(1.8T + 32) + 1.48 \times 10^{-7}(1.8T + 32)^2 \\ C = -8.75 \times 10^{-7} + 3.9 \times 10^{-9}(1.8T + 32) - 1.02 \times 10^{-11}(1.8T + 32)^2 \end{cases} \tag{7-15}$$

式中　R'_{sw}——天然气在纯水中的溶解度，m^3/m^3；

　　　　p——烃源层地层水压力，MPa；

　　　　T——烃源层中地层水温度，℃。

（2）含盐量校正，校正系数 S_c：

$$S_c = 1 - [0.0753 - 0.000173(1.8T + 32)]r_{盐} \tag{7-16}$$

式中　$r_{盐}$——烃源层中地层水含盐度，%。

（3）天然气在地层水中溶解度 R_{sw}（m^3/m^3）

$$R_{sw} = R'_{sw} \times S_c \tag{7-17}$$

图 7-11 是大民屯凹陷某井沙四段烃源岩天然气水溶解史恢复实例。

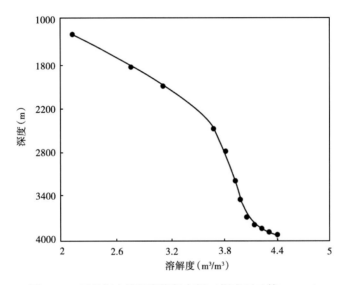

图 7-11　天然气水溶解度恢复实例（据米石云等，1994）

3）天然气在烃源岩中的水溶解量

$$E_{水溶} = V_{水} R_{sw} \tag{7-18}$$

式中　$E_{水溶}$——天然气在烃源层孔隙水中溶解量，m^3/km^2。

2. 残余油溶解气量计算

$$E_{油溶} = R_s（E_{生油} - E_{排油}）/\rho_o \tag{7-19}$$

式中　$E_{油溶}$——残余油溶解气量，m^3/km^2；

　　　　R_s——溶解油气比，m^3/m^3；

　　　　$G_{生油}$——烃源岩的生油强度，t/km^2；

　　　　$E_{排油}$——烃源岩的排油强度，t/km^2；

　　　　ρ_o——油的密度，t/km^3。

其中 ρ_o 随着埋深而变化，可根据下列公式计算：

$$\rho_{o} = (R_s \rho_{gs} + \rho_{os}) / B_o \qquad (7-20)$$

式中　R_s——溶解油气比，m^3/m^3；

　　　ρ_{os}——原油在地表的密度，t/m^3；

　　　ρ_{gs}——天然气在地表的密度，t/m^3；

　　　B_o——原油体积系数，m^3/m^3，和 R_s 一样，可从该烃源岩作为油气源所形成的油
　　　　　藏实测 B_o-p（p 为地层压力）及 R_s-p 关系曲线上获得。

3. 烃源岩吸附气量计算

岩石吸附天然气量与很多因素有复杂关系，本书采用的公式是在 Langmuir 吸附公式的基础上经过上进行改进得到的经验公式：

$$\begin{cases} E_{吸} = V_{吸} \times h \times \rho \times 10^6 \\ V_{吸} = \dfrac{V_L \times P}{(P + P_L)} \end{cases} \qquad (7-21)$$

式中　$E_{吸}$——吸附气量，m^3/km^2；

　　　$V_{吸}$——单位质量的烃源层吸附气量，m^3/t；

　　　h——烃源岩的厚度，m；

　　　ρ——烃源岩密度，t/m^3；

　　　V_L——Langmuir 体积，m^3/t；

　　　P_L——Langmuir 压力，MPa；

　　　P——地层压力，MPa。

图 7-12 是大民屯凹陷某沙四段烃源岩吸附气饱和度恢复实例。从图中可以看出，吸附气饱和度在埋深过程中存在着一个峰值，峰值的出现与温度、压力相互关系有关。

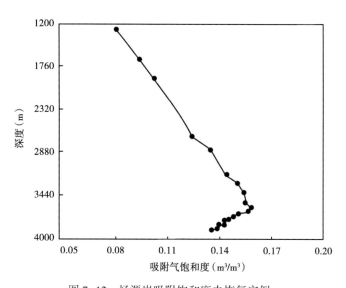

图 7-12　烃源岩吸附饱和度史恢复实例

4. 烃源岩中游离气计算

游离气采用如下公式计算：

$$\begin{cases} E_{游} = \dfrac{V_{岩} \times \phi \times (1 - S_w - S_o)}{B_g} \\[3mm] B_g = \dfrac{0.02829 \times Z \times T}{P} \end{cases} \qquad (7-22)$$

式中　$E_{游}$——游离气量，m^3/km^2；

　　　$V_{岩}$——单位面积内烃源岩的总体积，m^3/km^2；

　　　ϕ——烃源岩平均孔隙度；

　　　S_w——含水饱和度；

　　　S_o——含油饱和度；

　　　B_g——天然气体积系数；

　　　P——地层压力，Pa；

　　　T——地层温度，$℃$；

　　　Z——气体偏差系数（气体实际体积与理想状态下体积之比）。

5. 天然气运移量计算

由以上各步的计算，可以分别得到模拟井各埋藏点天然气的溶解量、吸附量和游离量，这实际上是岩石本身在该时期残留天然气的最大可能量，结合埋藏史时期天然气在烃源岩中的实际存在量，就可求出相应的排出量。对于所有井在平面网格上积分求和，便可最终求出该烃源岩层各时期天然气总排出量。

三、排气史模拟关键参数与模拟结果

关键参数包括：生烃强度、排气系数及烃源岩孔隙度。表 7-7 为四川盆地志留系烃源岩排气史模拟结果。从表 7-7 中可以看出生气强度为 $3.02 \times 10^8 m^3/km^2$ 时，志留系烃源岩才开始排烃，排烃强度 $0.72 \times 10^8 m^3/km^2$。图 7-13 为志留系烃源岩现今排气强度模拟结果。

表 7-7　四川盆地志留系烃源岩排气史模拟结果

序号	地质年代 （Ma）	埋藏深度 （m）	地温 （℃）	R_o （%）	生气强度 （$10^8 m^3/km^2$）	排气强度 （$10^8 m^3/km^2$）	排气系数 （%）	烃源岩孔隙度 （%）
1	700	0	10	0.20	0.00	0	0	64
2	643.12	0	10	0.20	0.00	0	0	64
3	618.75	0	10	0.20	0.00	0	0	64
4	570	0	10	0.20	0.00	0	0	64
5	538	625.4	27.2	0.26	0.59	0	0	46
6	439	675.8	28.6	0.30	1.47	0	0	45

138

序号	地质年代（Ma）	埋藏深度（m）	地温（℃）	R_o（%）	生气强度（$10^8 m^3/km^2$）	排气强度（$10^8 m^3/km^2$）	排气系数（%）	烃源岩孔隙度（%）
7	387.67	1188.6	42.8	0.33	1.99	0	0	34
8	347.6	1766.6	56.7	0.37	2.72	0	0	26
9	322.64	1038.8	35.4	0.37	2.72	0	0	26
10	301.52	498.3	21.4	0.37	2.72	0	0	26
11	290	298.3	16.5	0.37	1.84	0	0	26
12	258	1036.9	36.8	0.37	1.84	0	0	26
13	250	1376.6	49	0.37	1.84	0	0	26
14	243	1827.3	61.7	0.38	1.99	0	0	25
15	240	2384.3	77.5	0.41	2.43	0	0	19
16	238.51	2840.1	90.4	0.46	3.02	0.72	23.9	15
17	237.03	3278.2	102.8	0.53	3.84	1.76	45.9	12
18	236.01	3440.8	107.4	0.58	4.59	2.43	52.9	11
19	235	3156.8	99.4	0.58	4.59	2.54	55.5	11
20	224.2	3874.8	119.7	0.72	21.67	17.77	82.0	9
21	213.4	4438.8	135.7	0.86	68.56	58.7	85.6	6
22	200.73	4970.9	131	0.86	68.56	58.79	85.7	5
23	186.19	5439.1	142.4	0.99	93.49	81.3	87.0	4
24	171.65	5871.2	153	1.18	113.12	99.21	87.7	3
25	156.16	6302.0	163.5	1.39	119.92	106.1	88.5	2
26	139.72	6725.6	173.8	1.62	123.26	110.58	89.7	2
27	123.28	7109.5	183.1	1.86	125.44	113.11	90.2	2
28	106.84	7444.9	191.3	2.12	127.14	115.17	90.6	2
29	90.41	7718.7	198	2.32	128.39	117.26	91.3	2
30	73.97	7567.0	194.3	2.42	128.88	117.76	91.4	2
31	57.53	7047.0	181.6	2.42	128.88	117.89	91.5	2
32	41.09	6527.0	168.9	2.42	128.88	118	91.6	2
33	24.66	6007.0	156.3	2.42	128.88	118.09	91.6	2
34	8.22	5487.0	143.6	2.42	128.88	118.13	91.7	2

注：未模拟页岩纳米孔及其中的游离气量。

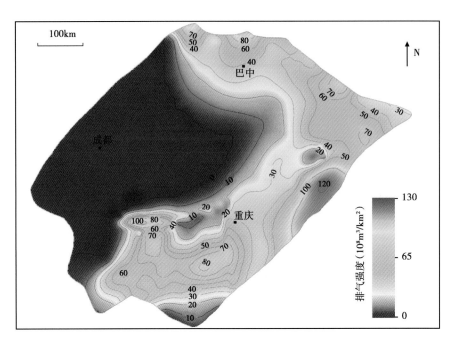

图 7-13　四川盆地志留系烃源岩排气强度图

参 考 文 献

郭秋麟, 米石云, 石广仁, 等 . 1998. 盆地模拟原理方法 . 北京: 石油工业出版社 .

李金宜, 陈丹馨, 朱文森, 等 . 2016. 一种对残余油饱和度合理值范围的预判方法 . 断块油气田, 23 (3): 386-389.

李菊花, 郑斌, 纪磊 . 2017. 凝析油临界含油饱和度定量表征新方法 . 深圳大学学报 (理工版), 34 (1): 82-90.

李明诚 . 2013. 石油与天然气运移 (第四版) . 北京: 石油工业出版社 .

李骞, 李相方, 昝克, 等 . 2010. 凝析油临界流动饱和度确定新方法 . 石油学报, 31 (5): 825-828.

李汶国 . 1997. 水溶气及其成藏作用 . 石油与天然气地质文集 (第 6 集) . 北京: 地质出版社 .

米石云, 石广仁, 李阿梅 . 1994. 有机质成气膨胀运移模型研究 . 石油勘探与开发 . 21 (6): 35-39.

牟中海 . 1993. 计算地层古厚度的一种方法 . 石油实验地质, 15 (4): 414-422.

聂海宽, 张金川 . 2012. 页岩气聚集条件及含气量计算——以四川盆地及其周缘下古生界为例 . 地质学报, 86 (2): 349-361.

庞雄奇, 邱楠生, 姜振学, 等 . 2005. 油气成藏定量模拟 . 北京: 石油工业出版社 .

庞雄奇 . 2003. 地质过程定量模拟 . 北京: 石油工业出版社 .

王振平, 王子文 . 1997. 轻烃地球化学场与油气勘探 . 北京: 石油工业出版社 .

薛冰, 张金川, 杨超, 等 . 2015. 页岩气含量理论图版 . 石油与天然气地质, 36 (2): 339-346.

张金川, 林腊梅, 李玉喜, 等 . 2012. 页岩气资源评价方法与技术: 概率体积法 . 地学前缘, 19 (2): 184-191.

张金功, 王定一, 邸世祥, 等 . 1996. 异常超压带内开启泥岩裂隙的分布与油气初次运移 . 石油与天然气地质, 17 (1): 27-31.

张琴, 刘洪林, 拜文华, 等 . 2013. 渝东南地区龙马溪组页岩含气量及其主控因素分析 . 天然气工业,
　　33 (5): 35-39.

Langmuir. 1916. The constitution and fundamental properties of solids and liquids. Journal of American Chemi-
　　cal Society, 38 (2): 221-229.

Momper J A. 1978. Oil migration limitation suggested by geological and geochemical considerations, AAPG
　　Continuing Education Course Note Series B.

Snarsky A N. 1961. Relationship between primary migration and compaction of rocks. Petroleum geology.

Tissot B P, Welte D H. 1984. Petroleum Formation and Occurrence. Spring Verlag New York.

第八章　油气二次运移

二次运移是指油气经过初次运移到达运载层或储层后发生的运移过程。具体讲，油气二次运移是指油气从烃源岩排出后，沿运载层、断层、裂缝和不整合面等通道进行运移的全过程，包括已聚集的油气藏遭到破坏后引起的油气再次运移的过程。从正反两方面看，二次运移包括了油气运聚成藏和油气散失的全过程。二次运移与初次运移相比，通道空间大、孔道粗，流体压力较低，毛细管阻力小，含盐度较高，运移距离更长，油气以游离相为主，气可呈水溶相，浮力为主要运移动力。本章主要研究内容包括二次运移的相态、动力、阻力、运移通道、流动模式和运动学问题等。

第一节　二次运移的相态

二次运移初期的相态基本继承了初次运移的相态，主要呈游离相、水溶相、油溶相（或气溶相）和扩散相四种方式。由于二次运移在动力学条件、运移空间范围与初次运移有很大差异，特别是温度和压力的变化更大，因此可能会出现二次运移相态的转化现象。

一、石油二次运移的相态及转换

石油二次运移的相态继承了初次运移的油相（油游离相）、气溶相（存在游离相天然气时）、水相（水溶相）和扩散相等方式。

1. 油相（油游离相）

油相是二次运移中最有效、最重要的运移相态。石油以油相运移进入运载层，虽然二次运移通道空间中的自由水增多，含油饱和度会立即降低甚至变成分散的油珠，但它们很快地得到补充形成较大的油体而开始运移（图 8-1），一旦遇到圈闭油相运移不需

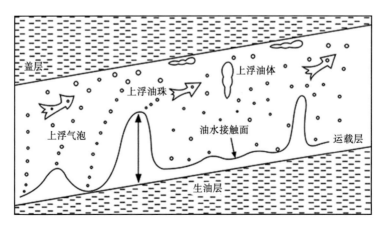

图 8-1　石油排入运载层底部后的可能分布与相态（据李明诚，2013）

要发生相态的转换就可以聚集起来（李明诚，2013）。

2. 水相（水溶相）

水溶相对石油的聚集贡献很小。1989 年，McAuliffe 根据石油在不同温度水中的溶解度，计算了地温梯度为 3.6℃/100m 时，水溶相在储层中由 4527m 深处、温度为 162℃ 运移到 4267m 深处、温度为 152℃ 时，温度降低了 10℃ 能分离出 20% 左右的油。如果由 1524m 深处上升到 1219m，温度虽然同样降了 10℃，但此时只能分离出 1.5% 的油。说明石油很难通过水溶相二次运移，然后聚集成藏。

3. 扩散相

扩散相对石油的聚集贡献可以忽略。在运载层孔隙水中石油的扩散，目前一般认为速率太低，难于聚集成藏。

二、天然气二次运移的相态及转换

天然气初次运移的相态可以是气相（气游离相）、油溶相（存在油时）、水溶相和扩散相，这四种相态都可以从烃源岩中排出大量天然气。对于二次运移来说同样存在以上四种相态，但它们的重要性与却有明显的差别。

1. 气相（气游离相）

气相是天然气二次运移的最重要相态。天然气以游离气相进入运载层后无须进行相态的转换，直接可以在通道中形成微聚集，并较快地达到一定的体积或一定的饱和度后继续二次运移（李明诚，2013）。

2. 水溶相

水溶相不是天然气二次运移的重要相态。饱含天然气的水溶液进入运载层后变得不饱和，水中天然气不能立即出溶。在运移过程中由于温度、压力、盐度等发生变化终将有部分天然气从水中出溶变成游离相，并分散在运移通道中。这些微小孤立的气泡难于继续运移，只有在高温高压条件下才能形成少量的水溶气聚集。

3. 扩散相

扩散相对天然气二次运移聚集有一定的作用。在初次运移与二次运移之间，扩散相是连续的没有任何停顿，也无须进行相态转换。只要有浓度差，天然气就会扩散，在流体渗流停滞或在圈闭状态下仍然可以扩散。这一特点比其他相态运移更具优势，但也可能导致圈闭中天然气的散失。

三、游离相运移的相态分异

在二次运移过程中以上四种相态是同时存在，其中石油以气溶相或天然气以油溶相运移，都属于游离相运移。它们不仅是二次运移最有效的运移相态，而且其相态分异和转换对油（气）藏的形成具有重要意义。地下液态石油中总溶有天然气，而天然气中也总溶有液态烃。它们的相对含量随温度、压力的变化而变化，并在高温、高压下可形成单相的临界体或超临界体。

除了运移相态的变化外，组分在运移过程中也会发生分异。油相将丧失其轻组分（溶于气相），而使其密度逐渐变重；气相将丧失其重组分（溶于油相），而使其密度变轻。根据这一相态分异特征，可以进行油源对比、运移路线和方向研究。

综上分析，石油和天然气要从呈水相运移转换成游离相继续运移，难度很大，更需要一定条件。游离相是石油和天然气二次运移最主要的相态。

第二节　二次运移的动力和阻力

一、二次运移的动力

1. 浮力

浮力是油气二次运移的主要动力。油气以游离相进行二次运移，在静水条件下其动力主要为浮力，在动水条件下除浮力外水动力要视其大小和方向也有不同程度的作用；以水溶相进行二次运移其动力则主要是水动力。对天然气而说，除游离相、水溶相外还存在有气体分子的扩散。因为二次运移以游离相最为重要，所以浮力也就成为最重要的动力。浮力也是地质历史过程中油气二次运移永恒的动力（李明诚，2013）。浮力大小取决于油气与水的密度差，即等于同体积的水与同体积的油或天然气的重量差，用公式表示为

$$F = V (\rho_w - \rho_{hc}) g \tag{8-1}$$

式中　F——浮力，N；

V——连续油（或天然气）的体积，m^3；

ρ_w——地层水的密度，kg/m^3；

ρ_{hc}——地下油（或天然气）的密度，kg/m^3；

g——重力加速度，$9.8m/s^2$。

2. 其他动力

水动力、异常压力、构造应力、地震泵作用、温度差（热作用）是油气二次运移较重要的动力。构造作用力的应力差（最大压应力减去最小压应力）达到一定值后即可以使石油生成后自烃源岩中排出，成为油气运移的动力（Rouchet，1981；徐波等，2011）。华保钦（1993）认为中国陆相沉积盆地中广泛发育有异常地层压力，异常地层压力在储层中影响流体势分布，从而决定油气二次运移的方向。压实作用不平衡和烃类生成作用是异常地层压力的主要因素；后期地壳抬升及黏土矿物转化为次要因素。Hunt（1990）指出，世界上的大量油气形成于深度大于3000m的异常压力流体封存箱中，流体封存箱中异常高压的积聚和释放呈幕式出现。超压流体封存箱中这种幕式脱水作用影响了油气生成、运移和聚集的整个过程。

二、二次运移的阻力

油气以游离相进行二次运移时，其阻力主要是由两相界面产生的毛细管压力差和与岩石颗粒间的吸附力以及流体内部的黏滞力；以水溶相进行二次运移时，其阻力主要是与孔隙内壁的摩擦力；以扩散相进行二次运移时，其阻力主要是分子间以及分子与孔隙内壁的碰撞。因为以游离相进行二次运移最为重要，所以毛细管压力、吸附力和黏滞力

是二次运移最重要阻力。

1. 毛细管压力

毛细管压力的大小取决于两种流体间的界面张力、毛细管半径和介质的润湿性，用公式表示为

$$p_c = (2\sigma\cos\theta)\ /r \qquad (8-2)$$

式中　p_c——毛细管压力，MPa；

　　　σ——界面张力，N/m；

　　　θ——润湿角度，(°)；

　　　r——毛细管半径，m。

由于油—水和气—水之间的界面张力不同，且随地下温度、压力的变化而不同，因此在相同介质条件下它们的毛细管压力也不同。若按中国东部中—新生界砂质储集岩的平均最小孔喉半径 0.5μm 计算，其结果见表 8-1（李明诚，2013）。

表 8-1　砂质储集岩中石油、天然气毛细管压力的比较（据李明诚，2013；修改）

埋深 （m）	压力 （MPa）	温度 （℃）	油—水界面张力 （N/m）	石油毛细管压力 （MPa）	气—水界面张力 （N/m）	天然气毛细管压力 （MPa）
0	0.1	20	0.0250	0.100	0.070	0.28
1000	10	50	0.0200	0.080	0.055	0.22
2000	20	80	0.0145	0.060	0.038	0.15
3000	30	110	0.0090	0.036	0.030	0.12
4000	40	140	0.0035	0.014	0.025	0.10

2. 吸附力

吸附是流体与固体分子间作用的一种界面现象，油气与岩石接触的两相界面越大，吸附作用越强，吸附量也越大多。泥质烃源岩的比表面比砂质储集岩大很多倍，而且又富含黏土矿物，其吸附量是砂质岩的 3~5 倍。不同岩性、矿物组成和粒度对烃类的吸附量有很大不同。烃源岩吸附的烃类比储集岩大很多倍。

3. 黏滞力

流体的黏滞力主要体现为流体的内摩擦力。内摩擦力既表现在流体内部质点间的摩擦阻力和能量的消耗，也表现在流体黏附在岩石颗粒的表面上，使其成为阻力并减少了孔喉的有效空间。如果没有外界动力的不断补充，流体的运移将逐渐停止下来。在低渗透到致密储层中，这种阻力对运移的影响最为明显，并使其变为具有启动压力梯度的非达西流。

综上分析，浮力是油气二次运移的主要动力，水动力、异常压力、构造应力、地震泵作用、温度差（热作用）是油气二次运移较重要的动力；毛细管压力、吸附力和黏滞力是二次运移最重要阻力。

第三节 二次运移通道

二次运移的通道主要包括具有孔渗性的岩层、断层、裂缝及地层不整合面等。二次运移通道既是油气运移的空间，也是连接烃源与圈闭的桥梁。通过追踪二次运移通道，可以有效预测油气藏的分布范围，为油气勘探提供决策依据。

一、二次运移优势通道

经过大量模拟实验和数值模拟研究证实，油气二次运移只通过局限的优势通道进行。

1. 优势通道与有效运移空间

优势通道是优势运移方向上有较大有效运移空间的通道。李明诚（2013）认为，根据自然法则，油气总是沿着最省功的方向和通道运动。最省功的方向称为优势运移方向，通道中孔渗最大、毛细管阻力最小的部分是油气真正发生运移的空间，称为有效运移空间。

2. 优势通道的种类及对油气运移的作用

二次运移的优势运移通道可以是岩石中的孔渗性的岩层、溶孔、溶洞、断裂、裂隙和不整合面。

优势运移通道控制了油气的二次运移。墨西哥湾盆地75%的油气聚集在占盆地面积25%的优势运移通道方向上（李明诚，2013）；巴黎盆地81%的油气聚集在占盆地面积13%的优势运移通道上（Hindle，1997）；郝芳等（2000）认为油气的优势运移通道或运移路径除受输导层的非均质性影响外，烃源岩排烃的非均质性和油气在输导层中的运移行为对油气与输导层岩层的接触体积大小起控制作用。向才富等（2004）通过松辽盆地西部斜坡带400余口探井的回剥分析，识别出了4种类型的输导体，其时空组合形成了西部斜坡带油气运移的主输导通道，从实例上验证了油气沿优势通道运移的客观性。油气通过有限的优势通道进行运移是沉积盆地输导系统的非均质性、能量场的非均一性和流体物性等多种因素共同作用的结果（徐波等，2011）。

二、二次运移通道的追踪方法

二次运移通道追踪方法主要包括流体示踪剂法和数值模拟法。已有的研究成果证实，在油气运移过程中，烃类流体的物理化学性质会发生某些规律性的变化。据此可以依据烃类流体性质的变化，并定性地研究油气二次运移的时间、方向、路径、通道等。

1. 流体组分析

不同成熟阶段的烃源岩所生成的烃类具有不同的性质，一般而言，成熟度高的原油中饱和烃与芳香烃含量相对较高，含杂原子的胶质、沥青质等重质组分含量相对较低。因此，可利用原油的性质确定其充注时间。在原油运移过程中原油化学成分也呈规律性的变化，表现为沿运移方向原油的成熟度不断减小。据此，应用原油中的甾萜烷生物标志化合物等指标可以确定油气的运移期次和运移方向。考虑到生物降解对原油地球化学组成的影响，在运用生物标志化合物进行运移研究时应特别选取受生物降解影响较小的成熟度参数进行相关研究。

2. 含氮化合物分析

根据石油中非烃类含氮化合物分布特征研究石油运移已成为国内外油气运移研究的一个新方向。由于吡咯类化合物具有较强的极性，易与负电性原子形成氢键，在油气运移过程中原油中的部分吡咯类化合物将被地层吸附而造成原油中吡咯类化合物的绝对丰度随运移距离的增加而降低，因此吡咯类氮化合物可以成为石油运移示踪的研究标志（吴楠等，2007）。图 8-2 为准噶尔盆地油气运移优势通道及含氮化合物浓度变化模拟结果。图中揭示：（1）断层、不整合面是主要的优势通道；（2）由烃源岩到目标，优势通道上的化合物浓度逐渐下降。

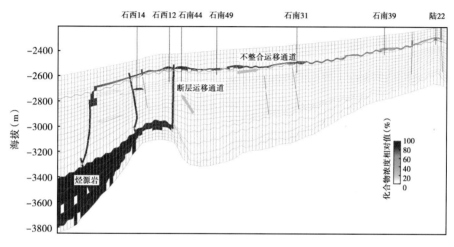

图 8-2 准噶尔盆地油气运移优势通道及含氮化合物浓度变化模拟结果

3. 同位素分析

在油气运移过程中会使油气中的 $\delta^{13}C$ 消耗，因此，利用稳定 $\delta^{13}C$ 的含量可以追踪油气的运移方向和运移通道。陈践发等（2000）利用该方法确定了莺琼盆地崖 13-1 气藏油气主要来自一号断层侧的莺歌海盆地，其运移方向为由西向东。

第四节 二次运移的流动模式

二次运移的主要流动类型有渗流、浮力流、扩散流、势平衡流（涌流）和渗透流五种，其中前三种最重要。

一、渗流模式

渗流是指流体（油、气、水）在一定势差或压差作用下，于地下岩石多孔介质中的连续流动。渗流又可分为单相达西渗流、多相达西渗流和非线性达西渗流。

1. 单相达西渗流

单相达西渗流是指当地下多孔介质中只有某一种流体时的渗流，其最大的特征是流动中无界面阻力。最常规的单相渗透流是地下水的渗流，而油、气的单相渗流在地下只可能发生在油气藏的早期开采的不产水阶段，在二次运移过程中几乎不可能出现。

2. 多相达西渗流

地下孔隙水中呈游离相油和气的渗流，常简化为油—水或气—水两相的渗流。二次运移过程中的渗流大多是油、气、水的三相渗流。

3. 非线性达西渗流

流体在超微孔喉中渗流不仅受到流体间剪切应力、摩擦阻力、毛细管阻力等作用，导致渗流困难，流速很慢，流速与压力梯度之间呈非线性关系，不能用达西定律描述，当压力梯度达到启动压力梯度后才能开始低速渗流（图8-3）。

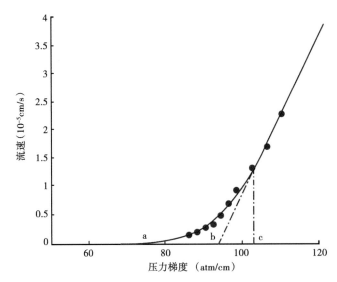

图 8-3　特低渗透储层中压力梯度与流速关系
a 点为真实启动压力梯度，又称为最小启动压力梯度，b 点为拟启动压力梯度，
c 点为非线性渗流与线性渗流交界处的最大启动压力梯度

二、浮力流模式

浮力流指油气在密度差作用下，在地层孔隙水中的上浮，一般呈断续状流动，因此很难用达西公式定量表示。浮力流分为自由上浮或限制性上浮两种。

1. 自由上浮

自由上浮是指油珠、气泡在上浮过程中不受毛细管阻力的限制而自由上浮。这种情况只有当孔隙介质的通道直径大于油珠、气泡时才可能发生。

2. 限制性上浮

由于岩石组成和通道孔径的不断变化，不能保证油珠、气泡在运移过程中总是畅通无阻。因此当其上浮受阻时就要等待后续的油气体的补充以增大其浮力，才能克服因油气体变形而产生的毛细管阻力，进而继续上浮。这是一种不连续的运移过程，在此过程中，油气能够克服毛细管阻力继续运移所需的最小油（气）柱高度称为临界高度。

三、扩散流模式

扩散流是流体在浓度差作用下所产生的分子扩散，其速率虽比渗流要小几个数量级，但在漫长的地质时期中它无时无刻不在发生，几乎是不受限制的作用，因此它仍然是不可忽视的一种烃类流动。在超致密地层、封闭的异常压力地层及被圈闭的油气聚集层中，甚至是烃类唯一的运移方式。轻烃的初次扩散属于不稳定扩散，一般采用费克第二定律描述。

四、势平衡流模式

势平衡流是指异常高压地层或高压封隔体发生水利破裂而产生的一种流动，又称为破裂流、涌流。这种流动虽对各相饱和度及相对渗透率没有严格要求，但也不能用达西定律描述。具有以下特征：（1）在运移相态上可以是油、气、水三相混流；（2）在发生时间上是间歇式或幕式；（3）在流动状态上属湍流式的涌出。

五、渗透流模式

渗透流是由盐度差产生的渗透压力所引起的，既在初次运移中发生，也是二次运移的流动模式之一。它促使低盐度区的水不断向高盐度区运移和汇聚，特别是天然气由于盐度增加而出溶转变为游离气。李明诚（2013）认为，中国柴达木盆地三湖地区第四系水溶性浅层天然气的运移和聚集就是渗透流的结果。

第五节　石油与天然气二次运移的特征对比

李明诚（2013）针对碎屑岩系常规地层，从动力、阻力、相态、通道、方向、距离、时期和速度 8 个方面对比石油与天然气二次运移的特征。得出：天然气在地层中的二次运移远比石油活跃，从而导致天然气勘探的时空范围远比石油广阔，但比石油更难保存下来（表 8-2）。

表 8-2　碎屑岩系中石油与天然二次运移的特征对比（据李明诚，2013）

内容	石　油	天　然　气
动力	在中高渗常规运载层中静水条件下主要是浮力，动水条件下主要是水中势能；在低渗透致密运载层中或在地层封闭条件下主要是异常高压；还有与运动方向一致的渗吸作用以及岩石应变时的附加应力	在运移动力上与石油不同的是：在水中的浮力和气势比石油大；在浓度差作用下，天然气可以进行分子扩散；由盐度差造成的渗透压差可形成水溶相天然气向高盐度方向运移
阻力	主要是非润湿相的毛细管阻力；与浮力方向相反的水动力；与岩石孔喉壁的黏滞力；与岩石颗粒表面的吸附力；石油分子间的内摩擦力	与石油运移阻力有所不同的是：毛细管阻力比石油大；与岩石孔喉壁的黏滞力和岩石颗粒表面的吸附力以及分子间的内摩擦力都比石油小
相态	最有效的运移相态是油相运移，气溶相和凝析气也很重要，在高温条件下水溶相也有一定意义	可以有气相、油溶相、水溶相和扩散相 4 种运移相态，其中仍以游离气相和凝析气相最为重要；油溶相、水溶相和扩散相也较重要性

内容	石油	天然气
通道	垂直运移的通道主要是开启性的断层和各种裂缝；侧向运移通道主要是受上覆岩层封盖的渗透性地层和不整合面；两者在地下常组成阶梯式运移通道网络，通道中有效运移空间占总空间的5%~10%	与石油运移通道基本相同，但通道渗透性的要求可以比石油低1~2个数量级，通道中有效运移空间一般比石油大
方向	在静水条件下，沿浮力垂直方向；在动水条件下是浮力与水动力合力方向，由高油势向低油势方向运移；在封闭条件下，沿异常高压降低方向。二次运移的主要方向有：受构造形变控制的沿构造脊运移的优势方向；受沉积相控制的岩性上由细到粗的向物源方向运移的优势方向	与石油运移的方向基本相同，只是天然气运移的方向受水动力的影响比石油小，因此在中高渗常规地层中更趋近于浮力的方向。天然气的分子扩散是沿浓度梯度减少的方向运移；水溶相天然气的渗透流动向高盐度方向运移
距离	从油源垂直向上可运移到地表一般可有1~8km，向下运移的距离可达300~500m；侧向运移的最大距离在对称形盆地中不超过长轴半径。形成商业性聚集的二次运移侧向距离一般小于30km	与石油的运移距离基本相同。只是更趋于垂直向上运移，向下运移的距离在相同动力条件下也较石油短；只要存在浓度差天然气的分子扩散就没有运移距离的限制
时期	可以从烃源岩排油开始一直延续到地表散失破坏为止。主要是烃源岩大量生油以及断层通道和有效盖层形成的时期，当盆地发生二次生油、排油时，也有相应的二次运移期	与石油的二次运移时期基本相同，但以水溶相、扩散相的二次运移一般比石油发生的早；由于生气期比生油期延续的时间长，所以天然气的二次运移期一般比石油长
速度	石油沿运载层侧向运移的速度为10~30km/Ma；在静水条件下以浮力为动力，沿渗透率为0.1~0.01mD的断层，向上运移的速度为1~10km/Ma	天然气在运载层中的运移速率比石油大；侧向运移的速率可以大于30km/Ma；沿渗透率为0.1~0.01mD的断层，在浮力作用下，其垂向运移速率可大于石油1~2倍

第六节　油气二次运移物理模拟

物理模拟主要包括油气运聚机理模拟和运聚过程模拟两部分。前者是定性论证某地质作用或物理现象的存在或发生，所以只需要考虑试验的温压等物理条件和介质条件与地下实际的相似性即可；而后者则需要全面考虑几何尺寸、动力和流体运动等方面的相似性，显然更为复杂。在试验中最大的问题是地质时间无法实现。油气运移是物理作用不是化学作用，不能通过提高温度来补偿地质时间（李明诚，2013）。

油气二次运移可视化物理模拟技术是通过物理模拟把地质学、成藏动力学、流体动力学等学科结合起来，从动态的、立体的、可视的、定量的角度来认识油气运移成藏史，是一种有力的油气地质研究工具（曾溅辉等，2006）。在石油地质理论的发展中，物理模拟技术主要体现3个方面作用：一是确定油气成藏参数；二是模拟油气成藏过程；三是探讨油气成藏机制（公言杰等，2014）。

国外开展物理模拟研究开始较早，Munn（1909）最早通过物理模拟研究了流动的水对石油在地层中分布的影响，油气二次运移可视化物理模拟技术随之诞生。Emmons（1924）针对不同模拟目的进行过相应的二次运移可视化物理模拟研究。物理模拟已经证明了油气二次运移优势运移通道的存在，并正在被运用于界面张力、润湿性、喉道半径等微观实验参数的测量和研究。

中国物理模拟实验研究起步较晚，早期利用各种粒度的砂岩岩样开展油气在浮力作用下二次运移物理实验。近年来，随着一批物理模拟重点实验室相继建立，油气二次运移模拟研究取得重要突破，成为热门研究领域。张发强等（2004）利用填装玻璃微珠的管状玻璃管模型模拟石油在饱和水的骨架砂体中的渗流规律，指出单纯浮力以及相对较小的驱动力是油气形成优势二次运移路径的重要因素。进一步利用该模型，得出石油靠浮力运移能形成优势运移路径，并且在石油运移过程中表现出强烈的非均一性，但运移路径一旦形成，直到运移结束，其形态和空间展布特征基本一致。周波等（2005）进一步发展了玻璃充填模型，用河砂代替玻璃珠，并引入核磁共振成像技术，对优势运移通道内的含油饱和度展开了定量研究。指出原始油柱内油饱和度可达83%；油沿路径运移时，路径内的含油饱和度为40%~50%；运移完成后，在没有油继续供给的条件下，原有路径收缩，宽度减小，路径内残余油饱和度降为20%~35%。

康永尚等（2003）开展了裂缝系统石油运移光蚀刻模型实验。实验结果表明：（1）宽缝对窄缝具有极强的流动屏蔽作用，窄缝在油气运移中几乎不起作用；（2）在运移动力方向与渗透主方向垂直的情况下，当原油黏度达到一定数值时，沿驱替方向上运移的速度反而会更快一些。吕延防等（2005）建立了逆断裂中天然气运移物理模拟模型。研究认为：（1）断裂活动形成的空腔为天然气的运移提供了畅通的通道，形成了相对于骨架砂体输导能力更强的优势运移通道；（2）沿断裂运移的天然气向相邻储层注入时具有明显的选择性；（3）天然气运移聚集的主要场所是断裂带上盘储层。

综上所述，油气二次运移主要是物理过程，其漫长的地质时间是实验模拟的最大问题，很难通过提高温度等方法来解决，因此实验模拟的结果只能作为参考。

参 考 文 献

陈践发，沈平，黄保家，等．2000．油气组分及同位素组成特征在莺琼盆地油气二次运移研究中的应用．石油大学学报（自然科学版），24（4）：91-95．

陈涛平．2011．石油工程，北京：石油工业出版社．

冯勇，石广仁，米石云，等．2010．有限体积法及其在盆地模拟中的应用．西南石油学院学报，23（5）：12-15．

公言杰，柳少波，姜林，等．2014．油气二次运移可视化物理模拟实验技术研究进展．断块油气田，21（4）：458-462．

郭秋麟，陈宁生，谢红兵，等．2015．基于有限体积法的三维油气运聚模拟技术．石油勘探与开发，42（6）：817-825．

郭秋麟，杨文静，肖中尧，等．2013．不整合面下缝洞岩体油气运聚模型——以塔里木盆地碳酸盐岩油藏为例．石油实验地质，35（5）：495-499，504．

郝芳，邹华耀，姜建群．2000．油气成藏动力学及其研究进展．地学前缘，7（3）：11-21．

华保钦．1993．中国异常地层压力分布、起因及在油气运移中的作用．中国科学（B辑），23（12）：1309-1315．

华保钦 . 1995. 构造应力场、地震泵和油气运移 . 沉积学报, 13（2）: 77-85.

康永尚, 郭黔杰, 朱九成, 等 . 2003. 裂缝介质中石油运移模拟实验研究 . 石油学报, 24（4）: 44-47.

李明诚 . 2013. 石油与天然气运移（第四版）, 北京: 石油工业出版社 .

吕延防, 孙永河, 付晓飞, 等 . 2005. 逆断层中天然气运移特征的物理模拟 . 地质科学, 40（4）: 464-475.

罗晓容, 喻建, 张发强, 等 . 2007. 二次运移数学模型及其在鄂尔多斯盆地陇东地区长 8 段石油运移研究中的应用 . 中国科学, 37（增 I）: 73-82.

乔永富, 毛小平, 辛广柱 . 2005. 油气运移聚集定量化模拟 . 地球科学（中国地质大学学报）, 30（5）: 617-622.

邱楠生, 方家虎 . 2003. 热作为油运移动力的物理模拟实验 . 石油与天然气地质, 24（3）: 210-214.

石广仁, 马进山, 常军华 . 2010. 三维三相达西流法及其在库车坳陷的应用 . 石油与天然气地质, 31（4）: 403-409.

石广仁, 张庆春, 马进山, 等 . 2003. 三维三相烃类二次运移模型 . 石油学报, 24（2）: 38-42.

石广仁 . 2009. 油气运聚定量模拟技术现状、问题及设想 . 石油与天然气地质, 30（1）: 1-10.

吴楠, 刘显凤, 徐涛 . 2007. 油气运移路径示踪研究 . 特种油气藏, 14（3）: 28-31.

向才富, 夏斌, 解习农, 等 . 2004. 松辽盆地西部斜坡带油气运移主输导通道 . 石油与天然气地质, 25（2）: 204-215.

徐波, 杜岳松, 杨志博, 等 . 2011. 油气二次运移研究现状及发展趋势 . 特种油气藏, 18（1）: 1-6.

曾溅辉, 王捷 . 2006. 油气运移机理及物理模拟实验 . 北京: 石油工业出版社: 1-2.

张发强, 罗晓容, 苗盛, 等 . 2004. 石油二次运移优势路径形成过程实验及机理分析 . 地质科学, 39（2）: 159-167.

周波, 侯平, 王为民, 等 . 2005. 核磁共振成像技术分析油运移过程中含油饱和度 . 石勘探与开发, 32（6）: 75-81.

Emmons W H. 1924. Experiments on accumulation of oil in sands. AAPG Bulletin, 5（1）: 103-104.

Hantschel T, Kauerauf A I. 2009. Fundamentals of basin modeling and petroleum systems modeling. Berlin: Springer-Verlag.

Hindle A D. 1997. Petroleum migration pathways and charge concen-tration: a three-dimensional model . AAPG Bulletin, 81（9）: 1451-1481.

Hunt J M. 1990. Generation and migration of petroleum from abnormal pressured fluid compartment. AAPG Bulletin, 74（1）: 1-12.

Mello U T, Rodrigues J R P, Rossa A L. 2009. A control-volume finite element method for three-dimensional multiphase basin modeling. Marine & Petroleum Geology, 26（4）: 504-518.

Munn M J. 1909. Studies in the application of the anticlinal theory of oil and gas accumulation . Economic Geology, 4（3）: 141-157.

Rouchet. 1981. Stress fields, a key to oil migration . AAPG Bulletin, 65（1）: 74-85.

第九章　流线模拟与侵入逾渗模拟技术

本章阐述油气运聚模拟中的流线模拟和侵入逾渗模拟技术。全章分为两节,第一节论述二维构造流线模拟的基本原理和模拟流程,包括流线模拟遵循的主要法则、模拟步骤和模拟结果等内容;第二节以塔里木盆地良里塔格组地层不整合面油气运移模拟为例,阐述了三维地质体油气侵入逾渗模型及模型测试效果,并展示了技术应用实例。流线模拟适用于构造型油气藏,是油气运聚单元划分及油气聚集区预测的重要技术;侵入逾渗模拟适用于浮力驱动的常规油气藏,是目前三维常规油气运聚模拟最实用的技术。

第一节　流线模拟技术

流线模拟技术是根据盆地已有的资料,对油气的流动过程和流动路径进行模拟,并根据模拟结果进行含油气区带评价、圈闭评价等油气资源评价工作,并对结果进行可视化展示。流线模拟的基本思路主要是基于油气动态富集思路,采用流线法,并结合砂岩百分比,孔隙度等因素综合考虑流线的运移方向。流线模拟需要的资料包括地质、地球化学、地球物理等盆地模拟基础资料,地史、热史、生烃史、排烃史等盆地模拟结果资料。

一、前提条件和基本假设

流量模拟建立在油气运移基本理论、油气动态富集思想基础上,用流线图、流量图等描述油气运移分配过程及其成藏控制作用,其实现过程可用图 9-1 表示。

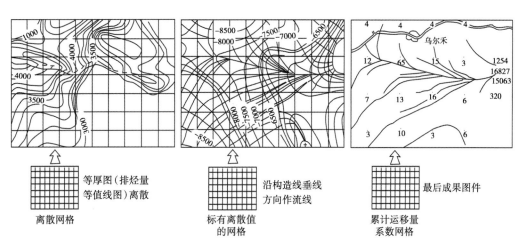

图 9-1　油气运移流线流量模拟方法示意图（据周东延,2012）

按上述过程开展油气运移的流线和流量模拟需基于以下前提条件：

（1）油气运移方向以垂向为主；

（2）油气运移速度快，与地质时间相比，可认为是瞬间完成；

（3）油气运移中扩散作用速度慢，可以忽略不计。

以上前提条件可从流线模拟遵循的基本一些基本定律进行说明。

首先，流线模拟的基本理论遵从达西定律：

$$V = -\frac{Kk_r}{v} \cdot \nabla u \tag{9-1}$$

根据上述公式，在假定 $v = 10^{-3}\,\text{Pa} \cdot \text{s}$，$Kk_r = 1\text{mD}$，水与烃类的密度差（$\rho_w - \rho_p$）= 600kg/m^3，一百万年（$1\text{Ma} = 3 \times 10^{13}\text{s}$）的条件下，计算可知：

当运移方向垂直向上时，$v \approx 6\,\text{nm/s} \approx 180\,\text{km/Ma}$；

当运移方向与水平面夹角为 $10°$ 时，$v \approx 30\,\text{km/Ma}$；

当运移方向为水平面夹角为 $1°$ 时（近水平），$v \approx 3\text{km/Ma}$。

由上可见，在正常储层中，运移是瞬时完成的。

其次，根据 Fick's 定律：

$$J = -D\nabla c \tag{9-2}$$

及 Arrhenius 定律，扩散速度计算公式为：

$$D(T) = D_0 \exp(-E_A/RT)$$

$$\frac{\partial c}{\partial t} = D\nabla^2 c \tag{9-3}$$

根据以上公式在实际地质参数情况下计算的扩散速度值范围约为 $56.8 \times 10^{-6} \sim 0.014\text{km}^2/\text{Ma}$。因此，与达西流速度相比，扩散速度可以忽略。

在具体实现过程中，由于油气运移初次和二次运移控制因素较为复杂，通常需要对一些因素进行简化。根据研究实践，流线模拟可采用如下两种数学模型和计算机模型。

（1）简化模型：在进行流线模拟时，只考虑构造因素。

（2）综合模型：考虑其他因素，如断层、砂岩百分比、孔隙度等。

对于二维构造流线模拟而言，不论采用上述哪种模型，都有两个基本假设：

一是油气从烃源岩排出后到圈闭的过程中，沿构造从低至高按法线走最短路径是一个累积过程，或积分过程；

二是在此过程中，油气的运移遵守物质守恒原则，即在一个平衡系统中（含油气盆地、含油气系统、运聚单元等）生成的油气量与经过运移分配后的各种油气量是一个等量。

在物质守恒原理的假设下，计算流量分配时需考虑油气运移中的发散和汇聚。如图 9-2 所示的运移发散过程示意图，从源 A、源 B 出发的流

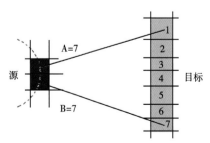

图 9-2　油气运移流量分配示意图

线各携带单位为7的排烃量，各自走到单元1和7，不考虑中途损失，这时这两个单元的通过量或聚集量不是7，而近似为14/7＝2，即此种情况下油气在运移时类似于光线从光源向外的发散辐射状态。如是流线向某些单元格汇聚，与之同理。

由此可见，进行油气运聚中的流线流量模拟实际上主要是对储层几何形态和结构进行分析，通过特定的算法实现寻找流线方向并计算流量的分配。

二、流线模拟遵循的主要法则

流线模拟的主要分析计算法则包括5个方面。

（1）输导层内的运移：按优势的路径（砂岩含量或孔隙度）运移。

运聚以一定间隔的网格为基础，对源和相邻单元的分配关系考虑如下规则：

①相邻单元中，运移方向选择砂岩百分含量大于某个阀值 α（如15%）的构造高点运移；

②砂岩百分含量都大于 α，运移方向选择构造高点运移，完全依构造法线向上运移；

③砂岩百分含量都小于 α，形成聚集；

④形成聚集后，如果上覆单元砂岩百分含量大于某个阈值 β（如80%），该聚集无效，全部垂向向上。

（2）垂向分配规则：根据砂岩含量，确定垂向运移比例（表9-1）。

表9-1　油气垂向分配量与砂岩百分含量关系表

序号	砂岩百分含量 （%）	油排入量 （%）	气排入量 （%）
1	<20	0	5
2	20~30	10	20
3	30~40	30	40
4	40~50	40	60
5	50~60	50	80
6	60~80	80	100
7	80~100	100	100

当前地层的百分比决定了下伏地层的油气源排向此层的百分比，剩余的油气为侧向同层运移。

（3）断层处理法则：当流线遇到断层后判定此时的时代并取出断层的开合属性，如果闭合则断层起遮挡作用，否则起输导作用。

（4）尖灭和削蚀面的处理法则：地层不存在，但通道存在，油气显示在下层的顶部。

如图9-3所示有两个分界面 S_1、S_2 将地层分为3层，在水平方向设有三点A、B、C。

在进行流线模拟时，地层3中的流线以曲面 S_2 的起伏为依据，在AB段按正常的处理，

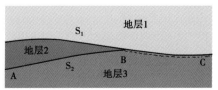

图9-3　油气运移中尖灭和
削蚀面的处理法则

由低至高（从 A 到 B），但在 B 处开始出现削蚀面，在模拟算法程序中仍有 S_2 的延拓面存在，但它是虚设的。在 BC 段，S_1 与 S_2 重合，此处为描述方便将其突出，在图中表示为稍离开界面的一条虚线。当流体由 A 至 B，过 B 点后，进入不整合面或削蚀面 BC，油气相当于进入地层 2 进行运移分配。此时对地层 3 而言，在 BC 段流线消失；对地层 2 而言，则在 BC 段中存在流线。

在算法中判断，若上覆地层厚度为零（在 BC 段地层 2），则油气自动进入上覆地层进行运移，此层中此流体源立即中断。地层 3 在 BC 段的排烃量也立即进入上覆地层 2 中分配。地层 2 中由于 BC 段厚度为零，即使有构造，也不会成圈闭，油气会沿不整合面 BC 向两边运移。

因此，如果上覆地层厚度为零，表示存在削蚀面，流线在此区域将消失。

（5）参照面选择法则：模拟时以地层面（顶界或底界）、流体势面（顶界或底界）为参照面。

（6）油气充注法则：在模拟时考虑 PVT 的关系。

三、流线模拟步骤

流线模拟的主要步骤包括流径分析、流域分析和聚集分析，分别说明如下。

1. 流径分析

由烃源层进入运载层的烃类向上流动直至到达盖层，然后在盖层下沿着最大的正倾角（>0°）方向继续流动时，则可画出紧靠盖层的流径；当某点无正倾角（≤0°）时，则流动停止。

几个不同的流径，长距离追踪后终止在一个圈闭内，其烃量要累加。计算每一圈闭内烃类的高度和体积，这时可画出圈闭与盖层的界面。

在有烃类进入的网格内，根据深度变化梯度，使用平滑的内插法画出相邻网格烃类进入该网格后的内部流径。这种内插方法使得即使在网格较粗的情况下，也能表达复杂的运移模式。

2. 流域分析

运载层可分成若干个流域，一个圈闭仅属于一个流域。关于流域、溢出点和闭合体积的实际计算非常复杂，这是由复杂的地质形态和复杂几何学计算所决定的，在实践中需要精心设计算法并尽可能全面地考虑极端情况。

3. 聚集分析

聚集分析是考虑油气在圈闭中充注并聚集后，后续是否会溢出破坏等。这时考虑的主要因素是盖层的毛细管力和圈闭内烃柱的压力大小，规则是：

（1）当烃柱压力（浮力）不超过盖层岩石的毛细管力（即两者压差≤0）时，圈闭聚集量的保存没有破坏；

（2）相反情况下，烃类就突破盖层溢出圈闭。若有几个方向（垂向、侧向）可突破时，只选压差最大的方向进行突破。

因为不同的封盖岩性具有不同的毛细管力，所以这种突破与封盖岩性密切相关。

四、流线模拟的结果

流线模拟的主要结果包括油气运移流线图（图9-4）、油气聚集位置图（图9-5）、流量等值图、区带/圈闭聚集量数据表等。这些图表可以为含油气盆地的运聚单元划分、油气优势运移方向分析、油气来源分析、资源量或储量评估等提供重要的参考依据。

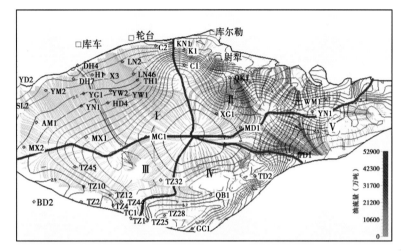

图9-4　满加尔下古生界第一关键时刻（439Ma）含油气系统运聚单元划分图

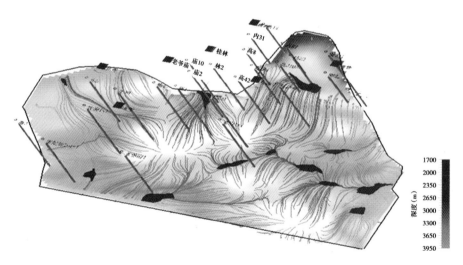

图9-5　南堡凹陷东营组石油运聚模拟图

第二节　三维地质体油气侵入逾渗模拟技术及应用

以塔里木盆地良里塔格组地层不整合面油气运移模拟为例，论述三维地质体油气侵入逾渗模型及模型测试效果，通过应用实例并展示了技术要点、关键参数和模拟实效。

一、研究现状及技术要点

1. 塔里木盆地地层不整合型油气藏研究与勘探现状

不整合在地质发展历史上具有重要意义，不整合面下缝洞岩体既是油气运移重要通道也是油气聚集的重要场所（潘忠祥，1983）。近年来，塔里木盆地碳酸盐岩缝洞型油气藏的勘探取得突性进展，截至 2010 年底，塔北隆起探明碳酸盐岩石油储量 $11.4 \times 10^8 t$、天然气 $1735 \times 10^8 m^3$，塔中隆起探明碳酸盐岩石油储量 $1.8 \times 10^8 t$、天然气 $3825 \times 10^8 m^3$。盆地碳酸盐岩油气合计探明油当量已近 $18 \times 10^8 t$，油气三级储量更是远高于此，为中国石油、中国石化两大油公司的油气上产奠定了坚实基础。但是，由于岩溶带储层以缝洞型孔隙为主，物性非均质性强，连通性相对较差，客观上造成产量递减也快。因此，用传统的容积法所计算的资源量已不能满足中长期勘探开发战略的需求（李珂等，2007；刘卫华等，2005）。

2. 塔里木盆地地层不整合型油气藏数值模拟现状

由于碳酸盐岩油气在当前资源结构中的重要性和勘探开发上有别于碎屑岩油气的特殊性，针对碳酸盐岩缝洞岩体和油气储层特征、油气成藏主控因素等方面已开展了较多的研究（裴宗平等，2000；张抗，2002；鲁新便，2003；漆立新等，2010；彭守涛等，2010；苏江玉等，2011），也提出了一些地质建模方法（杨辉廷等，2004；赵敏等，2008；张淑品等，2007；鲁新便等，2012）。

基于成因机制的油气运聚模型可以弥补容积法的不足，不仅能预测资源规模，而且也能预测资源分布位置，近年来开始得到重视。吕修祥（2000）用物理模拟方法估算了塔里木盆地不整合面石油运移散失量。石广仁等（2010）采用三维三相达西流法模拟塔里木盆地库车坳陷油气运移史，预测油气资源量及分布。赵健等（2011）利用二维侵入逾渗数值模拟的方法对塔里木盆地二叠纪末期的油气运移过程进行模拟分析，预测油气资源与分布。

3. 技术要点

塔里木盆地良里塔格组不整合带岩体以缝洞型孔隙为主，具有物性非均质性强、连通性相对较差、油气产量递减快等特征，使用传统的容积法难以准确计算资源量或储量，难以满足中长期勘探战略的需求。根据地层型区带的特点，确定研究思路，即在三维地质体中寻找油气运移最有利的通道，并根据油气源供给量计算油气聚集量。提出的三维侵入逾渗模型（3D Invasion Percolation Model，简称 3DIP）有 3 个要点：第一，沿最小阻力方向追踪油气运聚路径；第二，遇到障碍时油气回注；第三，动力突破阻力时油气改变路径，寻找阻力最小方向继续运移。模型可以弥补容积法的不足，能预测资源规模和资源分布位置。

二、三维地质模型

三维模拟所需的各种地质参数，通常来自各种地震属性（如孔洞、裂缝）的预测结果或三维地震反演成果。本书采用另一种方法，即随机抽样的方法构建三维地质体的参数。

1. 不整合面下碳酸盐岩缝洞岩体孔隙特点

以塔里木盆地寒武系和奥陶系碳酸盐岩为例，纵向上，岩溶带主要分布在中—下奥陶统顶面不整合面以下300m厚度范围内，有效储集体集中发育在一间房组和鹰山组顶以下180m厚度范围内，横向呈准层状连续分布等。从不整合面向下，分别发育上、中、下三种不同特征的岩溶带（表9-2）。

（1）上带：表生、渗流和潜流岩溶带中任意一个带叠加的产物。岩溶带风化残积角砾岩与溶沟、大中型溶洞、溶缝、溶蚀漏斗等为其特征，平均孔隙度可达8%~10%。

（2）中带：渗流与潜流岩溶带叠加的产物。主要是近垂直和高角度溶蚀缝及进一步发育而成的串球状溶蚀扩大洞，潜流岩溶为水平溶蚀形成的洞穴，平均孔隙度小于上带，为6%~8%。

（3）下带：主要为潜流岩溶带产物。其特征为受基准面（海平面）控制，形成一定规模的近水平溶缝、溶洞、地下暗河，平均孔隙度可达3%~6%。碳酸盐岩体的基质孔隙较小，一般小于3%。

表9-2 不整合面下碳酸盐岩缝洞岩体孔隙分布特点

层号	深度（m）	孔隙分布模式					岩溶带特征
1	15		●		●		上带：表生和潜流、渗流岩溶带中任意一个带叠加的产物。岩溶带风化残积角砾岩与溶沟、大中型溶洞、溶缝、溶蚀漏斗等为其特征，平均孔隙在8%~10%之间
2	30	●		●		●	
3	45		●				
4	60	●	●		●		
5	75		▼		▼		中带：渗流+潜流岩溶带叠加的产物。主要是近垂直和高角度溶蚀缝及进一步发育而成的串球状溶蚀扩大洞，潜流岩溶为水平溶蚀形成的洞穴，平均孔隙在6%~8%之间
6	90		▼			▼	
7	105	▼		▼			
8	120	▼		▼		▼	
9	135	▼		▼	▼		
10	150		▼				
11	165	=			§	=	下带：主要为潜流岩溶带产物。其特征为受基准面（海平面）控制，形成一定规模的近水平溶缝、溶洞、地下暗河，平均孔隙在4%~6%之间
12	180	=	=	=			
13	195						
14	210	=	=	§		=	
15	225	=			§		
16	240			§		=	
17	255			=		§	
18	270	=	=	§			
19	285			§			
20	300		§		=		

符号说明：●—孔隙度>9%；▼—孔隙度>7%；＝—孔隙度>6%；§—孔隙度>5%；基质孔隙度<3%。

2. 三维地质体孔隙度分布随机模型

1）建立5种孔隙度分布

基于不整合面下发育的三种不同特征的岩溶带及以上刻画的孔隙度分布模式，建立了5种孔隙度分布（表9-3）。5种孔隙度分布中，上带平均孔隙度分别为：8.1%、

表 9-3 不整合面下碳酸盐岩缝洞岩体 5 种可能的孔隙度分布

深度 (m)	孔隙度分布 1 (%)								孔隙度分布 2 (%)								孔隙度分布 3 (%)								孔隙度分布 4 (%)								孔隙度分布 5 (%)				
15	1.8	15.2	2.0	8.5	2.2	15.3	2.0	1.9	2.2	1.9	14.9	1.9	2.0	9.2	1.9	15.0	15.2	2.0	2.1	2.0	14.6	14.6	2.1	14.6	2.1	7.8	15.1	2.0	14.6	14.3	14.6	8.9	2.0	14.3	14.6	2.0
30	14.2	1.9	14.0	2.1	15.9	2.1	14.8	2.1	14.6	15.6	2.1	14.8	2.1	2.1	14.4	2.0	1.9	15.2	14.0	1.9	1.9	1.9	15.0	1.9	1.9	2.0	14.9	14.2	2.2	1.9	2.2	1.9	15.2	1.9	2.2	15.2
45	1.9	14.8	2.2	2.1	13.8	14.7	2.1	15.2	2.0	1.9	15.2	2.1	2.2	2.2	14.2	1.9	14.8	2.0	2.2	9.6	14.7	15.1	2.0	14.3	14.2	2.2	1.9	2.0	13.5	14.3	13.5	1.8	2.0	14.3	13.5	2.0
60	15.1	16.0	2.1	14.2	2.0	1.9	15.2	1.9	13.0	14.4	1.9	15.2	15.2	2.0	2.0	2.0	16.0	2.0	2.1	2.1	15.0	2.4	14.6	1.8	2.1	14.4	14.6	1.8	14.5	1.8	14.2	15.0	14.2	1.8	14.5	15.0
75	2.0	12.3	2.2	11.8	1.9	14.6	2.0	2.1	12.6	12.3	2.1	2.0	1.8	1.8	12.0	2.4	12.3	11.6	2.2	1.9	2.1	12.4	2.3	12.4	8.5	2.1	2.1	1.9	1.9	12.4	12.8	2.1	12.8	12.4	1.9	2.1
90	2.1	11.6	1.9	12.2	12.7	11.8	7.8	2.1	1.9	12.5	12.3	7.8	13.0	11.6	2.1	2.1	11.6	11.9	1.9	9.5	12.6	12.9	12.2	12.0	12.0	2.0	2.2	11.8	2.1	2.3	12.0	2.4	12.0	2.3	2.1	11.8
105	11.3	2.0	9.5	2.0	2.0	2.1	11.9	1.9	2.0	2.1	12.1	11.9	12.1	11.9	2.0	2.0	2.0	2.2	9.5	2.1	12.1	2.0	11.9	11.0	11.9	2.0	2.2	12.5	12.7	2.1	11.0	2.2	11.0	2.1	12.7	12.5
120	15.0	2.0	12.1	2.0	11.8	2.0	11.6	2.0	2.1	1.9	1.9	11.6	12.3	2.0	2.0	12.4	2.0	2.1	12.1	12.1	2.1	12.6	2.1	2.2	2.1	2.1	12.6	2.3	12.8	2.2	2.2	12.4	2.2	2.2	2.0	2.3
135	11.9	2.1	13.1	12.3	2.1	2.1	11.8	2.1	11.6	6.4	2.0	11.8	2.0	2.0	2.0	10.0	2.1	2.1	13.1	12.4	11.4	12.1	2.0	2.2	2.0	12.0	11.9	12.0	2.0	12.5	2.2	12.2	2.2	12.5	2.0	12.0
150	2.1	12.4	1.9	1.9	6.0	12.4	1.9	1.9	11.8	2.0	1.9	2.0	12.1	12.1	2.0	2.1	12.4	2.1	1.9	1.9	5.0	2.2	2.0	2.1	2.0	12.6	2.0	12.1	1.9	1.9	12.6	2.1	12.6	2.3	1.9	12.1
165	14.0	2.0	8.5	8.5	8.8	1.9	9.5	9.0	2.0	9.4	1.9	2.1	9.6	9.0	2.3	2.2	2.0	2.3	2.1	9.6	2.1	9.4	2.2	9.0	2.2	2.2	9.5	9.2	9.6	2.3	2.3	9.0	9.1	2.3	9.6	9.2
180	1.9	8.5	9.6	9.2	2.1	9.6	9.2	2.1	9.1	1.9	13.0	9.1	1.9	2.1	9.7	2.2	8.5	9.7	9.6	2.1	9.5	9.3	1.9	2.2	9.6	1.9	2.2	2.2	8.8	8.9	2.2	2.2	9.1	8.9	8.8	2.2
195	2.0	2.0	2.1	2.1	2.1	2.1	8.6	8.6	8.9	2.0	2.1	8.9	8.6	12.5	2.2	2.4	2.0	2.2	9.2	2.1	9.3	2.2	8.9	9.6	2.4	8.9	2.2	9.7	2.2	2.2	2.2	9.6	9.1	2.2	2.2	9.7
210	8.6	9.2	8.7	2.1	9.3	8.5	1.9	2.1	2.0	9.7	9.1	2.0	2.1	2.1	9.3	9.7	8.7	9.3	2.1	2.2	2.1	2.2	2.1	2.2	9.7	2.1	8.9	12.0	9.9	8.7	2.3	2.2	8.7	9.9	12.0	2.2
225	9.3	1.9	8.5	2.0	2.0	2.2	8.9	9.5	11.5	9.5	1.9	8.9	9.5	9.6	1.9	9.2	8.5	1.9	9.5	2.2	9.5	2.2	2.3	2.0	9.2	2.2	2.1	2.1	1.9	9.0	9.4	2.0	9.0	1.9	2.1	2.1
240	2.0	8.7	2.1	9.5	2.2	9.9	9.3	1.9	2.1	1.9	2.0	9.3	1.9	1.9	9.4	2.2	8.7	9.1	9.4	2.1	2.3	2.3	2.2	9.3	2.2	9.3	9.2	9.2	2.1	2.2	2.3	9.3	2.2	8.9	9.2	9.2
255	2.1	2.1	8.6	9.1	9.3	9.0	2.0	8.6	2.0	8.5	9.1	2.0	8.5	9.4	2.2	9.3	2.1	2.2	11.0	2.2	8.7	9.3	8.9	2.2	9.3	2.2	2.0	2.1	9.2	8.9	2.1	2.2	2.1	8.9	9.2	2.1
270	9.7	9.1	8.5	1.9	2.0	8.6	9.0	2.1	9.2	2.1	2.0	9.0	2.1	1.9	1.9	9.1	9.1	9.1	9.2	1.9	2.3	9.3	1.9	9.0	2.3	10.8	2.0	2.3	2.0	1.9	9.2	9.0	9.2	1.9	2.0	2.3
285	2.1	8.4	1.9	1.9	2.1	2.1	2.1	1.9	9.2	2.1	9.0	2.1	9.0	8.6	2.1	1.9	8.4	1.9	2.1	2.1	9.3	9.0	2.2	2.2	9.3	9.2	2.1	8.9	9.1	2.2	2.1	2.2	2.1	9.2	9.1	2.3
300	2.2	10.5	9.5	9.1	9.3	2.0	9.2	9.6	9.6	2.1	9.2	9.2	9.5	1.9	9.6	9.1	10.5	9.6	9.2	9.1	9.1	9.0	9.1	10.7	9.0	9.1	9.1	1.9	9.3	9.1	2.0	10.7	2.0	9.1	9.3	1.9

160

8.4%、8.1%、8.0%和7.9%；中带平均孔隙度分别为：6.8%、6.5%、6.4%、6.6%和6.9%；下带平均孔隙度分别为：5.6%、5.7%、5.9%、5.8%和5.7%。

2）三维地质体孔隙分布随机建模

以塔北斜坡为参照，三维地质体坡长10km，宽度6km，平均厚度约300m。平面网格为正方形，边长为100m（6000格），纵向网格边长为15m（20格），三维体共有120000格。采用随机抽样的方法，从表中随机抽取一种分布（占5个平面网格），并将该分布放入三维体中。同样的方法重复1200次，这样就完成了三维地质体孔隙分布的随机建模，结果如图9-6所示。

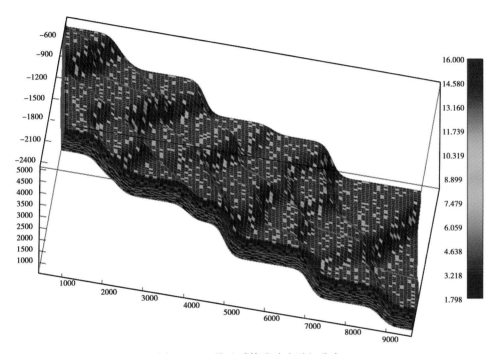

图9-6 三维地质体孔隙度随机分布

三、侵入逾渗模型

1. 模型要点

三维油气侵入逾渗模型的核心思路是：在三维地质体中寻找油气运移最有利的通道，并根据油气源供给量计算油气聚集量。有以下三个要点。

（1）沿着最小阻力方向追踪。

在运移过程中遇到多方向选择时，该方法与达西流不同，只选择最小阻力方向，即只有一个方向——最佳方向。

（2）遇到障碍进行回注处理。

当运移动力小于阻力时，油气不能继续向前运移，此时如果有后续的油气不断供给，临时聚集的油气柱高度就会加长，油体就会变大，相应地浮力也会增加。随着浮力的增大，油气将继续运移。

（3）改变路径寻找最薄弱环节继续运移。

随着浮力的不断增加，新的油气体突破运移阻力的机会也在增大。一旦浮力超过路径中任意网格点最小阻力时，就会突破该点，并由此为新起点，向着阻力最小的方向继续运移。

2. 计算公式

油气侵入逾渗模型中，涉及以下几个计算公式。

1）运移驱动力

驱动力以浮力为主，浮力、回注后新增的浮力的计算公式如下：

$$\begin{cases} p_f = (p_w - p_o)g \times h \\ \Delta f = (p_w - p_o)g \times \Delta h \end{cases} \tag{9-4}$$

式中　p_f——油气柱高度为 h 时，油气柱在地层水中的浮力，kPa；

　　　ρ_w、ρ_o——分别为地层水和油气的比重，t/m^3；

　　　g——重力加速度，N/kg；

　　　h——油气柱高度，m；

　　　Δf——回注后新增的浮力，kPa；

　　　Δh——回注后新增的油气柱高度，m。

2）运移阻力

油气运移阻力以毛细管力为主，计算公式如下：

$$p_c = \frac{2\sigma \cos(\theta)}{r} \tag{9-5}$$

式中　p_c——喉道半径为 r 时的毛细管力，Pa；

　　　r——喉道半径，m；

　　　σ——界面张力，N/m；

　　　θ——润湿角，（°）。

3）运移过程散失量与聚集量

在已知供油量的情况下，运移过程散失量与聚集量的计算公式如下：

$$\begin{cases} Q_m = Q_e - Q_r \\ Q_r = \sum_{i=1}^{n} v_i \times \phi_i \times s_o \times \rho_o \end{cases} \tag{9-6}$$

式中　Q_m——油气聚集量，t；

　　　Q_e——进入三维地质体的油气量，t；

　　　Q_r——运移过程中油气散失量，t；

　　　n——油气运移通过的三维网格数；

　　　v_i——第 i 个三维网格储层体积，m^3；

　　　ϕ_i——第 i 个三维网格储层孔隙度，%；

　　　s_o——残余油气饱和度，%

ρ_o——油气的比重，t/m³。

3. 模型试验

以图 9-6 三维地质体及随机分布的孔隙度模型，为方便叙述，模型以石油为研究对象，石油注入点为三维体的斜坡底部，即最右侧的底部网格。在油源较充足的条件下，模型追踪的石油运移路径如图 9-7 所示，聚集量如图 9-8 所示。从图 9-7 和图 9-8 中可以发现，石油呈零散状、层状分布，基本符合缝洞型油气藏分布的特点，既受构造控制也受岩性控制，石油运移局限在主通道上。

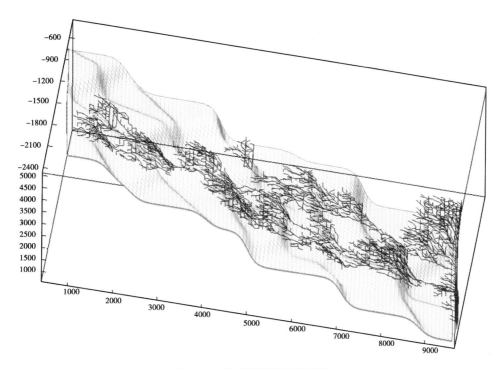

图 9-7　追踪的石油运移路径

四、应用实例

1. 基本地质特征

实例位于塔里木盆地塔中地区，三维地质体为塔中 S6 区块（图 9-9），目的层为良里塔格组良一段和良二段。S6 区块 In Line 方向长 30.9km，X Line 方向长 16.8km，面积约 524km²，从不整合面往下厚度约 140m。平面模拟网格长度为 150m×150m，纵向网格长度为 14m，三维网格数 230720 个（即 206×112×10）。根据三维地震反演成果绘制出 10 个小层的孔隙度分布，图 9-10 中可见，从上到下孔隙度总体由大变小，塔中 1 号断裂带的下降盘孔隙度反而比上升盘大。

2. 两种模拟结果对比

根据盆地模拟结果分析（张庆春等，2001），油源来自东北方向的满加尔凹陷。研究区三维地质体有两种可能的供油气方式：第一，沿着不整合面进入；第二，沿着塔中

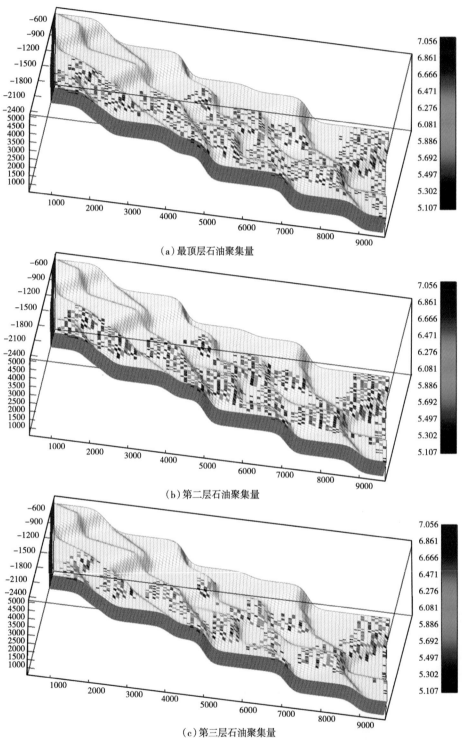

（a）最顶层石油聚集量

（b）第二层石油聚集量

（c）第三层石油聚集量

图 9-8　各层石油聚集量

以单位体积丰度表示，$10^4 t/(km^2 \cdot m)$

164

1号断裂带进入。图 9-11a 和图 9-11b 中红色线分别为第一种和第二种供油气方式的模拟路径。图 9-12a 和图 9-12b 分别为第一种和第二种供油气方式的模拟结果——聚集量。两种模拟结果的共同点是：在断裂带的上升盘，油气聚集位置基本相同，主要受构造控制；不同点是：在断裂带的上升盘，前者聚集了岩性油气藏，后者没有油气藏分布。

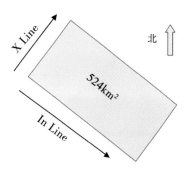

图 9-9　塔中 S6 区块

3. 对勘探的指导意义

塔中地区不整合面下缝洞岩体油气运聚主要受构造和物性变化控制，不管是油气通过断面还是不整合

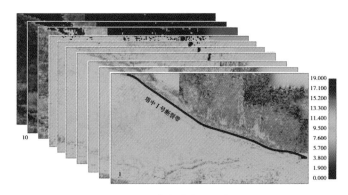

图 9-10　10 个小层的孔隙度分布（1 为顶层，10 为底层）

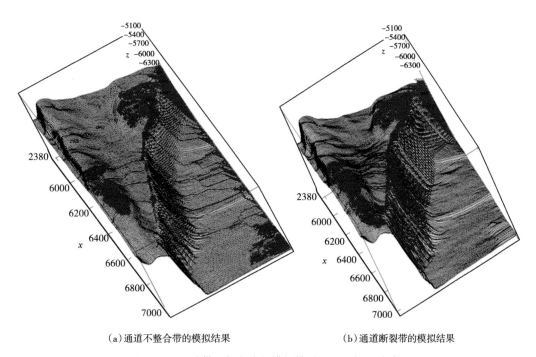

（a）通道不整合带的模拟结果　　　　（b）通道断裂带的模拟结果

图 9-11　两种供油气方式的模拟结果——油气运移路径

165

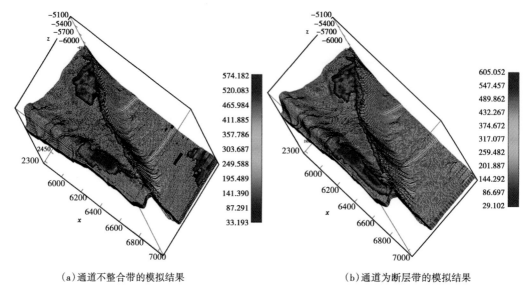

（a）通道不整合带的模拟结果　　　　　　　　（b）通道为断层带的模拟结果

图9-12　两种供油气方式的模拟结果——油气聚集量

以单位面积丰度表示，$10^4 t/km^2$

面运移，在目的层构造高部位是主要的油气聚集区；在顺层斜坡处，只有部分孔隙度变化较大的位置聚集了岩性油气藏。因此，优先的钻探目标是有油气供给的构造圈闭，其次是不整合面物性变化带，即岩性圈闭。

五、结论

（1）从不整合面向下，分别发育上（表生）、中（渗流）、下（潜流）三种不同特征的岩溶带。上带：三个带中任意一个带叠加的产物，以岩溶带风化残积角砾岩和溶沟、大中型溶洞、溶缝、溶蚀漏斗等为其特征，平均孔隙度可达8%～10%；中带：渗流与潜流岩溶带叠加的产物，主要是近垂直和高角度溶蚀缝及进一步发育而成的串球状溶蚀扩大洞，潜流岩溶为水平溶蚀形成的洞穴，平均孔隙度小于上带，为6%～8%；下带：主要为潜流岩溶带产物，其特征为受基准面（海平面）控制，形成一定规模的近水平溶缝、溶洞、地下暗河，平均孔隙度可达3%～6%。碳酸盐岩体的基质孔隙较小，一般小于3%。

（2）三维侵入逾渗模型有三个要点：第一，沿着最小阻力方向追踪；第二，遇到障碍进行回处理；第三，改变路径寻找最薄弱环节继续运移。该模型经过随机模拟数据测试和塔中实际数据验证，说明适合于不整合面下缝洞岩体油气运聚模拟。

（3）塔中地区不整合面下缝洞岩体油气运聚主要受构造和物性变化控制，不管是油气通过断面还是不整合面运移，在目的层构造高部位是主要的油气聚集区；在顺层斜坡处，只有部分孔隙度变化较大的位置聚集了岩性油气藏。因此，优先的钻探目标是有油气供给的构造圈闭，其次是不整合面物性变化带，即岩性圈闭。

参 考 文 献

李珂，李允，刘明 . 2007. 缝洞型碳酸盐岩油藏储量计算方法研究 . 石油钻采工艺，29（2）：103-104，107.

刘卫华，黄健全，胡雪涛，等 . 2005. 碳酸盐岩气藏储量计算新方法 . 天然气地球科学，16（5）：599-601.

鲁新便，赵敏，胡向阳，等 . 2012. 碳酸盐岩缝洞型油藏三维建模方法技术研究——以塔河奥陶系缝洞型油藏为例 . 石油实验地质，34（2）：193-198.

鲁新便 . 2003. 塔里木盆地塔河油田奥陶系碳酸盐岩油藏开发地质研究中的若干问题 . 石油实验地质，25（5）：508-512.

鲁新便 . 2003. 岩溶缝洞型碳酸盐岩储集层的非均质性研究 . 新疆石油地质，24（4）：360-362.

吕修祥 . 2000. 塔里木盆地不整合面石油运移散失量的实验研究 . 石油大学学报（自然科学版），24（4）：112-114.

潘忠祥 . 1983. 不整合对于油气运移聚集的重要性 . 石油学报，4（4）：1-10.

裴宗平，韩宝平，韩彦丽，等 . 2000. 任北奥陶系岩溶发育规律及对油田开发的影响 . 中国矿业大学学报，29（4）：368-372.

彭守涛，何治亮，丁勇，等 . 2010. 塔河油田托甫台地区奥陶系一间房组碳酸盐岩储层特征及主控因素 . 石油实验地质，32（2）：108-114.

漆立新，云露 . 2010. 塔河油田奥陶系碳酸盐岩岩溶发育特征与主控因素 . 石油与天然气地质，31（1）：1-12.

石广仁，马进山，常军华 . 2010. 三维三相达西流法及其在库车坳陷的应用 . 石油与天然气地质，31（4）：403-409.

苏江玉，俞仁连 . 2011. 对塔河油田油气成藏地质研究若干问题的思考 . 石油实验地质，33（2）：105-112.

杨辉廷，江同文，彦其彬，等 . 2004. 缝洞型碳酸盐岩储层三维地质建模方法初探 . 大庆石油地质与开发，23（4）：11-16.

张抗 . 2002. 中国碳酸盐岩岩溶缝洞储集体类型和塔河油田性质 . 西北油气勘查与开发，（2）：1-8.

张庆春，石广仁，米石云，等 . 2001. 油气系统动态数值模拟研究（二）——塔里木盆地满加尔油气系统模拟分析 . 石油勘探与开发，28（5）：33-36.

张淑品，陈福利，金勇 . 2007. 塔河油田奥陶系缝洞型碳酸盐岩储集层三维地质建模 . 石油勘探与开发，34（2）：175-180.

赵健，罗晓容，张宝收，等 . 2011. 塔中地区志留系柯坪塔格组砂岩输导层量化表征及有效性评价 . 石油学报，32（6）：949-958.

赵敏，康志宏，刘洁 . 2008. 缝洞型碳酸盐岩储集层建模与应用 . 新疆石油地质，39（3）：318-320.

周东延，李洪辉 . 2000. "油气运移动态富集"概念及其在塔里木台盆区油气勘探中的应用 . 石油勘探与开发，27（1）：2-6.

周东延 . 2012 油气动态富集理论——油气勘探理论、方法发展体系 . 中国石油勘探，17（3）：19-31，36.

Hantschel T, Kauerauf A I. 2009. Fundamentals of basin modeling and petroleum systems modeling. Berlin：Springer-Verlag，2009.

第十章　三维三相达西流模拟技术

本章针对目前三维三相油气运聚模拟技术地质模型过于简化所引起的应用效果难于达到实际需求的问题，研发一种三维三相油气运聚模拟技术，包括变网格体积条件下的有限体积法、全张量渗透率下的传导率计算模型，以及有效提高牛顿法迭代收敛性能的关键参数曲线的光滑处理技术、网格流动上下游的稳定性处理技术、小体积网格与零体积网格的特殊处理技术和提高运算效率的自动调整时间步长方法及多核并行计算技术。以渤海湾盆地南堡凹陷为应用实例，通过数值模拟展示了油气运聚过程，包括不同时期含油饱和度、油气资源丰度等模拟结果；对比验证了模拟结果与当前勘探认识一致；同时，揭示了目标层资源探明率为 84.4%，主要资源分布在 B 区和 C 区，预测出未发现资源主要分布在 B 区 NP2-16 井附近和 A 区 NP5-4 井北侧的构造上。

第一节　研究现状

三维多相达西流法是各种运聚定量模拟技术中考虑因素最全面、技术较成熟的方法（石广仁，2009）。该方法综合考虑了各种力（浮力、毛细管力和黏滞力）的总和与流体势的作用，运用了连续方程、流动势、达西定律和状态方程等流体运动基本方程组，使用牛顿迭代法等数学技术，计算各历史时期的水势、油势、气势、压力及饱和度，实现三维多相全时间的参数模拟，并进一步评价或计算烃类聚集量及其分布。

三维多相达西流法的核心算法分为三种，即有限元法（如德国的 PetroMod、挪威的 3D SEMI、IBM 公司的软件）、有限体积法（如法国的 Temispack）和有限差分法（如美国 BasinMod 等）。每种方法采用的三维网格有所差异，有限差分法仅适用于规则的中心网格，如矩形网格；有限元法适用于规则或不规则的角点网格，如矩形网格、角点网格、四面体网格等；有限体积法适用于规则或不规则中心网格，如矩形网格、PEBI 网格等。各种算法及相应的网格建模技术各有优缺点。随着地质认识的深入和油气勘探的发展，对三维地质模型要求越来越高，建模中较简单且较常用的矩形网格已很难满足复杂地区的建模需要。由于 PEBI 网格建模技术更加灵活，因此适用范围也更宽。

基于有限体积法的三维油气运聚模拟技术在国内外已开展了研究。2001 年，冯勇等研究了 PEBI 网格和有限体积法相结合的方法，但应用效果不明显；2003 年，石广仁等对该方法进行改进；2009 年，Thomas Hantschel 和 Armin I. Kauerauf 对该技术有了较深入的研究；IBM 公司 Watson 实验室提出了一种三维控制体积有限元法，用来模拟沉积物的沉积与变形、油气生成、多相渗流及变形孔隙介质中的热传导过程（Mello 等，2009）；2010 年，石广仁等发展了基于 PEBI 网格的有限体积法，并在库车坳陷得到了应用，取得了初步的应用实效。以上研究的地质建模网格除 IBM 公司外均为柱状网格，即纵向上的网格面与水平面平行。这类柱状网格的顶底面与地层面相交（除水平地层外），在地质上称为穿层或穿时。这样划分网格虽可以提高运算速度，但却损失了建模精度，不利于复杂区油气运聚精细模拟。

第二节　主要研究内容与技术思路

本节重点介绍主要研究内容、核心技术发展、主要技术思路和技术研发流程等内容，对核心技术的发展与创新方面做了说明，同时指出新模型产生的副作用及采取的应对措施。

一、主要研究内容与核心技术发展

1. 主要研究内容

主要研究内容包括地质建模、三维三相数值模型、软件编程及软件测试等。

1）地质建模

地质建模的研究内容包括三维地质体网格划分方法，地层物性非均质性处理方法，断层、河道等特定方向的渗透率处理方法，混合岩性的处理方法等。

2）三维三相数值模型

三维三相数值模型的研究内容包括变网格体积渗流方程、初始条件和边界条件、全张量渗透率的分解与计算、传导率的计算等。

3）软件编程

提高软件系统稳定性与计算效率的处理方法，包括：（1）采用特殊处理方法以提高牛顿法的收敛性能；（2）采用自动调整时间步长以提高计算速度；（3）采用多核并行计算以提高计算速度等。

4）软件测试

软件测试包括数值模型各模块的模型数据独立测试和软件系统实例数据的综合测试等。

2. 核心技术发展

1）主要创新

从渗流微分方程的构建、传导率的全张量计算、牛顿法迭代稳定性与计算效率提高等方面进行研究与探索，研发了基于有限体积法的三维三相油气运聚模拟技术。主要创新：（1）构建变网格体积的渗流微分方程，即将原有的密度微分方程改为质量（体积与密度的乘积）微分方程，可以更合理、更有效地实现质量守恒；（2）考虑储层渗流的非均值性，特别是由于受断层、裂缝影响而造成渗流的特定方向性，引入了矢量渗透率（即全张量渗透率），解决复杂的渗流问题；（3）采用特殊的 PEBI 网格建立地质模型，即二维面上网格完全垂直正交（PEBI 网格），但纵向上网格面与地层面完全吻合，能更准确刻画地层形态，提高流体模拟精度。

2）不利因素及解决方法

以上在地质建模、数值模型和传导率计算方面的创新，提高了模拟精度和应用效果等，但也带来一些不利因素，包括：（1）由于采用变网格体积的微分方程，在不同时刻网格体积不断变化，这影响了牛顿法迭代速度和稳定性；（2）由于采用与地层界面一致的顺层网格，网格体积受厚度影响较大，在同一时刻不同网格之间的体积差别很大，这对寻找最大迭代步长，提高计算速度造成困难。

这两点都降低了运行效率。为了消除这些不利因素，本文采用自动调整时间步长的方法提高牛顿法迭代稳定性，采用多线程计算方法提高运行效率，采用 C++ 语言编程及 Intel 64 位编译器提高存储能力和计算性能。通过实例测试对比，在 8 核以上计算机上总体运行速度可提高几倍，达到了预期目标。该技术成功应用于南堡凹陷，取得了良好的效果。

二、技术思路与技术研发流程

1. 主要技术思路

技术思路包括：（1）采用 PEBI 网格技术建立适用于复杂构造区的地质模型以扩展模型适用范围；（2）采用基于有限体积法的三维三相数值模拟技术，特别是变网格体积渗流方程，提高建模精度；（3）采用三维动态可视化展示技术再现油气运聚过程；（4）通过实例的应用来测试并证实模型的适用性及应用效果。

2. 技术研发流程

技术研发流程包括地质模型构建、数值模型建立、编程及关键技术问题处理、三维动态可视化处理、软件测试等（图 10-1）。

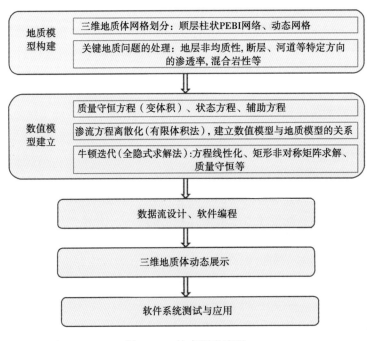

图 10-1　技术研发流程

170

第三节　三维地质模型

本节采用顺层柱状 PEBI 网格技术进行三维地层网格剖分，避免了传统的水平柱状 PEBI 网格存在的"穿时"现象；另外，在属性建模中对非均质性及断层、河道等特定方向的渗透率进行了处理，以提高属性建模精度。

一、三维地质体网格划分方法

1. 顺层柱状 PEBI 网格

PEBI 网格中心点与所有相邻网格中心点的连线均垂直通过相应的网格面，这种网格划分方法可以提高渗流模拟速度。目前一般采用水平柱状 PEBI 网格，即平面为 PEBI 网格，垂向为水平网格，网格面与地层面相交（"穿时"），地质模型精度受影响。本文采用顺层柱状 PEBI 网格，即平面为 PEBI 网格，垂向为地层面网格，这种网格在平面上能够根据已知数据点的分布构建最优平面网格，最大化提高模拟运行效率；在垂向上按地层面划分，保持网格面与地层面一致，避免了"穿时"，提高了地质模型精度。

2. 动态网格

常规模拟网格为静态网格，本文在不同地质历史时期采用动态网格，即在地层埋藏过程中网格与地层的变化一致，网格内的地层一直不变，仅属性因压实等地质作用发生变化（网格体积变，但骨架不变）。动态网格的优点是地质模型更接近实际，缺点是网格体积受地层厚度变化影响大，降低计算速度。

二、属性建模中关键地质问题的处理

重点处理三种关键地质问题，即非均质性、特定方向的渗透率和混合岩性。

1. 地层物性非均质性处理方法

采用随机抽样解决非均质性问题。以孔隙度和渗透率为例，首先按沉积相类型，对孔隙度和渗透率进行统计，得到最大值、最小值、均值和方差，并建立各自的分布模型；然后按分布模型随机抽样获得所有网格的孔隙度和渗透率的参数。

2. 断层、河道等特定方向的渗透率处理方法

首先，将渗透率分为三个方向：主方向渗透率（K_x，断层、河道的走向）、副方向渗透率（K_y）和垂向渗透率（K_z）；然后，用矢量或方位角表示主方向，副方向与主方向垂直，垂向是指垂直地层面的方向（地层倾向）；最后，将断层、河道带等所在的网格分别赋值（可采用随机抽样方法），包括 K_x、K_y、K_z 和矢量（或方位角）。

3. 混合岩性的处理方法

油气运移模拟网格比较大，网格内一般包含多种岩性，在网格参数赋值时需要特殊处理。本文通过引入有效储层比例参数，设置有效储层存在的下限值等处理方法，降低混合岩性对模拟精度的影响程度。以砂泥岩层为例，处理方法如下：设定每个网格的有效储层比例（f），给定有效储层存在的下限值（f_{min}）。当 $f > f_{min}$ 时，该网格为"储层或输导层"，网格物性取本网格的砂岩物性，有效孔隙空间为砂岩的孔隙空间；反之，属

171

于"非渗透层"网格,物性取本网格的泥岩物性。

第四节　基于有限体积法的三维三相数值模型

本节通过构建变网格体积条件下的渗流方程来代替传统的定网格渗流方程,以降低质量守恒求解的误差。在新的数值模型中引入了矢量渗透率(即全张量渗透率),来满足解决复杂渗流问题的需要。

一、变网格渗流方程

假设网格体运动速度与流体流动速度相比可以忽略不计,建立变网格渗流方程。

1. 质量守恒方程

根据质量守恒定律,任意控制体 Ω 中,源产生的质量减去流出的质量等于流体质量的增量。在多相渗流的情况下,控制体 Ω 内,l 相流体渗流的质量守恒方程为:

$$- \oiint_{\partial\Omega} \rho_l \boldsymbol{u}_l \cdot \mathrm{d}\boldsymbol{S} + \rho_l q_l = \frac{\partial}{\partial t}(\rho_l V\phi S_l) \qquad (10-1)$$

上式即为变网格渗流方程,$V = V(t)$ 是与时间有关的变量,下文相关方程的理论推导均以式(10-1)为基础。式(10-1)对时间积分得:

$$\int_t^{t+\Delta t} \left(- \oiint_{\partial\Omega} \rho_l \boldsymbol{u}_l \cdot \mathrm{d}\boldsymbol{S} + \rho_l q_l \right) \mathrm{d}t = (\rho_l V\phi S_l)_t^{t+\Delta t} \qquad (10-2)$$

2. 渗流运动方程

为了更好地描述地层非均质性,笔者采用全张量的渗透率;为了解决渗透率张量、网格界面法向量、流体势梯度向量三者不正交的问题,采用了达西定律的全张量形式:

$$\boldsymbol{u}_l = - \frac{K_{rl}}{\mu_l} \boldsymbol{K} \cdot (\nabla p_l - \rho_l \boldsymbol{g}) \qquad (10-3)$$

3. 流动方程

三相渗流数学模型如下。水相流动方程为:

$$\int_t^{t+\Delta t} \left\{ \oiint_{\partial\Omega} \frac{K_{rw}}{\mu_w B_w} [\mathrm{d}\boldsymbol{S} \cdot \boldsymbol{K} \cdot (\nabla p_w - \rho_w \boldsymbol{g})] + q_{wsc} \right\} \mathrm{d}t = \left(\frac{V\phi S_w}{B_w} \right)_t^{t+\Delta t} \qquad (10-4)$$

油相流动方程为:

$$\int_t^{t+\Delta t} \left\{ \oiint_{\partial\Omega} \frac{K_{ro}}{\mu_o B_o} [\mathrm{d}\boldsymbol{S} \cdot \boldsymbol{K} \cdot (\nabla p_o - \rho_o \boldsymbol{g})] + q_{osc} \right\} \mathrm{d}t = \left(\frac{V\phi S_o}{B_o} \right)_t^{t+\Delta t} \qquad (10-5)$$

气相流动方程为:

$$\int_t^{t+\Delta t} \left\{ \oiint_{\partial\Omega} R_s \frac{K_{ro}}{\mu_o B_o} [\mathrm{d}\boldsymbol{S} \cdot \boldsymbol{K} \cdot (\nabla p_o - \rho_o \boldsymbol{g})] + \iint_{\partial\Omega} \frac{K_{rg}}{\mu_g B_g} [\mathrm{d}\boldsymbol{S} \cdot \boldsymbol{K} \cdot (\nabla p_g - \right.$$

$$\rho_g \boldsymbol{g})\big] + q_{gsc} + R_s q_{osc}\} \, \mathrm{d}t = \left(\frac{V\phi S_g}{B_g} + R_s \frac{V\phi S_o}{B_o} \right)_t^{t+\Delta t} \tag{10-6}$$

其中，$B_l = \dfrac{\rho_{lsc}}{\rho_l}$

油水系统中的毛细管力方程为：

$$p_o - p_w = p_{cow} S_w \tag{10-7}$$

油气系统中的毛细管力方程为：

$$p_g - p_o = p_{cgo} S_g \tag{10-8}$$

辅助方程为：

$$S_o + S_w + S_g = 1 \tag{10-9}$$

该模型中控制体 Ω 的体积以变量的形式出现在方程右端累积项 $\left(V\phi S_o/B_o\right)_t^{t+\Delta t}$ 内，而不是如常规油藏模拟中网格体积以常量的形式出现在右端累积项 $\left(V\phi S_o/B_o\right)_t^{t+\Delta t}$ 中。变网格的黑油模型中，式（10-4）至式（10-9）共 6 个方程和 6 个变量（即 p_o、p_w、p_g、S_o、S_w、S_g），若初始条件和边界条件确定，那么方程的解即可唯一确定。

二、初始条件和边界条件

1. 初始条件

初始压力为静水压力，初始流体为单相水，即 $S_w = 1$，$S_o = 0$，$S_g = 0$。

2. 边界条件

边界条件分两类，即封闭边界和流动边界。在封闭边界外，网格的流体属性对流动无影响，在实际计算中忽略该类边界面即可，边界外网格的变量及流体属性无须更新。流动边界按定压边界处理，对于边界外的网格，压力为静水压力，油气饱和度为 0。

三、全张量渗透率的分解与计算

在区域坐标系 $O{-}xyz$ 中，设压力 p 下地层的渗透率张量为：

$$\boldsymbol{K} = \begin{pmatrix} K_{xx} & K_{xy} & K_{xz} \\ K_{yx} & K_{yy} & K_{yz} \\ K_{zx} & K_{zy} & K_{zz} \end{pmatrix} \tag{10-10}$$

则压力 p 下的渗透率张量 $\boldsymbol{K}$ 可以变换为：

$$\boldsymbol{K} = \boldsymbol{W}^{\mathrm{T}} \begin{pmatrix} K_x & & \\ & K_y & \\ & & K_z \end{pmatrix} \boldsymbol{W} \tag{10-11}$$

其中：$\boldsymbol{W}^{\mathrm{T}} = \boldsymbol{W}^{-1}$ 为正交矩阵。

根据渗透率与压力的关系：

$$K_m(p) = K_{0,m} \mathrm{e}^{c_{K,m}(p-p_0)} \quad (m = x, y, z) \tag{10-12}$$

得到：

$$\boldsymbol{K}(p) = \boldsymbol{W}^{\mathrm{T}} \begin{pmatrix} K_x & & \\ & K_y & \\ & & K_z \end{pmatrix} \boldsymbol{W} = \boldsymbol{W}^{\mathrm{T}} \begin{pmatrix} K_{0,x}\mathrm{e}^{c_{K,x}(p-p_0)} & & \\ & K_{0,y}\mathrm{e}^{c_{K,y}(p-p_0)} & \\ & & K_{0,z}\mathrm{e}^{c_{K,z}(p-p_0)} \end{pmatrix} \boldsymbol{W} \tag{10-13}$$

$$\frac{\partial \boldsymbol{K}(p)}{\partial p} = \boldsymbol{W}^{\mathrm{T}} \begin{pmatrix} \dfrac{\partial K_x}{\partial p} & & \\ & \dfrac{\partial K_y}{\partial p} & \\ & & \dfrac{\partial K_z}{\partial p} \end{pmatrix} \boldsymbol{W}$$

$$= \boldsymbol{W}^{\mathrm{T}} \begin{pmatrix} K_{0,x}c_{K,x}\mathrm{e}^{c_{K,x}(p-p_0)} & & \\ & K_{0,y}c_{K,y}\mathrm{e}^{c_{K,y}(p-p_0)} & \\ & & K_{0,z}c_{K,z}\mathrm{e}^{c_{K,z}(p-p_0)} \end{pmatrix} \boldsymbol{W} \tag{10-14}$$

在渗透率不随压力变化情况下，绝对渗透率是常量，即 $\boldsymbol{K} = \boldsymbol{K}_0$，且 $\dfrac{\partial \boldsymbol{K}(p)}{\partial p} = 0$。在牛顿法迭代中，$\dfrac{\partial \boldsymbol{K}(p)}{\partial p}$ 用于计算传导率对压力的导数。

四、传导率的计算

假设网格 i，j 是相邻网格，使用单点上游法时，l 相流体的传导率计算公式如下：网格 i 中心到网格 i，j 间界面的传导率为：

$$T_{l,ij} = \frac{1}{\|\boldsymbol{L}_{ij}\|} \left[\varepsilon_{l,ij} \frac{K_{rl,i}}{\mu_{l,i}B_{l,i}} + (1 - \varepsilon_{l,ij}) \frac{K_{rl,j}}{\mu_{l,j}B_{l,j}} \right] \cdot \boldsymbol{S}_{ij} \cdot K_i \cdot \boldsymbol{n}_{ij} \tag{10-15}$$

网格 j 中心到网格 i，j 间界面的传导率为：

$$T_{l,ji} = \frac{1}{\|\boldsymbol{L}_{ji}\|} \left[\varepsilon_{l,ji} \frac{K_{rl,j}}{\mu_{l,j}B_{l,j}} + (1 - \varepsilon_{l,ji}) \frac{K_{rl,i}}{\mu_{l,i}B_{l,i}} \right] \cdot \boldsymbol{S}_{ji} \cdot K_j \cdot \boldsymbol{n}_{ji} \tag{10-16}$$

其中 $\boldsymbol{S}_{ij} = -\boldsymbol{S}_{ji}$：

$$\begin{cases} \varepsilon_{l,ij} = 1 \quad \varepsilon_{l,ji} = 0 \quad (p_{l,i} - \rho_{l,i}gd_i > p_{l,j} - \rho_{l,j}gd_j, \ i \text{ 网格是上游}) \\ \varepsilon_{l,ji} = 1 \quad \varepsilon_{l,ij} = 0 \quad (p_{l,j} - \rho_{l,j}gd_j > p_{l,j} - \rho_{l,i}gd_i, \ j \text{ 网格是上游}) \\ \varepsilon_{l,ji} = 1 \quad \varepsilon_{l,ij} = 1 \quad (p_{l,j} - \rho_{l,j}gd_j = p_{l,j} - \rho_{l,i}gd_i, \ \text{无法区分上、下游}) \end{cases}$$

要求 $\boldsymbol{S}_{ij}$ 与 $\boldsymbol{n}_{ij}$、$\boldsymbol{S}_{ji}$ 与 $\boldsymbol{n}_{ji}$ 位于界面的同侧且点积大于 0。

网格 i，j 间 l 相流体的流量为：

$$Q_{l,ij} = \frac{\Delta \Phi_{l,ij}}{\dfrac{1}{T_{l,ij}} + \dfrac{1}{T_{l,ji}}} \left(1 - \frac{\Delta \Phi_{0l,ij}}{|\Delta \Phi_{l,ij}|} \right) \tag{10-17}$$

网格 i，j 间 l 相流体的势差为：

$$\Delta \Phi_{l,ij} = (p_{l,j} - p_{l,i}) - g \frac{\|\boldsymbol{L}_{ij}\| p_{l,i} + \|\boldsymbol{L}_{ji}\| \rho_{l,j}}{\|\boldsymbol{L}_{ij}\| + \|\boldsymbol{L}_{ji}\|} (d_j - d_i) \tag{10-18}$$

式（10-17）中 $\left(1 - \dfrac{\Delta \Phi_{0l,ij}}{|\Delta \Phi_{l,ij}|} \right)$ 为考虑非线性达西渗流时对网格间势差的修正系数。

五、本节符号注释

B_l——l 相流体的体积系数，m^3/m^3；

$c_{K,m}$——m 方向的渗透率压缩系数，$m = x$、y、z，Pa^{-1}；

d_i，d_j——网格 i，j 相对于基准面的埋深，m；

g——重力加速度，取值 $9.8 m/s^2$；

$\boldsymbol{g}$——重力加速度向量，m/s^2；

i，j——网格编号；

l——流体相，$l = w$、o、g，分别代表水、油、气相；

K_x，K_y，K_z——x，y，z 方向的绝对渗透率，m^2；

$\boldsymbol{K}$——绝对渗透率张量，m^2；

K_{rl}——l 相流体的相对渗透率，m^2；

$K_{0,m}$——参考压力 p_0 下 m 方向的绝对渗透率，m^2；

$\boldsymbol{L}_{ij}$——网格 i 中心到网格 i，j 界面中心的向量，m；

$\|\boldsymbol{L}_{ij}\|$——向量 $\boldsymbol{L}_{ij}$ 的模，m；

$\boldsymbol{L}_{ji}$——网格 j 中心到网格 i，j 界面中心的向量，m；

$\|\boldsymbol{L}_{ji}\|$——向量 $\boldsymbol{L}_{ji}$ 的模，m；

n_{ij}——向量 $\boldsymbol{L}_{ij}$ 方向的单位向量；

n_{ij}——向时 $\boldsymbol{L}_{ji}$ 方向的单位向量；

p_0——参考压力，Pa；

p_{cow}——油/水系统毛细管压力，Pa；

p_{cgo}——油/气系统毛细管压力，Pa；

p_l——l 相流体的压力，Pa；

∇p_l——l 相流体的压力梯度，Pa/m；

q_l——控制 Ω 体中的 l 相源汇量，m^3/s；

R_s——溶解气油比，m^3/m^3；

$\boldsymbol{S}_{ij}$——网格 i，j 间界面的面积向量，m^2；

S_l——l 相流体饱和度，%；

t——时间，s；

Δt——时间步长，s；

$\boldsymbol{u}_l$——通过任一面元的渗流速度向量，m/s；

V——网格体积，m^3；

ρ_l——l 相流体密度，kg/m^3；

ρ_{lsc}——l 相流体标准状态下的密度，kg/m^3；

ϕ——孔隙度，%；

ϕ_0——参考压力下的孔隙度，%；

u_l——l 相流体的黏度，Pa·s；

$\Delta \Phi_{0l,ij}$——网格 i、j 间 l 相流体的势差，Pa。

sc（下角标）——标准状态。

第五节 提高运行效率的特殊处理方法

在前文的数值模型求解中用到了牛顿迭代法，牛顿迭代过程计算强度高、耗时长，模拟计算效率影响大。本节从数据前处理、数学优化、多核算法和程序优化等方面论述了提高运行效率的几种处理方法。

一、采用数据前处理的方法，提高牛顿法的收敛性能

主要采用以下几种方法。

（1）参数曲线光滑性处理：为提高收敛性能，需要对不光滑的曲线或表格数据（如相对渗透率曲线、PVT 曲线以及存在启动压力梯度时的 u–$\nabla\Phi$ 渗流曲线等）进行光滑性处理。

（2）上下游稳定性处理：由于流动问题需要用迎风格式计算，牛顿法迭代过程中需要保证雅克比矩阵的稳定，这就需要上、下游稳定处理，要求一个时间步内，网格间上、下游关系不变。

（3）零体积网格处理：体积为零的网格，在模拟计算中需要进行网格邻接关系处理，以消除零体积网格变量，避免导致雅可比矩阵奇异。

（4）小网格处理：小网格是孔隙体积较小的网格，是影响收敛性的关键因素之一，必须进行处理。可以采取饱和度上游化、压力平均化等方法，保证雅可比矩阵具有较好的条件数，从而保证矩阵方程的求解效率和精度。

二、采用自动调整时间步长的方法，提高运行速度

为了降低数值模拟计算量，在保证精度前提下，尽量采用较大时间步长。但是，收敛性也依赖于初始解的近似程度，这也就意味着时间步长不能过大。因此，为解决这一矛盾，采用预先设定的目标迭代次数和最大迭代次数，来自动调整时间步长（图 10-2）。

三、采用多核并行计算技术，提高总体运行效率

为进一步利用处理器的计算能力，采用多核并行的计算方式，以 OpenMP 编程实现多核并行计算。可并行计算的部分包括网格内并行计算、网格间（层内、层间）并行

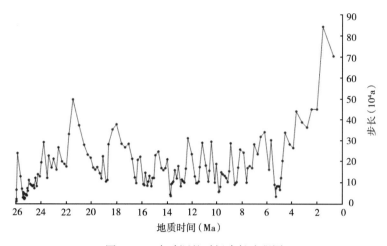

图 10-2 自动调整时间步长流程图

计算，以及大型线性方程的并行计算。

（1）网格内计算并行化：网格内各种属性的计算，与其他网格无关，因而这部分只需要按 CPU 的 Cache 单元大小的整倍数来分配并行单元规模即可。

（2）网格间的并行计算，为避免高速缓存冲突引起的伪共享问题，采用隔层的方式并行，分为前后两个步骤完成全部并行。

网格间（层内）计算并行化（图 10-3a）：同层之内，横向流动，只跟相邻两个网格单元有关，因此可分层并行计算，但考虑到伪共享问题，采用隔层并行计算，避免缓存冲突。第一步并行层内线程-1-1、层内线程-1-2、层内线程-1-3、层内线程-1-4，第二步并行层内线程-2-1、层内线程-2-2、层内线程-2-3、层内线程-2-4。

网格间（层间）计算并行化（图 10-3b）：相邻两层之间，垂向流动，只跟上下层间相邻两个网格单元有关，因此可采用分层面并行，考虑到伪共享问题，采用隔层面并行计算，避免缓存冲突。第一步并行层间线程-1-1、层间线程-1-2、层间线程-1-3、层间线程-1-4，第二步并行层间线程-2-1、层间线程-2-2、层间线程-2-3。

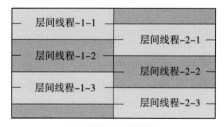

（a）网格层内计算并行　　　　　　（b）网格层间计算并行

图 10-3　多核并行示意图

（3）矩阵方程并行求解：直接采用并行求解器 Pardiso 来求解大型稀疏矩阵方程。Pardiso 是共享内存计算机上时间的系数矩阵的求解方法，对一些大规模计算问题表现了非常好的计算效率和并行性。一些数值测试表明，随着计算节点数目的增加，Pardiso 具有接近线性的加速比例。

四、借助高效的编程语言与编译器，提高软件系统性能

考虑到 Intel C++编译器针对 Intel x86 结构的 CPU 进行了特别的优化，能大幅度提高数值计算的性能，同时 Intel 编译器支持 OpenMP 3.0 和适用于对称多处理的自动并行化，因此本文技术及相应的软件系统采用 64 位 C++编程语言，并使用 Intel C++编译器 V14.0 编译。开发的软件系统在实际应用中运算性能表现良好。

第六节 应 用 实 例

本节通过应用实例来实现两个目的，一是验证数值模型的适应性；二是示范数值模型的应用流程、模型参数的取值方法及关键参数的数值范围。

一、模拟区地质背景

渤海湾盆地南堡凹陷为发育在奥陶系、石炭—二叠系和中生界基底之上的古近—新近纪沉积凹陷，古近—新近系沉积岩厚度最大可达 7500m，包括古近系沙河街组（Es）、东营组（Ed）以及新近系馆陶组（Ng）、明化镇组（Nm）等，面积 1932km²，其中滩海面积 1100 km²。南堡凹陷是一个具有北断南超特征的典型箕状凹陷：北区发育柳赞、高尚堡披覆背斜构造带、拾场次凹；南区发育老爷庙、北堡背斜构造带；滩海区域发育南堡 1 号—南堡 5 号 5 个构造带；中央地带发育林雀次凹，该次凹是最重要的生烃中心（姜福杰等，2013；高丽明等，2014；郭秋麟等，2015）。

二、目标层段特征

选择 Es—Ed 作为模拟目标层。其中，烃源岩层为沙河街组和东营组三段，储层为东营组一段和二段，盖层为馆陶组的火山岩。

1. 探明储量分布

原油主要聚集在东营组一段，该段探明石油地质储量 $3.46×10^8$ t，主要分布在凹陷西南部，包括南堡 1 号、北堡构造、南堡 2 号和老堡南 1 构造（表 10-1、图 10-4）；已发现约 $1.2×10^{11}$ m³ 天然气，以油溶气为主，主要分布在南堡 1 号构造、南堡 2 号构造和北堡构造（姜福杰等，2013）。

表 10-1 东营组一段石油探明储量在各构造的分布比例

构造	储量（10^4t）	比例（%）
南堡 1 号、北堡构造	14823.42	42.83
南堡 2 号	12984.97	37.51
老堡南 1	5128.73	14.82
老爷庙	696.00	2.01
高尚堡	980.41	2.83
合计	34 613.53	100.00

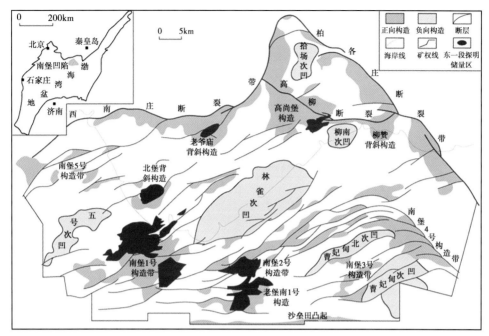

图 10-4　南堡凹陷构造简图

2. 生烃潜力

发育沙河街组三段（Es$_3$）、沙河街组一段（Es$_1$）和东营组三段（Ed$_3$）三套烃源岩，其中 Es$_3$ 为主力烃源岩（庞雄奇等，2014；蒲秀刚等，2014）。Es$_3$ 岩性为暗色泥岩、页岩，有机质类型为 II 型，其中 H/C 和 O/C 的平均值分别为 1.15 和 0.14，平均有机碳含量为 1.87%、生烃潜量（S_1+S_2）为 6.56mg/g、氯仿沥青"A"含量为 0.15%、总烃含量 7.33×10^{-4}。总体评价为优质烃源岩，处于成熟阶段。

3. 沉积特征与储层物性

目标层段以河流—湖泊沉积体系为主。其中，沙河街组下部发育厚层较深湖—深湖相暗色泥岩、页岩，为该区油气的大量生成奠定了物质基础；中上部沙河街组一段是一套辫状河三角洲前缘相带的砂泥岩地层，砂层较为发育（蒲秀刚等，2014；董月霞等，2014；张林晔等，2014）。东营组以扇三角洲—河流沉积体系为主，发育优质储层；馆陶组和明化镇组以辫状河沉积为主。东营组砂岩孔隙度、渗透率与其所处的沉积相带有关（表 10-2 和表 10-3）。

表 10-2　南堡凹陷不同沉积相带砂岩孔隙度

序号	沉积相	样品数（个）	砂岩孔隙度（%）		
			最小值	最大值	平均值
1	三角洲平原	432	3.2	30.1	15.65
2	前缘水下分流河道	821	4.4	29.2	16.9
3	三角洲前缘	495	2.2	28.6	15.93
4	浅湖	260	2.5	29.1	15.68
5	深湖	134	5	23.6	12.09

179

序号	沉积相		样品数（个）	砂岩孔隙度（%）		
				最小值	最大值	平均值
6	浊积体	中部	59	5.1	13.7	8.79
		端部	71	5	20.3	12.66
7	冲积扇（扇根）		8	10.7	23.2	16.5
	合计		2280			15.69

表 10-3　南堡凹陷不同沉积相带砂岩渗透率

序号	沉积相		样品数（个）	砂岩渗透率（mD）		
				最小值	最大值	平均值
1	三角洲平原		337	0.01	3394	67.95
2	前缘水下分流河道		663	0.01	1257	102.91
3	三角洲前缘		584	0.1	3759	1800.8
4	浅湖		231	0.02	6500	1560
5	深湖		129	0.06	29	1.41
6	浊积体	中部	59	0.04	33.8	2.17
		端部	71	0.16	389	29.39
7	冲积扇（扇根）		4	0.27	0.61	0.4
	合计		2078			723.5

4. 盖层分布

直接覆盖在东营组之上的馆陶组火山岩是主要盖层。火山岩岩性以玄武岩为主，凝灰岩为辅，发育程度具明显的不均匀性，呈现东北薄、西南厚的分布特点。在 1 号构造西南部厚度最大，累计厚度 250~500m；在东南部 2 号构造附近，火山岩厚度明显减薄，一般小于 50m；在北堡地区，火山岩厚度 50~300m；在老爷庙地区，火山岩厚度 50~100m；高尚堡、柳赞地区火山岩厚度明显变薄，仅为数米。盖层分布控制了东营组一段油藏的分布。

5. 断层作用

南堡凹陷断裂比较发育，断层断距较大，活动时间长，具有同生性。断层的作用有两点：一是可形成断块圈闭；二是作为通道，沟通油源。将目标层段按断层切穿烃源层的程度分为三组，分别为切穿沙河街组三段断层（F-Es$_3$）、切穿沙河街组一段断层（F-Es$_1$）和切穿东营组三段断层（F-Ed$_3$），各组断层的渗透率特征见表 10-4。

表 10-4　断层带渗透率特征

断层	主方向渗透率（mD）	副方向渗透率（mD）	垂向渗透率（mD）	主方向
F-Ed$_3$	3500	0.1	300	断层走向
F-Es$_1$	4500	0.1	500	断层走向
F-Es$_3$	6500	0.1	700	断层走向

三、三维地质体构建及主要参数

1. 三维地质体

在平面上，考虑到研究区最小的圈闭目标约0.4km²，将研究区划分为4750个PEBI网格；在纵向上，将烃源岩层合并，确定5个模拟层，构成完整的生、储、盖组合。该组合由下至上分别为：（1）烃源层，由东营组三段和沙河街组组成；（2）输导层，即东营组二段；（3）目标层，即东营组一段；（4）盖层，即馆陶组，所发育的火山岩具有良好的封盖性；（5）出水口，即模拟上边界（表10-5）。

表10-5　模拟层段地层特征

模拟层序号	地层		生储盖组合			平均物性			模拟层
	组、段	距今时间（Ma）	生	储	盖	孔隙度（%）	渗透率（mD）	孔喉半径（μm）	
1	明化镇组	9.0		储		30	5 000	5.000	出水口
2	馆陶组	23.0		储	盖	3	157	0.067	封盖层
3	东营组一段	25.0		储		15	1 079	3.879	目标层
4	东营组二段	33.0	生	储		12	464	3.237	输导层
5	东营组三段	36.0	生	储		2	0.01	0.005	生烃层
	沙河街组	43.0							

2. 地质体参数和模型参数

东营组的孔隙度和渗透率参数来自沉积相带及对应的物性数据。其他相关参数见表10-5和表10-6。

表10-6　输入模型的流体PVT数据

压力（kPa）	体积系数（m³/m⁻³）			密度（kg/m³）			黏度（mPa·s）			溶解气油比（m³/m³）	压缩因子
	水	油	气	水	油	气	水	油	气		
10342	1.025	1.204	0.00999	1000.91	788.33	93.72	0.52	1.74	0.0150	52.73	0.843
13790	1.022	1.232	0.00738	1003.88	781.52	129.60	0.52	1.56	0.0167	66.28	0.813
17237	1.019	1.261	0.00583	1006.84	774.91	164.51	0.52	1.40	0.0185	79.93	0.800
20684	1.016	1.292	0.00489	1009.82	767.14	196.37	0.52	1.25	0.0204	94.15	0.804
24132	1.013	1.329	0.00427	1012.82	758.85	224.25	0.52	1.10	0.0222	111.49	0.822
27579	1.010	1.372	0.00383	1015.79	749.38	248.21	0.96	0.92	0.0241	130.57	0.849
31026	1.007	1.426	0.00355	1018.76	733.07	268.69	0.52	0.92	0.0260	147.44	0.882
34474	1.005	1.464	0.00333	1021.73	726.90	286.30	0.92	0.92	0.0278	166.27	0.920
37921	1.002	1.450	0.00316	1024.71	730.91	301.55	0.52	0.92	0.0296	173.86	0.960
41369	0.999	1.438	0.00305	1027.69	735.75	314.89	0.52	0.94	0.0313	174.05	1.003

四、模拟结果

模拟结果包括各地质历史时期目标层含油饱和度、油气资源丰度和聚集量等关键数据和图表。

1. 含油饱和度与石油聚集量模拟结果

模拟时间从距今 25Ma 开始至今，按含油饱和度大于 10%统计，不同地质时期石油聚集量和聚集区面积见表 10-7。由表 10-7 可见，在距今 20Ma 时，石油开始聚集；在距今 15Ma 时，已聚集石油 7074×10⁴t，占总聚集量的 17.3%，此时石油主要聚集在北部的 M10 井和 GC1 井附近及中部的 NP2-16 井附近（图 10-5a）；在距今 8Ma 时，已聚集石油 28626×10⁴t，占总聚集量的 69.8%，此时在西南部的 NP1 井、LPN1 井附近也出现了石油聚集（图 10-5b）；现今，石油总聚集量为 41006×10⁴t，主要聚集在西南部和北部等（图 10-5c）。资源丰度图（图 10-6）揭示，石油主要聚集在 B 区的 NP1 井、C 区的 LPN1 井和 NP2-16 井附近，北部 A 区只有少量聚集，东部 D 区没有聚集。

表 10-7 不同地质时期石油聚集量和聚集区面积

距今时间 （Ma）	聚集区面积 （km²）	聚集量 （10⁴t）	占总聚集量 比例（%）
25	0	0	0
20	0.6	233	0.60
15	12.8	7074	17.30
10	30.5	20533	50.10
8	40.0	28626	69.80
7	43.7	31796	77.50
6	47.9	35484	86.50
5	51.5	39043	95.20
2	54.6	40865	99.66
0	55.1	41006	100.00

2. 油气运移主要路径追踪

统计分析模拟网格体各面石油流量（流出为正，流入为负），确定最大流量对应的方向为主要运移路径。有两种追踪方式。

（1）正常追踪，即从烃源岩层开始追踪，当流量为 0 或遇到出水口时，不再追踪。图 10-7a 为研究区正常追踪结果，该图揭示在东部盖层不好的位置绿色流线（运移路径）直接向上进入出水口，说明石油不在目标层聚集，在盖层与圈闭配合良好的西南部及北部地区发生较多的聚集；图 10-7c 为研究区正常追踪结果的另一种表示形式，该图记录了石油通过侧向运移进入到各油藏的过程（蓝色流线，即运移路径）。

（2）反向追踪，即从聚集区反追踪到烃源岩层。图 10-7b 为石油聚集区反向追踪结果，该图揭示主要聚集区的石油源于下部烃源岩层的生烃中心（紫色部位）及附近。正常追踪和反向追踪都有利于油源跟踪分析和油气成藏研究，对分析油气聚集与散失具

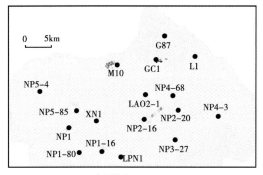

（a）距今15Ma

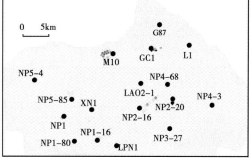

（b）距今8Ma

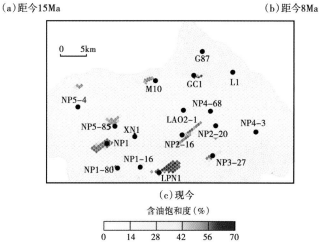

（c）现今

含油饱和度（%）

0　14　28　42　56　70

图 10-5　东营组一段含油饱和度模拟结果

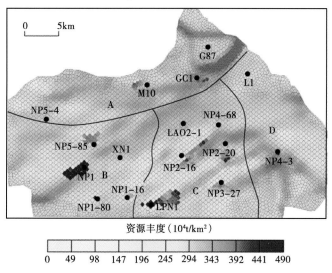

资源丰度（10⁴t/km²）

0　49　98　147　196　245　294　343　392　441　490

图 10-6　东营组一段石油资源丰度模拟结果

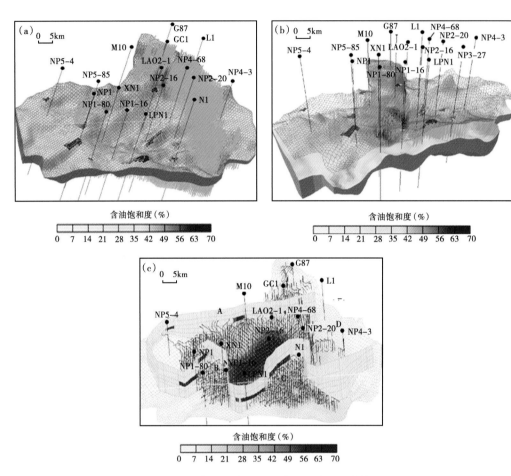

图 10-7　南堡凹陷石油运移主要路径追踪结果

有重要意义。

3. 模拟结果分析

以下从含油饱和度、模拟聚集量和油气分布位置三个方面进行分析。

（1）含油饱和度模拟结果与实测数据对比：聚集区（图 10-5c）含油饱和度主要分布在 40%~70%，加权平均值约为 60%；70 个油藏的实测值分布在 60%~63%，平均值为 61.17%，两者比较接近。

（2）聚集量分析：按含油饱和度大于 10% 的聚集量计算，模拟聚集量为 $41006 \times 10^4 t$。目前，目标层探明量为 $34613.53 \times 10^4 t$（表 10-1），探明率为 84.4%，说明该目标层的勘探程度较高，比较符合目前勘探进程。

（3）聚集区位置分析：高资源丰度（$>300 \times 10^4 t/km^2$）区与资源规模分布基本一致，主要分布在 B 区和 C 区（图 10-6）。其中，B 区聚集 $18417 \times 10^4 t$，占总量的 44.9%，C 区聚集 $19724 \times 10^4 t$，占总量的 48.1%，A 区聚集 $2865 \times 10^4 t$，仅占总量的 7%，D 没有聚集量。4 个分区石油聚集位置与勘探结果较为一致（图 10-4），各区聚集量比例与实际勘探数据（表 10-1）虽有所差异，但总体偏差不大。对比目标层已发现

184

的油田分布，模拟结果预测出在 C 区 NP2-16 井附近、A 区 NP5-4 井北侧还有勘探潜力，是下步应该关注的目标。

参 考 文 献

董月霞，杨赏，陈蕾，等．2014.渤海湾盆地辫状河三角洲沉积与深部储集层特征：以南堡凹陷南部古近系沙一段为例．石油勘探与开发，2014，41（4）：385-393.

冯勇，石广仁，米石云，等．2001.有限体积法及其在盆地模拟中的应用．西南石油学院学报，23（5）：12-15.

高丽明，何登发，桂宝玲，等．2014.东营凹陷民丰洼陷边界断层三维几何学及运动学特征．石油勘探与开发，41（5）：546-553.

郭秋麟，陈宁生，谢红兵，等．2015.基于有限体积法的三维油气运聚模拟技术．石油勘探与开发，42（6）：817-825.

姜福杰，董月霞，庞雄奇，等．2013.南堡凹陷油气分布特征与主控因素分析．现代地质，27（5）：1258-1264.

庞雄奇，霍志鹏，范泊江，等．2014.渤海湾盆地南堡凹陷源控油气作用及成藏体系评价．天然气工业，34（1）：28-36.

蒲秀刚，周立宏，韩文中，等．2014.歧口凹陷沙一下亚段斜坡区重力流沉积与致密油勘探．石油勘探与开发，41（2）：138-149.

石广仁，马进山，常军华．2010.三维三相达西流法及其在库车坳陷的应用．石油与天然气地质，31（4）：403-409.

石广仁，张庆春，马进山，等．2003.三维三相烃类二次运移模型．石油学报，24（2）：38-42.

石广仁．2009.油气运聚定量模拟技术现状、问题及设想．石油与天然气地质，30（1）：1-10.

张林晔，包友书，李钜源，等．2014.湖相页岩油可动性：以渤海湾盆地济阳坳陷东营凹陷为例．石油勘探与开发，41（6）：641-649.

Hantschel T, Kauerauf A I. 2009. Fundamentals of basin modeling and petroleum systems modeling. Berlin：Springer-Verlag.

Mello U T, Rodrigues J R P, Rossa A L. 2009. A control-volume finite element method for three-dimensional multiphase basin modeling. Marine & Petroleum Geology，26（4）：504-518.

第十一章　致密油气聚集模拟技术

本章共两节，分别探讨了致密油和致密砂岩气聚集模拟技术。第一节，在总结致密油研究现状的基础上，将致密油分为页岩油、互层或夹层型致密油和邻源型致密油三类，并建立成藏地质模型和数值模型，应用实例证明砂岩致密时间对不同类型的致密油聚集量影响不同，对邻源型致密油聚集量的影响最大；第二节，通过研究致密砂岩气成藏机理，提出一种混合动力的成藏模型，认为孔喉直径为纳米级（<0.5μm）的致密砂岩气成藏的主要驱动力为生气产生的超压，孔喉直径为微米级（>0.5μm）的致密砂岩气成藏的主要驱动力为浮力。以此为基础，分别建立排挤式和置换式模型以及一套相应的定量模拟致密砂岩气聚集的技术，该技术在四川盆地合川地区的应用已经见到了效果。

第一节　致密油聚集数值模拟技术探讨

将致密油划分为页岩油、互层或夹层型致密油和邻源型致密油三种。页岩油的成藏过程很特殊，既没有经历二次运移也基本没有进行初次运移，只发生原始运移；互层或夹层型致密油属于自生自储型，是初次运移的结果；邻源型致密油是一种过渡型油藏，介于初次运移与二次运移之间，是"膨胀力"驱动的结果。基于这种认识，提出"膨胀流"驱动论，并以此建立邻源型致密油数值模型和互层或夹层型致密油的自生自储数值模型。充分利用生油史与排油史模拟结果，建立页岩油数值计算的容积法模型。实例应用证明，砂岩致密时间对不同类型的致密油聚集量影响不同，对邻源型致密油聚集量的影响最大。

一、技术现状

1. 技术发展现状

目前，国内已制定了《致密油地质评价行业标准》。广义讲，致密油是指产于低孔隙度和低渗透率页岩或其他致密岩石储层中的石油。致密油以吸附或游离状态赋存于富含有机质且渗透率极低的暗色页岩、泥质粉砂岩和砂岩夹层系统中，形成自生自储、连续分布的石油聚集（林森虎等，2011；景东升等，2012）。

2011 年，Clarkson 和 Pedersen 将致密油可分为 Shale Oil（页岩油）、Tight Oil（致密油）和 Halo Oil（裙边油）三种。本文将致密油划分为页岩油、互层或夹层型致密油和邻源型致密油三种。其中，页岩油相当于 Shale Oil，主要指赋存于泥页岩裂缝中的石油，目前中国石油暂时未将其列入致密油范围；互层或夹层型致密油相当于 Tight Oil，是指赋存于渗透率极低的泥质粉砂岩、碳酸盐岩和砂岩等夹层系统中的石油；邻源型致密油相当于 Halo Oil，是指典型致密油与常规低孔低渗油藏之间的过渡型，属于广义范围的致密油。

在 Williston 盆地 Bakken 组致密油气勘探开发成功的示范下，致密油气的成藏机制与模拟技术已成为当今全球的研究热点。致密油气的成藏机理比较复杂，目前国外主要采用纳米实验技术进行物理模拟，结合 CT 扫描成像技术来揭示成藏过程（Loucks 等，2009；Sondergeld，2010）。国内曾经陷入"先成藏后致密，还是先致密后成藏"的争论中。2010 年后，物理实验和致密气数值模拟已逐步展开，也取得了一定的进展（郭秋麟等，2010，2011，2012；陶士振等，2011；邹才能等，2014），如：储层致密后油气在超压驱动下仍然可以进入，说明后成藏是可能的；另外，先成藏的储层，只要含水饱和度相对较高，仍然可以继续致密，如发生铁方解石胶结等，也说明了先成藏是存在的。但在致密油的成藏数值模拟方面基本还是空白。

2. 北美致密油勘探现状

随着水平钻井和多段压裂完井技术的发展与完善，油气勘探开发正在进入全新的领域。2006 年 Williston 盆地 Elm Coulee 油田 Bakken 组致密油突破日产 $7950 \times 10^4 m^3$，2008 年 Bakken 组致密油实现规模开发，2010 年美国致密油产量突破 $3000 \times 10^4 t$，使美国持续 24 年的石油产量下降趋势首次得以扭转（Sonnenberg 等，2009；Chen，2009；Angster，2010；Alexandre，2011；Almanza 等，2011；贾承造等，2012）。与此同时，在加拿大的致密油勘探开发也取得进展（Dashtgard 等，2008；Clarkson 等，2011）。谌卓恒等（2013）预测西加拿大沉积盆地上白垩统 Colorado 群 Cardium 组的致密油资源潜力达到了 $27.6 \times 10^8 m^3$，为该区近期石油储量增长的重要储备。我国在鄂尔多斯盆地的延长组、四川盆地的侏罗系等发现了致密油（梁狄刚等，2011；邹才能等，2012b），全国致密油地质资源总量达到 $106.7 \times 10^8 \sim 111.5 \times 10^8 t$，是中国未来较为现实的石油接替资源（贾承造等，2012）。

3. 我国鄂尔多斯盆地致密油特征

我国致密油勘探主要集中在鄂尔多斯盆地、准噶尔盆地、松辽盆地等几个重要含油气盆地。其中，鄂尔多斯盆地的勘探现状具有代表性。鄂尔多斯盆地中部西源隆起带以东、渭北隆起以北，面积约 $10.8 \times 10^4 km^2$。长 7 油层组致密砂岩油藏主要发育在长 7_1、长 7_2 油层，平面上主要分在姬塬地区的三角洲前缘砂体和陇东地区的浊积砂体（刘化青等，2007；李相博等，2009；邹才能等，2009a）。长 7 油层组沉积期是湖盆发展演化的鼎盛时期，全区湖水伸展范围最大，以浅湖—深湖沉积为主，典型岩性为灰黑色泥页岩（刘化青等，2007；李士春等，2010）。长 7 油页岩富含有机质，镜下观察表明，干酪根以无定形类脂体为主，少见刺球藻和孢子，成分单一；有机母质类型以 Ⅰ、Ⅱ₁ 型干酪根为主，发育高效烃源岩（卢进才等，2006）。长 7 油层组厚 $100 \sim 140m$，上部为深灰色、灰黑色泥岩夹泥质粉砂岩、粉砂岩；下部为深灰色泥岩、泥质粉砂岩、灰黑色页岩、油页岩；中—下部为良好的区域性对比标志层，俗称"张家滩页岩"，在区内均有分布。有机地球化学测试资料表明，残余有机碳含量主要分布于 $6\% \sim 22\%$ 之间，平均 TOC 为 13.75%，平均氯仿沥青"A"为 0.896%。热解生烃潜力可达 $30 \sim 50 kg/t$，平均生烃潜量达 43.58kg/t。长 7 油页岩已达生油高峰阶段（R_o 为 $0.85\% \sim 1.15\%$、T_{max} 为

445~455℃），是中生界石油的主力油源。

长期以来人们一直以岩性油气藏的常规方法来评价该区，随着致密油在该研究区的发现，油的成藏机理等需要进行重新评估。本节主要从聚集模型探讨和方法优选上进行论述和讨论，致力于得出适合评价区研究的优选方法。

二、成藏地质模型

致密油成藏过程目前还处于探讨中，不同类型的致密油成藏地质条件差别较大，需要分别研究。根据页岩油、互层或夹层型致密油和邻源型致密油三种类型的特点，提出相应的成藏地质模型（图 11-1）。

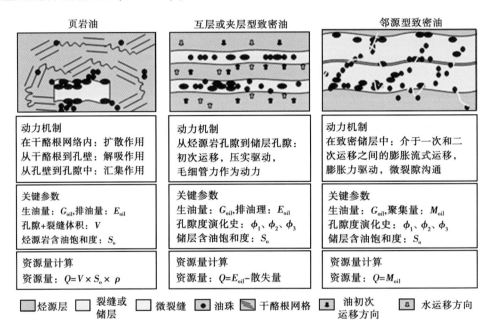

图 11-1　三种致密油成藏地质模型

1. 页岩油

页岩油是指赋存于泥页岩孔隙、裂缝中的石油。具有源储不分、基质孔隙度低、渗透率低的特点，裂缝作用明显，既可增加储油空间又可以提高渗透率（Clarkson 等，2011）。典型实例为 Williston 盆地 Bakken-Exshaw 页岩和渤海湾盆地济阳坳陷沙河街组泥页岩。页岩油的成藏过程很特殊，既没有经历二次运移也基本没有进行初次运移，严格讲，应该只发生原始运移（Initial Migration）。原始运移早于初次运移，特指从生油母质中析出和脱离母质表面的过程（Mann，1994；郭秋麟等，1998）。原始运移分为三个连续的过程：首先，在干酪根网络内发生扩散作用，其次，从干酪根到孔壁发生解吸作用，从孔壁到孔隙或裂缝中发生汇集作用，形成油珠、油串或团块；最终形成具有工业价值的页岩油。

2. 互层或夹层型致密油

这是一种典型的致密油，主要指赋存于源储互层或烃源岩中夹杂的致密储层中的石油。储层以泥质、灰质砂岩和泥质碳酸盐岩为主，基质孔隙度一般小于10%，地下地层覆基渗透率（地层渗透率）小于0.1mD（贾承造等，2012；Clarkson等，2011）。典型的实例为 Williston 盆地 Bakken 组和鄂尔多斯盆地的长 7 油层组。这种源储互层致密油的成藏过程大家比较熟悉，属于自生自储型，是初次运移的结果。

3. 邻源型致密油

这是一种过渡型致密油，主要是指赋存于烃源岩周边的致密储层中的石油。储层以砂岩和碳酸盐岩为主，基质孔隙度和渗透率略好于典型的致密油，但比常规的岩性储层差（Clarkson等，2011）。典型的实例为西加拿大沉积盆地 Cardium 组和鄂尔多斯盆地的长 6 油层组。这种邻源大套致密储层油的成藏过程还处于探讨中，介于初次运移与二次运移之间。本文提出一种"膨胀流"的运聚模型，在下文做详细解释。

三、数值模型

致密油聚集量的数值模拟需要盆地模拟技术的支持。模型所需的关键数据主要来自盆地模拟四史（地史、热史、生烃和排烃史）的模拟结果，如孔隙演化数据来自埋藏史的模拟结果，岩石致密化数据来自热史与成岩演化史的模拟结果，烃源岩含油饱和度、生油量和排油量等数据来自生、排烃史的模拟结果。以下模型涉及的盆地模拟方法技术将不在本节赘述。

1. 页岩油数值模型

基于生油史、排油史模拟和泥页岩孔隙在压实、成岩过程中的演化史模拟结果，开展页岩油聚集动态模拟。泥页岩的压实与成岩史模拟结果，提供了不同阶段的孔隙变化及相应的排液系数；根据生油史和排油史模拟，可以得到不同阶段的生油量、含油饱和度和排油量等关键参数。根据容积法，未排出泥页岩中的残余油量——页岩油聚集量可用以下公式计算：

$$Q_{shale} = 100 \times \sum_{i}^{n} (A_i H_i \phi_i S_{o,i} \rho)/B_o \tag{11-1}$$

式中　Q_{shale}——页岩油聚集量（泥页岩中的残余油量），$10^4 t$；

　　　n——计算网格数；

　　　i——计算网格序号；

　　　A——计算网格的面积，km^2；

　　　H——计算网格中泥页岩的厚度，m；

　　　ϕ——计算网格中泥页岩的孔隙度；

　　　S_o——计算网格中泥页岩的含油饱和度；

　　　ρ——原油密度，t/m^3；

　　　B_o——原始原油体积系数。

在上式中，最重要的参数是不同阶段泥页岩的孔隙度、含油饱和度和泥页岩厚度，间接参数是生油量和排油量。

2. 互层或夹层型致密油数值模型

源储互层或夹层型致密油聚集量与烃源岩生排油量、互层厚度和孔隙度有关。从烃

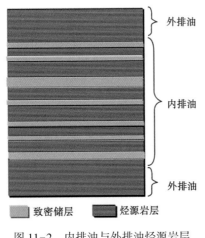

图 11-2　内排油与外排油烃源岩层
厚度的确定示例

源岩中生成并排出的石油，部分会进入互层中，形成"源内"致密油——源储互层致密油，另一部分会进入相邻的储层中。将前一部分油称之为"内排油"；后一部分油称为"外排油"。内排油与外排油的比例变化较大，与互层的位置和厚度有关，需要通过地质分析来确定。如果砂岩夹层占烃源岩层的比例小，则外排油大于内排油；相反，如果砂岩夹层占烃源岩层的比例大，则内排油应该大于外排油。图 11-2 解释了内排油和外排油烃源岩层厚度的确定方式。砂岩含量越大，内排油的比例越大；相反就越小。根据质量守恒原理，互层中的致密油量等于内排油量。如果内排油量超过致密层最大容量，则致密油量等于致密层最大容量。可用以下公式计算：

$$\begin{cases} E_i = E_{\text{total}, i} \times f_i \\ S_{\text{o}, i} = \dfrac{E_i / \rho}{A_i H_i \phi_i} / 100 \\ Q_{\text{tight}} = 100 \times \displaystyle\sum_{i}^{n} (A_i H_i \phi_i S_{\text{o}, i} \rho) / B_{\text{o}} \end{cases} \quad (11-2)$$

式中　Q_{tight}——互层或夹层（储层）中的致密油聚集量，10^4t；

　　　n——计算网格数；

　　　i——计算网格序号；

　　　E_{total}——计算网格的总排油量，10^4t；

　　　E——计算网格的内排油量，10^4t；

　　　f——计算网格的内排油量占总排油量的百分比；

　　　A——计算网格的面积，km^2；

　　　H——计算网格中互层或夹层的厚度，m；

　　　ϕ——计算网格中互层或夹层的孔隙度；

　　　S_{o}——计算网格中互层或夹层的含油饱和度；当（$S_{\text{o}}+S_{\text{w}}$）$>1$ 时，$S_{\text{o}} = 1-S_{\text{w}}$；$S_{\text{w}}$为计算网格中互层或夹层的束缚水饱和度；

　　　ρ——原油密度，t/m^3；

　　　B_{o}——原始原油体积系数。

在上式中，最重要的参数是不同阶段互层或夹层的厚度、孔隙度、含油饱和度、束缚水饱和度、排油量和内排油量占总排油量的百分比。

3. 邻源型致密油数值模型

邻源型致密油聚集量与烃源岩层生排油量、互层致密油量、致密储层厚度、孔隙度和致密时间等因素有关。从烃源岩层中生成并排出的石油，除了部分存留在互层中形成"源内"致密油外，还有一部分会进入相邻的储层中。在储层致密前进入的石油，在浮力作用下发生二次运移，并聚集或散失在运移路程中，这部分的油属于常规油。在储层致密后进入的石油，浮力作用不明显，难于发生长距离的二次运移，这部分石油依靠膨胀力驱动，在源储压差作用下缓慢挤入致密储层内，形成连续的致密油聚集。

1）驱动论要点

膨胀流驱动论的核心要点为：干酪根在转化为石油的过程中，物质从固体转化为液体，密度从约 $1.2\ t/m^3$ 变为约 $0.88\ t/m^3$，体积增加 1.36 倍（新增 36%）。由于液体的压缩系数极小，如果液体体积增加 5%，大约会产生 $100MPa$ 的压力。在富含有机碳的烃源岩层内，随着生油过程的继续，巨大的膨胀力将驱动石油缓慢挤入相邻的致密储层中，形成连续的石油聚集。聚集油柱高度与生排油量、储层厚度和孔隙度有关。

2）技术对比

为了阐述膨胀流驱动论，有必要将其与三大油气运移理论进行对比（表 11-1）。从驱动因素、流动变量、流动方程和关键参数四方面进行对比，膨胀驱动论的驱动因素（内因）为物质的密度，流动变量为膨胀流——膨胀引起的流动，关键参数为膨胀系数。

表 11-1　膨胀流驱动论与其他理论对比

序号	理论/原理	驱动因素	流动变量	流动方程	关键参数
1	达西定律	压力，p	水流，v_w	$v_w = -K/v \cdot (p - \rho g z)$	渗透率：K 黏度：v
2	Hubbert 势	流体势，μ_p	液体流，v_p	$v_p = -K_k/v_p \cdot \Delta\mu_p$	相对渗透率：K_k 黏度：v_p
3	费克定律	浓度，c	扩散流，J	$J = -D \cdot \Delta c$	扩散系数：D
4	膨胀流驱动论	密度，d	膨胀流，L	$L = -\omega \cdot \Delta d$	膨胀系数：ω

3）膨胀系数与连续油柱高度

致密砂岩储层中，膨胀系数（ω）与相邻烃源岩中的干酪根产油率（D_r）成正比，与新生石油的密度（d）成反比，即：

$$\omega \approx D_r/d \tag{11-3}$$

致密砂岩储层中，连续油柱高度（H_{halo}）与膨胀系数成正比，与储层连通孔隙度（ϕ）成反比，即：

$$H_{halo} \approx \omega/\phi \tag{11-4}$$

4）数值模型

膨胀系数的大小可由生排油量间接表示，这里不做深入分析。根据膨胀驱动论，邻源致密储层中的致密油量为总排油量减去储层致密之前的外排油量后，再减去互层中致密油聚集量。计算模型如下：

$$
\begin{cases}
Q_{halo} = E_{total} - Q_{tight} - N_{tight} \\[2mm]
R_{holo} = \dfrac{Q_{halo}}{A} \\[2mm]
H_{halo} = \dfrac{Q_{halo}}{A \times \phi \times \rho \times (1 - S_w)/B_o}
\end{cases}
\tag{11-5}
$$

式中 Q_{halo}——邻源储层中的致密油聚集量，10^4t；

   E_{total}——烃源岩总排油量，10^4t；

   Q_{tight}——互层或夹层（储层）中的致密油聚集量，10^4t；

   N_{tight}——邻源储层致密之前，从烃源岩排入的石油量（外排油量），10^4t；

   R_{halo}——单位面积致密油聚集量（丰度），$10^4t/km^2$；

   H_{halo}——计算网格的致密油柱高度（不大于致密储层厚度），m；

   A——计算网格的面积，km^2；

   ϕ——计算网格中邻源储层的孔隙度；

   S_w——计算网格中邻源储层的束缚水饱和度；

   ρ——原油密度，t/m^3；

   B_o——原始原油体积系数。

在该模型中，最重要的参数是不同阶段邻源储层的厚度、孔隙度、束缚水饱和度、烃源岩排油量和储层致密地质时间等。

四、应用实例

1. 地质特点与关键参数

以鄂尔多斯盆地三叠系延长组致密油为例，延长组自上而下分为 10 个油层组，即长 1—长 10 油层组。研究对象为长 6、长 7 和长 8 三个油层组，其中长 7 油层组为主力烃源岩层夹着少量致密砂岩层，致密砂岩层属于典型的致密油类型（Tight Oil），泥页岩具有页岩油（Shale Oil）的特点；长 6 油层组底部和长 8 油层组顶部为致密砂岩层，属于邻源致密油类型（Halo Oil）。三个层的地质参数见表 11-2。

表 11-2 G20 井目的层地质参数

油层组	底界埋深（m）	厚度（m）	砂岩厚度/致密层厚度（m）	烃源岩厚度（m）	致密油类型
长 6	1835	122	55/14		上邻源型（Halo Oil）
长 7	1948	113	12/10	101	夹层型（Tight Oil）和页岩油（Shale Oil）
长 8	2026	78	51/7.5		下邻源型（Halo Oil）

开展盆地模拟，得到埋藏史、孔隙演化史和热演化史（图 11-3 和图 11-4），统计分析姬塬油田延长组砂岩孔隙度与渗透率的关系，得到图 11-5。根据致密油的定义，砂岩致密的有效渗透率界限为 0.1mD（对应的空气渗透率约为 0.7mD），相当于孔隙度在 8%～10% 之间，由此确定研究区砂岩致密时间在 100—50Ma 之间（图 11-3）。图 11-4 显示，最大埋深 3340m，发生在 43Ma；最大生油、排油发生在 60—43Ma 之间。根据地质分析确定烃源层向上（进入长 6 油层组）、向下（进入长 8 油层组）排油比约为 7:3。

2. 模拟结果

本次模拟不涉及页岩油部分，重点放在经济价值更好的邻源型和夹层型致密油。

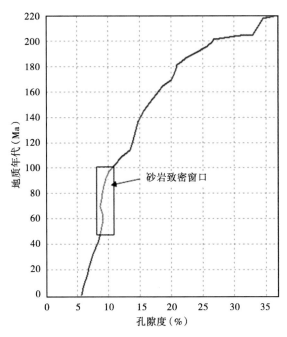

图 11-3 G20 井长 7 油层组砂岩孔隙演化史

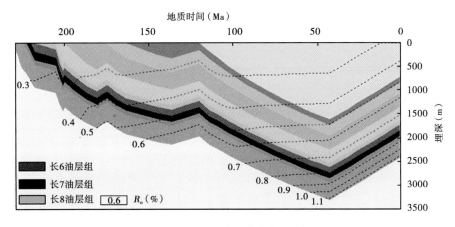

图 11-4 G20 井埋藏史与 R_o 史

1）油源充足，致密层厚度较薄的情况

为了便于研究对比，分别将致密时间确定为 100 Ma 和 50 Ma 两个节点（图 11-3 至图 11-5），并分别进行模拟，模拟结果包括致密油油柱高度、资源丰度等（表 11-3）。通过对比可以发现：不管致密时间是 100Ma 还是 50Ma，模拟结果（现今）不变，只是聚集过程有些差异（表 11-3 和图 11-6）。图 11-6（a）为资源丰度，其中绿色部分代表在砂岩致密之前已排出到烃源岩之外的石油，该部分油在储层中受浮力驱动，可能已经散失掉了，也可能在更高的构造部位或圈闭中形成常规油藏。总之，绿色的不属于致密油资源。

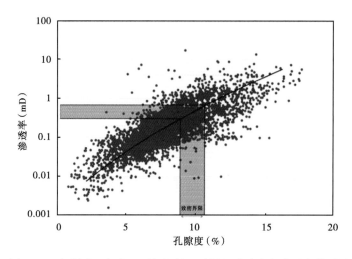

图 11-5　姬塬油田新庄区延长组长 8 油层组孔隙度与渗透率关系图

表 11-3　致密层厚度较薄时，不同致密时间模拟结果（现今）对比

油层组	致密时间（Ma）	油柱高度（m）	资源丰度（$10^4t/km^2$）	致密油类型
长 6	100	13	43	Halo Oil
	50	13	43	
长 7	100	8	25	Tight Oil
	50	8	25	
长 8	100	6.5	20	Halo Oil
	50	6.5	20	

　　2）致密层厚度不受限的情况

　　如果将表 11-2 中的砂岩全部界定为致密砂岩（长 6 油层组为 55m，长 7 油层组为 12m，长 8 油层组为 51m）、烃源岩层等其他条件不变的情况下，模拟结果结论如下：（1）夹层型致密油聚集量不受砂岩致密时间的影响；（2）邻源型致密油砂岩致密时间越早，致密油越多，反之越少（表 11-3 和图 11-7）。因此，如何确定砂岩致密时间，是计算邻源型致密油聚集量的关键。

表 11-4　致密层厚度较厚时，不同致密时间模拟结果（现今）对比

油层组	致密时间（Ma）	油柱高度（m）	资源丰度（$10^4t/km^2$）	致密油类型
长 6	100	41	135	Halo Oil
	75	35	113	
	50	29	86	
长 7	100	11	39	Tight Oil
	75	11	39	
	50	11	39	

油层组	致密时间（Ma）	油柱高度（m）	资源丰度（10^4t/km²）	致密油类型
长8	100	18	57	Halo Oil
	75	15.5	48	
	50	12.5	40	

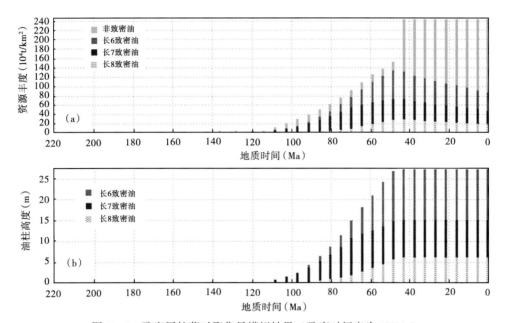

图 11-6　致密层较薄时聚集量模拟结果（致密时间定为 100Ma）

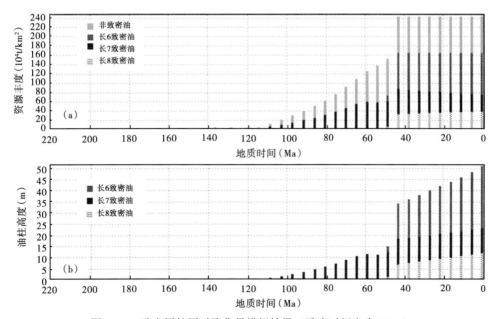

图 11-7　致密层较厚时聚集量模拟结果（致密时间定为 50Ma）

3）致密油平面分布

采用致密油聚集数值模拟与有利区预测技术，预测结果如下：长 7 油层组砂岩百分含量大于 20% 的致密砂岩油聚集量 25×10^8 t，有利区面积达到 1.9×10^4 km²，资源丰度分布如图 11-8 所示。

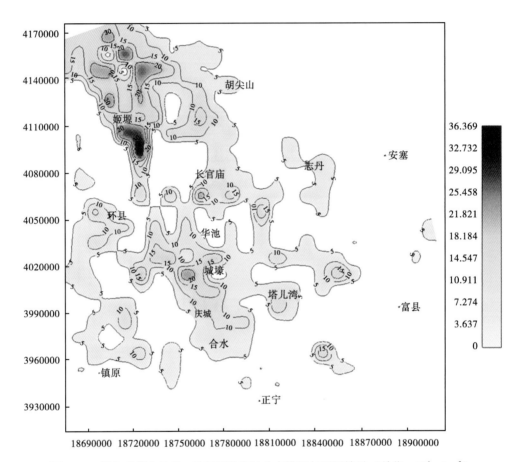

图 11-8　鄂尔多斯盆地长 7 油层组致密油分布模拟与预测结果（单位：10^4 t/km²）

五、研究结论

（1）将致密油划分为页岩油、互层或夹层型致密油和邻源型致密油三种，根据其各自的特点，提出相应的成藏地质模型。其中，页岩油的成藏过程很特殊，既没有经历二次运移也基本没有进行初次运移，严格讲，应该只发生原始运移；互层或夹层型致密油属于自生自储型，是初次运移的结果；邻源型致密油是一种过渡型油藏，介于初次运移与二次运移之间，是膨胀力驱动的结果。

（2）根据邻源型致密油地质模型和成藏特点，提出膨胀流驱动论，并以此建立邻源型致密油数值模型；根据互层或夹层型致密油的特点，建立自生自储型数值模型；充分利用生油史与排烃史模拟结果，建立页岩油数值计算的容积法。实例应用证明，以上模型具有实际应用价值。

（3）在油源充足、致密层厚度较薄的情况下，砂岩致密时间对石油聚集过程有影响，但对现今聚集量基本没影响；在致密层厚度较厚的情况下，邻源型致密油聚集量受砂岩致密时间影响大，砂岩致密时间越早，致密油聚集量越大；反之越小。因此，如何确定砂岩致密时间，是计算邻源型致密油聚集量的关键。

（4）致密油成藏模型与数值模拟方法还处于探讨阶段，需要在以后的研究中不断发展和完善。

第二节　连续型致密气聚集模拟技术探讨

本节通过成藏机理研究，提出一种混合动力的成藏模型，认为：（1）纳米级（<0.5μm）孔喉直径的致密砂岩气，成藏的主要驱动力为生气产生的超压；（2）微米级（>0.5μm）孔喉直径的致密砂岩气，成藏的主要驱动力为浮力。根据以上认识，分别建立了排挤式和置换式两种致密砂岩气聚集数值模型及方法。形成的模拟技术在四川盆地合川地区见到了应用效果。

一、致密砂岩气研究现状

近年来，随着致密砂岩气勘探开发的快速发展，致密砂岩气已成为天然气储量和产量增长的重要因素。2008 年，全球致密砂岩气产量已达到 $15.3 \times 10^{12} ft^3$，美国三分之一的天然气产量来自致密气藏（World Energy Outlook，2009）。在我国的四川盆地、鄂尔多斯盆地和塔里木盆地等，已发现大量致密气。2013 年中国致密气产量已达 $340 \times 10^8 m^3$，约占全国总产量 1/3（邹才能等，2014）。显然，致密砂岩气已成为非常规油气资源的重要组成之一。

在美国，致密砂岩气藏是指渗透率小于 0.1mD 的砂岩气藏（Kazemi，1982；Law，1985）；国内，关德师等（1995）将其定义为孔隙度小于 12%，渗透率小于 0.1mD，含气饱和度低于 60%，天然气在其中流动速度较为缓慢的砂岩层中的天然气藏。在 20 世纪 60 年代末和 70 年代初，美国已开始关注致密砂岩气，认为致密砂岩气的资源潜力极大。

致密砂岩气有时也被称为深盆气、盆地中心气、连续气和根源气等（Masters，1979；Law 和 Dickson，1985；Surdam 等，1997；Schmoker，2002；张金川等，2003），它具有以下共同的特点：（1）近源、大面积、相对低丰度分布；（2）储层低孔、特低渗；（3）浮力作用有限，以非达西渗流为主；（4）近距离运移；（5）斜坡、向斜区和构造高部位均有分布；（6）异常压力；（7）低产、油气水分布复杂等。根据致密砂岩气的特点，不同的学者提出了不同的成藏机理，如水动力圈闭原理、"水锁"原理、动平衡气藏原理、动态气藏原理、活塞式驱替理论和整体排驱原理等（Masters，1979；Law 和 Dickson，1985；Surdam 等，1997；张金川等，2008；姜福杰等，2010）。张金川等提出了动平衡方程，但没有模拟流程和应用。解国军等（2004）建立了深盆气成藏数值模型，但模型依然把浮力作为唯一驱动力，因此从数学模型讲与常规天然气运聚模型没有区别。

二、致密砂岩气成藏模型

1. 孔喉结构与成藏动力的关系

致密砂岩的孔喉结构特征决定了其成藏过程的特殊性。根据 Nelson（2009）的测试结果，致密砂岩储层的喉道直径主要分布在 $0.04 \sim 2\mu m$ 之间，对应的渗透率在 $0.0001 \sim 0.1mD$ 之间，孔隙度在 $4\% \sim 10\%$ 之间。以 50m 厚的砂岩为例，最大连续气柱高度 50m，对应的浮力约为 0.35MPa；同样，以喉道直径 $0.5\mu m$ 为例，相应的毛细管阻力约为 0.36MPa。如果喉道直径小于 $0.5\mu m$（纳米级喉道），则单纯依靠浮力作用，天然气很难在砂岩中运移；相反，如果喉道直径大于 $0.5\mu m$（微米级喉道），依靠浮力作用，天然气基本能够在砂岩中运移。

以上分析说明，孔喉大小决定了致密砂岩气的运聚驱动模式。在纳米级孔喉中，天然气运移主要靠超压驱动（烃源岩不断生气产生的超压）；在微米级孔喉中，天然气运移主要靠浮力驱动（浮力大于毛细管阻力）。

2. 致密砂岩气分布模式

纳米级和微米级喉道结构决定了致密砂岩气分布的独特性。按位置分为下部连续带和上部过渡带（图 11-9）。连续带位于构造低部位或斜坡处，砂岩直接覆盖在烃源岩之上，天然气大面积分布且以典型的连续聚集为特征——天然气藏不受盖层控制，也没有明显的底水；过渡带位于斜坡的上倾方向或构造较高部位，砂岩与烃源岩没有直接接触，天然气主要分布在储层物性相对较好的局部砂体"甜点"中，天然气藏具有常规气和连续气两种特点。

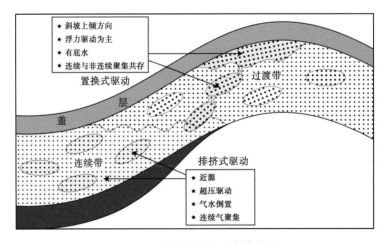

图 11-9　致密砂岩气聚集模式图

3. 连续带与过渡带成藏过程分析

由于砂岩致密，机械压实作用基本停止，天然气的运移动力基本来自内生的力量，连续带与过渡带的主要动力不同。在连续带中，尽管单个甲烷分子的直径不到 1nm，比致密砂岩最小孔喉直径小很多，但是游离气在致密砂岩中的运移也并非易事，因为它们是以分子团——气泡方式存在的。前面已分析过，正常的浮力不能驱动它们，只有内生的超压才能驱动甲烷气泡。在甲烷气泡向上移动过程中，由于气泡的大小与喉道接近，造成地层水无法回流，因此形成的气藏少见底水［图11-10（a）］。另外，由于离烃源岩近，浓度差大，因此扩散作用也是不可忽略的因素。在过渡带中，气泡比喉道小，在甲烷气泡向上移动过程中地层水可以自然回流，因此形成的气藏可见底水［图11-10（b）］。

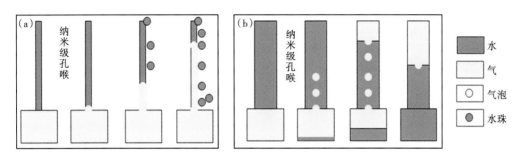

图11-10　致密砂岩气成藏过程示意图

（a）连续带，排挤式成藏，即超压驱动的气排挤水过程；（b）过渡带，置换式成藏，即浮力驱动的气水置换过程

三、致密砂岩气聚集量模拟方法

致密砂岩气聚集量模拟包括：烃源岩生气量模拟、连续带内天然气气柱高度计算、过渡带内天然气运移路径追踪与充注模拟及聚集量计算等内容。

1. 烃源岩生气量模拟

地史、热史、成岩史、生烃史和排烃史等常规的盆地模拟技术，可以模拟埋藏史和生排烃史。在生烃量计算时采用产气率法，关键参数为产气率曲线（图11-11），单井计算结果如图11-12所示。

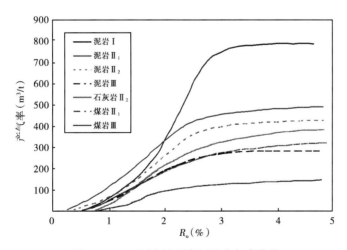

图11-11　四川盆地须家河组产气率曲线

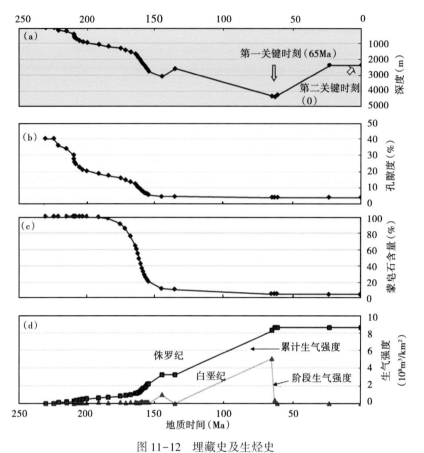

图 11-12　埋藏史及生烃史

（a）目的层底界埋深；（b）孔隙度；（c）蒙皂石含量；（d）单位面积生气量

　　烃源岩产生的天然气以多种形式存在，除吸附气、油溶解气、水溶解气和扩散气外，能够成为工业气藏的主要是游离气。吸附气的大小主要取决于岩石的吸附系数及岩石体积。通过实验测试或利用经验公式，可以定量计算这部分气的规模。油溶解气和水溶解气的规模主要取决于溶解度和油、水的体积。同样，利用经验公式或采用实测方法可以定量计算这部分气量。扩散气的大小与扩散系数有关，通常采用费克定律计算。游离气的量主要是通过物质平衡原理计算得到的。以上提到的各种计算方法在盆地模拟等相关文献中均有叙述（郭秋麟等，1998；石广仁，1999；李明诚，2004；乔永富等，2005；Hantschel 等，2009）。

　　游离气是致密砂岩天然气藏的最主要气源。为了便于叙述，下文提到的气（或天然气）特指游离气。

　　2. 连续带内天然气气柱高度计算模型

　　在连续带内，天然气的驱动力为烃源层生气引起的超压。超压的大小与生气量成正比，与烃源层孔隙体积成反比。在地下高温、高压等条件下，天然气的压力（p）、体积（V）和温度（T）三者之间的关系基本服从气体状态方程，但会有所偏差。它们之间的关系可用实际地区气藏的 pVT 曲线表示（图 11-13）。

200

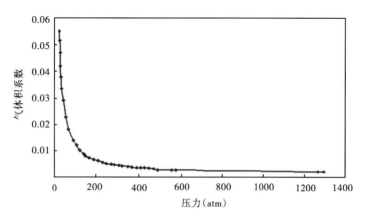

图 11-13 天然气体积系数与地层压力的关系

在已知生气量和孔隙体积（扣除束缚水所占部分）后，计算出气体的压缩系数或体积系数，假设所有的气体都保留在烃源岩层内，那么根据体积系数与压力之间的关系——pVT 曲线，就能计算出烃源岩层内气体的压力（图 11-14）。在实际地层中，当压力达到一定程度时，天然气将会冲破喉道毛细管压力的障碍，进入致密砂岩层内，直到压力达到平衡（图 11-15）。如果烃源岩层能够长时间大量生气，天然气就会不断地进入致密砂岩层内，地层压力也会不断调整，达到动态平衡，即在超压、气柱高度和毛细管压力三者之间达到以下平衡：

$$\Delta p = p_c + \rho_{gas}gh \tag{11-6}$$

式中　Δp ——超压，atm；

　　　p_c ——毛细管压力，atm；

　　　ρ_{gas} ——天然气密度，kg/m³；

　　　g ——重力加速度，9.8m/s²；

　　　h ——气柱高度，m。

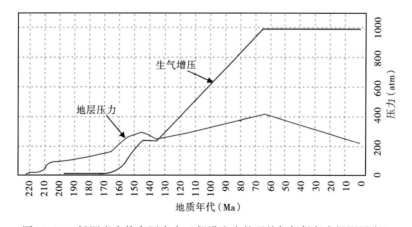

图 11-14 烃源岩内静态压力史（假设生出的天然气都保留在烃源层内）

201

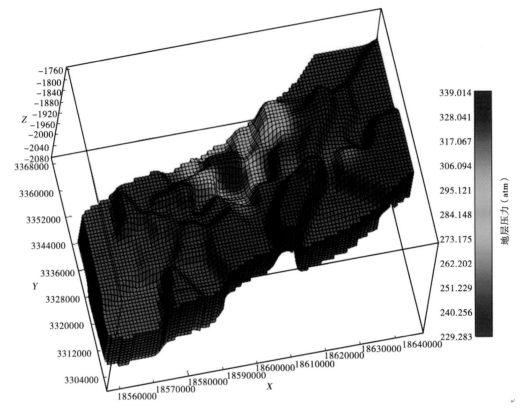

图 11-15　动态地层压力场

如果考虑异常地层水压力，考虑毛细管压力与孔喉半径、孔隙度的关系，以及气柱高度与生气量、孔隙体积的关系等，上式可以用更详细的动态方程组表示：

$$\begin{cases} p_{gt} = p_{ct} + \rho_g \cdot g \cdot h_t \cdot r + p_{wt} \cdot c_{pt} \\ p_{ct} = f(\phi) \\ h_t = \dfrac{Q_t \cdot B_{gt}}{A \cdot (1 - s_w) \cdot \phi} \\ B_{gt} = f(p_{g(t-1)}) \\ c_{pt} = \dfrac{p_{g(t-1)}}{p_{w(t-1)}} \end{cases} \tag{11-7}$$

式中　t ——模拟时间数，从开始沉积至今共模拟 N 次；

p_{gt} ——模拟次数为 t 时从烃源层注入储层的游离相天然气压力，atm；

p_{ct} ——模拟次数为 t 时储层毛细管压力，atm；与储层孔喉半径有关，孔喉半径与孔隙度的关系可通过实际数据拟合得到；

ρ_g ——地下气的密度，kg/m³；

g ——重力加速度，9.8m/s²；

202

h_t——模拟次数为 t 时气柱高度，m；

r ——压力换算系数；

p_{wt}——模拟次数为 t 时储层静水压力，atm；

c_{pt}——模拟次数为 t 时地层水压力系数，初始值为 1.0；

Q_t——已注入储层的游离相天然气量（地表条件下），m^3；

B_{gt}——模拟次数为 t 时天然气体积系数；

A ——单元网格面积，m^2；

s_w——含水饱和度；

ϕ——储层孔隙度。

以上方程组的边界条件为：

$$\begin{cases} h \geqslant 0 \\ h \leqslant H \\ p_g \leqslant p_{break} + \rho_g \cdot g \cdot H \cdot r + p_w \end{cases} \tag{11-8}$$

式中 H ——储层总厚度，m；

p_{break}——盖层突破压力，atm；

其他符号同式（11-7）。

以上为连续带内致密砂岩气聚集量（气柱高度）计算的数值模型，图 11-16 为成果图之一。

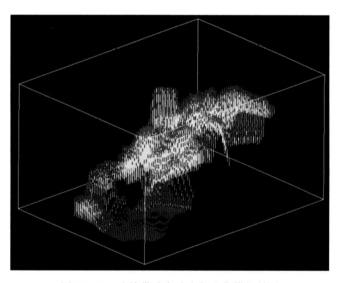

图 11-16 连续带致密砂岩气聚集模拟结果

红色—气水界面；黄色—连续气

3. 过渡带内天然气运移路径追踪与充注模拟方法

在过渡带内，天然气的驱动力以浮力为主，阻力为毛细管力，运移过程服从渗逾理论（罗晓容等，2007；Hantschel 等，2009）。在三维地质体内的模拟步骤如下：

第一步：三维地质体层面建模。以生、储、盖组合的模型为例，纵向上分为 $k+2$ 层，最底层为烃源岩层，最顶层为盖层，中间 k 层为储层，由下向上储层分为细层1、细层2、细层3……细层 k 等；在平面上划分 $i \times j$ 个网格，网格边界尽可能与构造线（如断层线等）一致。这样储层体共有 $i \times j \times k$ 个网格体。

第二步：储层体属性建模。通过孔隙度、砂岩百分含量等参数的采集与分层插值，完成所有属性建模。

第三步：确定连通烃源岩的三维岩性圈闭。给定岩性圈闭的孔隙度下限 ϕ_{min}，采用递归算法搜索与烃源岩接触的孔隙度大于 ϕ_{min} 的储层连通体，每个连通体对应一个岩性圈闭。

第四步：追踪油气运移路径。在岩性圈闭体内底层均为油气开始注入点，也是与烃源岩层的连通点。以毛细管力为阻力、浮力为驱动力，按照两者之差最小的原则，从烃源岩连通点追踪油气运移节点，直到节点为岩性圈闭边界为止。把追踪节点连成线，就构成了油气运移的最佳路线。

第五步：计算运移过程油气散失量。依照油气运移最佳路线，从烃源岩点开始逐一计算油气在网格体的散失量，其中气的散失量包括岩石的吸附气量和孔隙水的溶解气量，油的散失量主要指孔隙中的残余油量，根据最小残余油饱和度计算。

第六步：模拟油气充注量。油气充注量等于排油气量减去散失量，油气充注网格体的顺序与油气运移通过网格体的顺序正好相反，即最先充注油气的网格体为运移路线的终点，然后沿着运移路线逐一后退直到油气充完为止。图11-17和图11-18为模拟结果。

图11-17　过渡带致密砂岩气运移路径与聚集模拟结果（单位：$10^8 \mathrm{m}^3$）

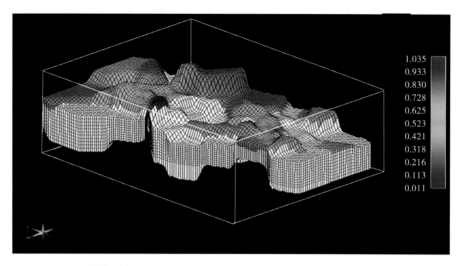

图 11-18　过渡带致密砂岩气运移过程动态追踪与聚集量模拟结果（单位：$10^8 m^3$）

四、在四川盆地合川—潼南地区的应用

1. 研究区构造位置与地层特征

合川—潼南位于四川盆地中部，在构造区划上隶属于川中古隆中斜平缓构造带，呈近北东向展布，东西长 92km，南北宽 70km，面积 3855km²，目的层为须家河组二段（T_3x_2）。须二段砂岩发育，分布较稳定，厚度在 76.5~139.5m 之间，埋深约 2200m，海拔线在-1800m 左右。从平面看，须二段厚度表现为东南薄西北厚的分布格局。须二段砂体主要为三角洲前缘亚相水下分流河道和河口坝微相砂体（图 11-19）。

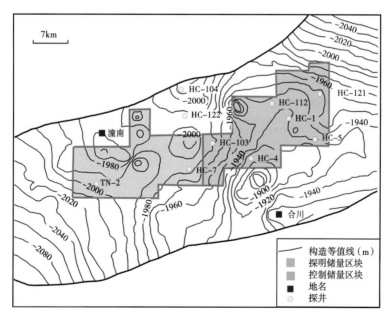

图 11-19　研究区位置与须二段顶界构造图

须家河组为一套内陆河湖交替的陆源碎屑沉积，厚度在 500~650m 之间稳定分布，顶与侏罗系自流井组珍珠冲段呈假整合接触，底与下伏雷口坡组呈假整合接触。须家河组纵向上自下而上划分为须六段—须一段。须一段、须三段和须五段以黑色页岩、泥岩为主夹薄层泥质粉砂岩、煤层或煤线，是主要的烃源岩层和盖层。须二段、须四段和须六段岩性以灰色中粒、中—细粒岩屑长石砂岩、长石岩屑砂岩、岩屑石英砂岩为主，是主要的储集层段（图 11-20）。

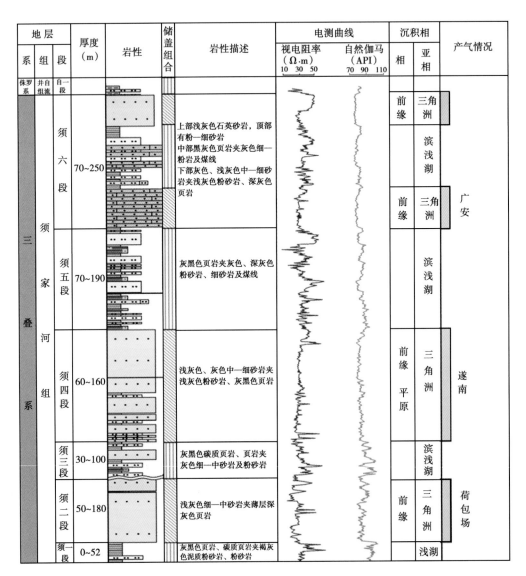

图 11-20　合川地区须家河组地层综合柱状图（据四川油田研究院，2008）

2. 储层物性特征

1）孔隙度与渗透率

对合川气藏 13 口井近千个须二段岩心样品的物性分析（表 11-5）结果表明，须二段孔隙度在 0.16%~16.54% 之间，总平均孔隙度为 6.39%，砂岩孔隙度主要集中分布

206

在 4%~8% 之间，孔隙度小于 6% 的岩样占 52.59%，而孔隙度大于 6% 的岩样占 47.41% [图 11-21（a）]；砂岩渗透率主要分布在 0.0007~23.6mD 范围内，总平均渗透率值为 0.388mD，砂岩渗透率主要集中分布在 0.01~0.16mD 之间，占 75.34% [图 11-21（b）]。反映须二段气藏储层具有明显的低孔、特低渗特征。

表 11-5 合川气藏须二段砂岩物性统计表

井 号	样数	孔隙度（%）		样数	渗透率（mD）		备 注
		区间值	平均值		区间值	平均值	
合川 1	104	2.09~14.63	6.59	102	0.011~11.9	0.293	岩心实测
合川 2	13	0.58~4.34	2.82	13	0.0015~0.0078	0.003	岩心实测
合川 3	51	1.24~11.44	6.57	51	0.0007~8.99	0.222	岩心实测
合川 4	22	0.5~6.76	4.51	21	0.0016~0.167	0.041	岩心实测
合川 5	357	0.16~13.83	5.82	352	0.0008~23.5	0.265	岩心实测
合川 6	108	3.84~11.77	7.32	107	0.0038~0.144	0.041	岩心实测
合川 7	60	1.14~16.54	7.18	60	0.0028~9.19	0.583	岩心实测
合川 103	17	1.07~8.04	5.81	16	0.001~0.5	0.216	岩心实测
合川 104	13	5.74~9.45	7.59	11	0.012~1.4	0.16	岩心实测
合川 105	32	3.16~9.94	7.07	32	0.007~0.435	0.092	岩心实测
合川 106	57	5.45~16.46	10.2	57	0.019~23.6	1.612	岩心实测
合川 109	62	3.11~13.95	6.18	62	0.065~1.66	0.22	岩心实测
合川 112	32	0.8~6.66	4.15	32	0.028~0.486	0.24	岩心实测

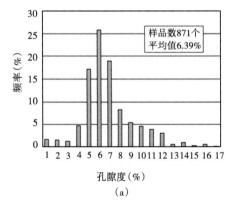 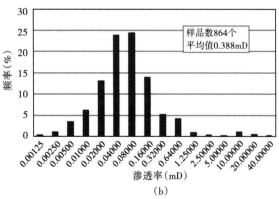

图 11-21 须二段气藏砂岩孔隙度与渗透率分布直方图

2）孔喉半径

已有的 6 口井 145 个须二段砂岩岩心样品的压汞资料表明：最大孔喉半径平均大于 0.46μm；中值半径平均大于 0.08μm；分选系数平均值在 1.87~2.30 之间；歪度系数平均值在 1.06~1.38 之间；均值系数平均值在 10.52~11.90 之间；变异系数平均值在 0.16~0.22 之间。

3）孔隙类型与喉道类型

须二段取心井的岩石薄片、铸体、扫描等资料表明，须二段储集岩的储集空间类型主要有粒间孔、粒内溶孔、杂基孔和微裂缝等，残余粒间孔、粒间溶孔和粒内溶孔是主要的孔隙类型，其发育程度对储集岩的物性好坏影响较大，它是评价须家河组储集条件的重要因素。须二段储层喉道类型以片状喉道、管状喉道为主，有少量孔隙缩小型或缩颈型喉道。

3. 气藏特征

1）气水分布

截至 2008 年底，研究区已钻探 64 口井，其中工业气流井 34 口；探明和控制天然气地质储量 $2340×10^8 m^3$，面积 $942km^2$。已发现的气藏具有低孔、低渗—特低渗特点，大多数没有明显的底水边界；其分布与常规气藏分布不同，既有在构造高部位，也有在低部位和鞍部（图 11-22）。以合川地区为例，位于构造高点的合川 1 井须二段，测试上、下两段，日产气 $4.45×10^4 m^3$、产水 $6.8m^3$，其中上段 2115～2120m 为纯气层，下段 2148～2155m 为气水层。其余井均位于构造相对低的位置，却产纯气（郝国丽等，2010）。

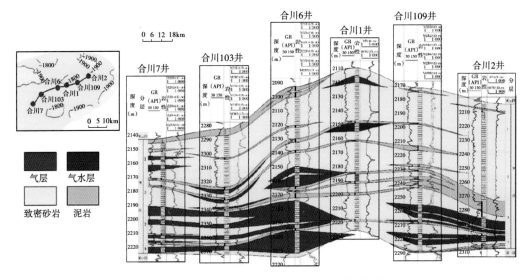

图 11-22　合川地区须二段气藏气水分布剖面（据郝丽国，2010）

2）含水饱和度与异常压力

束缚水饱和度与孔隙度、渗透率等因素有关。合川气田潼南 2 井区块须二气藏孔隙度 ϕ 与束缚水饱和度 S_w 的关系是近似双曲线（图 11-23），即随着孔隙度增加，含水饱和度不断降低。从已测试的 15 口井看，地层异常压力高，平均压力系数为 1.34，最大压力系数为 1.52，最小压力系数为 1.21（表 11-6）。这些特点说明合川气藏属于典型的致密砂岩气藏。

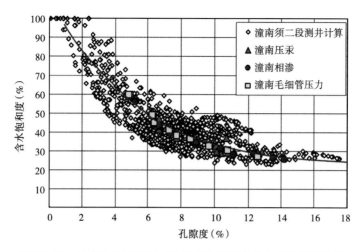

图 11-23　潼南 2 井区块须二段气藏孔隙度与含水饱和度的关系

表 11-6　合川气田须二段气藏实测地层压力与温度数据表

井名	井下测压情况		产层中部压力和温度					
	测量时间	压力计深度（m）	产层中深（m）	产层海拔（m）	地层压力（atm）	温度（℃）	压力系数	
女 103	1980. 4. 30	2050	2090	−1820.01	312	70. 9	1. 52	
合川 001−1	2008. 3. 28	2000	2078. 5	−1783.69	293		1. 44	
合川 001−2	2008. 9. 15	2050	2133. 75	−1843.74	305	70. 11	1. 46	
合川 2	2008. 4. 28	2275	2297. 25	−1946.66	301	78. 045	1. 33	
合川 3	2008. 1. 17	1650	2130. 8	−1870.81	280	73. 113	1. 34	
合川 4	2007. 12. 06	2100	2117. 3	−1887.56	292	72. 762	1. 40	
合川 5	2007. 10. 16	2240	2265	−1907.79	301	73. 891	1. 35	
合川 6	2007. 12. 7	2140	2193	−1928.27	277		1. 29	
合川 7	2007. 6. 11	2130	2160. 5	−1920.41	287	72. 054	1. 36	
	2007. 4. 29	2170	2207. 75	−1967.66	291	73. 861	1. 34	
合川 101	2008. 6. 16	1550	2303. 55	−1885.63	275		1. 22	
合川 103	2008. 4. 27	1500	2348. 25	−1954.28	278	77. 994	1. 21	
合川 104	2008. 4. 30	2300	2324. 8	−1946.31	292	78. 1	1. 28	
合川 106	2008. 6. 20	2170	2190. 75	−1917.46	272	70. 422	1. 27	
合川 108	2008. 4. 29	2185	2221	−1922.07	289	74. 146	1. 33	
合川 109	2008. 4. 29	2230	2269. 5	−1928.204	303	76. 322	1. 36	

4. 地质模型与参数

1）地质模型

平面模拟网格为每平方千米一格，即 92 格×70 格（包括边界外共 6440 格）；纵向上分为 12 层，最底层为烃源岩层须一段，最顶层为盖层须三段，中间 10 层为储层须二段。将储层须二段分为 10 个小层，每层厚度在 7~14m 之间，分别统计每个小层的砂岩厚度、砂岩孔隙度和渗透率，并将其分别绘制成平面等值图。根据孔喉半径与孔隙度和渗透率之间的关系推算孔喉半径分布。

2）关键参数

（1）天然气体积系数与地层压力关系曲线，来自邻区气藏实测数据统计结果；

（2）束缚水饱和度与孔隙度的关系曲线，来自本区或邻区气藏实测数据统计结果；

（3）烃源层埋深、厚度、孔隙度、生气量、排气量（游离气量）等，来自盆地模拟四史的结果；

（4）储层埋深或顶界构造图、等厚图（图 11-24），储层孔隙度等值线图、孔喉半径等值线图（图 11-25），现今储层流体压力系数等，来自钻井数据、测井数据及其属性建模的结果；

（5）盖层排替压力取 150atm，来自前人的研究成果。

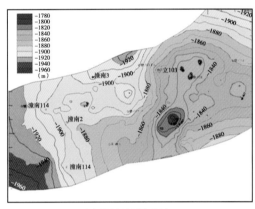

（a）储层顶界构造图　　　　　　　　　　（b）储层等厚图

图 11-24　合川—潼南地区须二段顶界构造图与储层等厚图

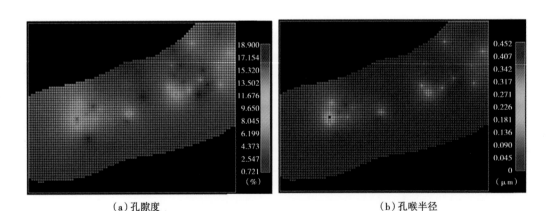

（a）孔隙度　　　　　　　　　　　　　　　（b）孔喉半径

图 11-25　合川—潼南地区须二段孔隙度和孔喉半径等值图

5. 应用效果

1）压力场定量模拟结果

采用上文介绍的方法，定量模拟全区生气增压史，得出：（1）在第一关键时刻65Ma（最大埋深）烃源岩层中游离气压力在393~440atm之间，压力系数在1.0~1.3之间［图11-26（a）］；（2）在第二关键时刻0（现今）烃源岩层中游离气压力在230~339atm之间，压力系数在1.2~1.5之间；（3）从全区分布看，在模拟区南部生气增压小，向北逐渐增加，在本区生烃中心HC122井附近压力最大，可达339atm［图11-26（b）］。

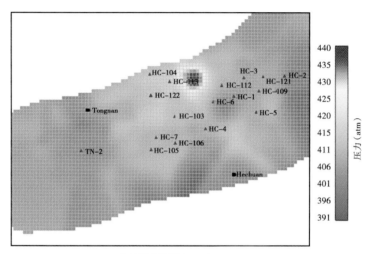

（a）最大埋深（65Ma）

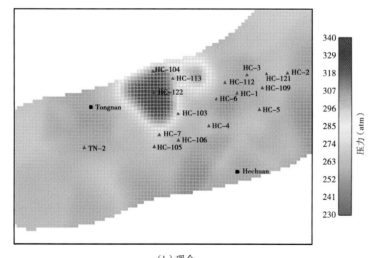

（b）现今

图11-26　动态压力场模拟结果

2）天然气聚集量模拟结果

致密砂岩气聚集模拟结果见表11-7。（1）过渡带：浮力驱动的致密砂岩气聚集在65Ma时刻已经完成成藏，后期的抬升对其影响不大；（2）连续带：超压驱动的致密砂岩气聚集从 65Ma 到 0 期间的抬升过程中，由于地层压力降低，压差增大，驱动油气运移更远，聚集在储层中的天然气多了 $980×108m^3$，约占总量的 20%；（3）在 65Ma 和 0 时刻，连续带与过渡带致密砂岩气量比分别为 4.5 和 5.9，说明连续带致密砂岩气占主导地位；（4）最终总聚集量为 $4800×10^8m^3$。

表 11-7　关键时刻模拟结果

关键时刻	平均埋深（m）	平均地层压力（atm）	连续带气（10^8m^3）	过渡带气（10^8m^3）	连续带气/过渡带气	总气量（10^8m^3）
65Ma（最大埋深）	4200	4200	3120	700	4.5	3820
现今	2200	2900	4100	700	5.9	4800
关键时刻差值	2000	1300	980	0		980

3）模拟结果与勘探现状对比及有利区预测

图 11-27 为模拟出的过渡带和连续带致密砂岩气聚集叠加后的资源丰度分布图。本区已发现储量 $2340×10^8m^3$ 主要分布在潼南 2 井块至合川 1 井块一带（图 11-27 中红色框内）；模拟天然气资源为 $4800×10^8m^3$，其中红色框内为 $2055×10^8m^3$。模拟结果符合率为 88 %（2055／2340＝88%）。

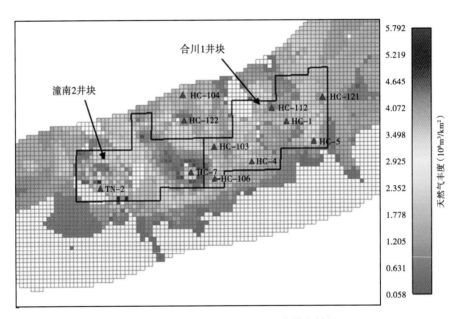

图 11-27　实例区致密砂岩气聚集模拟结果

图 11-28 显示，模拟出的过渡带致密砂岩气聚集除了 HC121 井以东地区外，其他两大块（潼南 2 井块与合川 1 井块）已被发现；图 11-29 显示，模拟出的连续带致密砂岩气聚集除了 HC7 井附近至 HC103 井地区外，还有许多地区的气藏（如 HC122 井以北、HC121 井以北等）未被发现。因此，建议下步的勘探重点为连续带致密砂岩气藏，主要突破方向为合川东北部、潼南北部和潼南东南部等（图 11-27）。

212

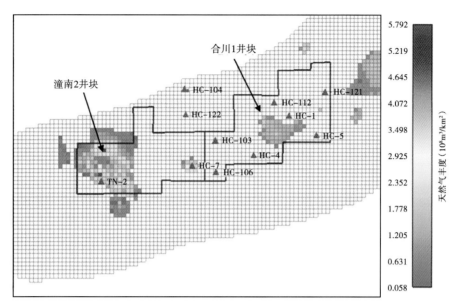

图 11-28　过渡带致密砂岩气聚集模拟结果

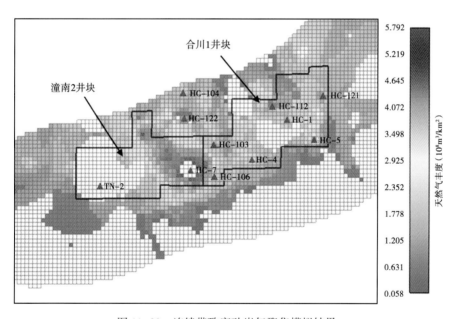

图 11-29　连续带致密砂岩气聚集模拟结果

参 考 文 献

湛卓恒，Osadetz K G. 2013. 西加拿大沉积盆地 Cardium 组致密油资源评价. 石油勘探与开发，40（3）：320-328.

高岗，刘显阳，王银会，等. 2013. 鄂尔多斯盆地陇东地区长 7 段页岩油特征与资源潜力. 地学前缘，20（2）：140-146.

关德师，牛嘉玉，郭丽娜，等．1995．中国非常规油气地质．北京：石油工业出版社．

郭秋麟，陈宁生，胡俊文，等．2012．致密砂岩气聚集模型与定量模拟探讨．天然气地球科学，23（2）：199-207.

郭秋麟，陈宁生，宋焕琪，等．2013a．致密油聚集模型与数值模拟探讨．岩性油气藏，25（1）：4-10.

郭秋麟，陈宁生，谢红兵，等．2010．四川盆地合川地区致密砂岩气藏特征与分布预测．中国石油勘探，15（6）：45-51.

郭秋麟，陈晓明，宋焕琪，等．2013b．泥页岩埋藏过程孔隙度演化与预测模型探讨．天然气地球科学，24（3）：439-449.

郭秋麟，李建忠，陈宁生，等．2011．四川合川—潼南地区须家河组致密砂岩气成藏模拟．石油勘探与开发，38（4）：409-417.

郭秋麟，米石云，石广仁，等．1998．盆地模拟原理方法．北京：石油工业出版社，93-157.

郝国丽，柳广弟，谢增业，等．2010．川中地区须家河组致密砂岩气藏气水分布模式及影响因素分析．天然气地球科学，21（3）：427-434.

贾承造，邹才能，李建忠，等．2012．中国致密油评价标准、主要类型、基本特征及资源前景．石油学报，33（3）：343-350.

姜福杰，庞雄奇，武丽．2010．致密砂岩气藏成藏过程中的地质门限及其控气机理．石油学报，31（1）：49-54.

解国军，金之钧，杨丽娜．2004．深盆气成藏数值模拟．石油大学学报：自然科学版，28（5）：13~17，38.

景东升，丁锋，袁际华．2012．美国致密油勘探开发现状、经验及启示．国土资源情报，（1）：18-19，45.

康玉柱．2012．中国非常规泥页岩油气藏特征及勘探前景展望．天然气工业，32（4）：1-5.

雷群，王红岩，赵群，等．2008．国内外非常规油气资源勘探开发现状及建议．天然气工业，28（12）：7-10.

李明诚．2004．石油与天然气运移．北京：石油工业出版社：50-57.

李士春，冯朝荣，殷士江．2010．鄂尔多斯盆地南部中生界延长组沉积体系与油气分析．岩性油气藏，22（2）：79-83.

李相博，刘化青，完颜容，等．2009．鄂尔多斯盆地三叠系延长组砂质碎屑流储集体的首次发现．岩性油气藏，21（4）：19-21.

梁狄刚，冉隆辉，戴弹申，等．2011．四川盆地中北部侏罗系大面积非常规石油勘探潜力的再认识．石油学报，32（1）：8-17.

林森虎，邹才能，袁选俊，等．2011．美国致密油开发现状及启示．岩性油气藏，23（4）：25-30.

刘化青，袁剑英，李相博，等．2007．鄂尔多斯盆地延长期湖盆演化及其成因分析．岩性油气藏，19（1）：52-5.

卢进才，李玉宏，魏仙样，等．2006．鄂尔多斯盆地三叠系延长组长7油层组油页岩沉积环境与资源潜力研究．吉林大学学报：地球科学版，36（6）：928-932.

罗晓容，喻建，张发强，等．2007．二次运移数学模型及其在鄂尔多斯盆地陇东地区长8段石油运移研究中的应用．中国科学：D辑，37（A01）：73-82.

庞雄奇，陈章明，陈发景．1993．含油气盆地地史、热史、生油、排烃史数值模型研究与烃源岩定量评价．北京：地质工业出版社．

乔永富，毛小平，辛广柱．2005．油气运移聚集定量化模拟．地球科学：中国地质大学学报，30（5）：617-622.

石广仁 . 1999. 油气盆地数值模拟方法 . 北京：石油工业出版社：78-200.

宋国奇，张林晔，卢双舫，等 . 2013. 页岩油资源评价技术方法及其应用 . 地学前缘，20（4）：221-228.

唐小梅，曾联波，岳锋，等 . 2012. 鄂尔多斯盆地三叠系延长组页岩油储层裂缝特征及常规测井识别方法 . 石油天然气学报，34（6）：95-99.

陶士振，邹才能，王京红，等 . 2011. 关于一些油气藏概念内涵、外延及属类辨析 . 天然气地球科学，22（4）：571-575.

王雪飞，李琳琳，薛海涛，等 . 2013. 渤南洼陷沙三下亚段页岩油资源潜力分级评价 . 大庆石油地质与开发，32（5）：159-164.

邬立言 . 1986. 生油岩热解快速定量评价 . 北京：科学出版社 .

杨华，李士祥，刘显阳 . 2013. 鄂尔多斯盆地致密油、页岩油特征及资源潜力 . 石油学报，34（1）：1-11.

张柏桥 . 2006. 盆地中心天然气系统成藏机理 . 石油天然气学报，28（4）：6-11.

张金川，林腊梅 . 李玉喜，等 . 2012. 页岩油分类与评价 . 地学前缘，19（5）：332-341.

张金川，唐玄，边瑞康 . 2008. 游离相天然气成藏动力连续方程 . 石油勘探与开发，35（1）：73-79.

张金川，张杰 . 2003. 深盆气成藏平衡原理及数学描述 . 高校地质学报，9（3）：458-465.

张晋言 . 2012. 页岩油测井评价方法及其应用 . 地球物理学进展，27（3）：1154-1162.

周庆凡，杨国丰 . 2012. 致密油与页岩油的概念与应用 . 石油与天然气地质，33（4）：541-544.

邹才能，陶士振，候连华，等 . 2014. 非常规油气地质理论 . 北京：地质出版社，22.

邹才能，杨智，崔景伟，等 . 2013. 页岩油形成机制、地质特征及发展对策 . 石油勘探与开发，40（1）：14-26.

邹才能，杨智，陶士振，等 . 2012a. 纳米油气与源储共生型油气聚集 . 石油勘探与开发，39（1）：13-26.

邹才能，赵政璋，杨华，等 . 2009a. 陆相湖盆深水砂质碎屑流成因机制与分布特征——以鄂尔多斯为例 . 沉积学报，27（6）：1065-1070.

邹才能，朱如凯，白斌，等 . 2011. 中国油气储层中纳米孔首次发现及其科学价值 . 岩石学报，27（6）：1857-1864.

邹才能，朱如凯，吴松涛 等 . 2012b. 常规与非常规油气聚集类型、特征、机理及展望——以中国致密油和致密气为例 . 石油学报，33（2）：173-187.

邹才能，陶士振，袁选俊，等 . 2009b. 连续型油气藏形成条件与分布特征 . 石油学报，30（3）：325-331.

Alexandre C. 2011. Reservoir characterization and petrology of the Bakken Formation, Elm Coulee Field, Richland MT. Colorado School of Mines, Department of Geology. Golden：Colorado School of Mines：175.

Almanza, Adrian. 2011. Integrated three dimensional geological model of the Devonian Bakken formation, Elm Coulee Field, Williston Basin：Richland County Montana, Msc thesis, Colorado School of Mines：124.

Angster S. 2010. Fracture analysis of the Bakken Formation, Williston Basin. Field studies in the Little Rocky Mountains and Big Snowy Mountains, MT and Beartooth Mountains, WY, and 3D seismic data, Williston Basin. Colordo School of Mines, Department of Geology. Golden：Colordo School of Mines：67.

Chen Z, Osadetz K, Liu Y , et al. 2013. A revised ΔlogR method for shale play resource potential evaluation, an example from Devonian Duvernay Formation, western Canada sedimentary Basin. IMAG, Madrid.

Chen Z, Osadetz, K G, Jiang C, et al. 2009. Spatial variation of Bakken or Lodgepole oils in the Canadian Williston Basin. AAPG, 93（6）：289-251.

Clarkson C R, Pedersen P K. 2011. Production analysis of western Canadian unconventional light oil plays . CSUG/SPE 149005: 1–22.

Curtis M E, Cardott B J, Sondergeld C H, et al 2012. Development of organic porosity in the Woodford Shale with increasing thermal maturity. International Journal of Coal Geology, 103: 26–31.

Daly A R, Edman J D. 1987. Loss of organic carbon from source rocks during thermal maturation (abs.) . AAPG, 71 (5): 546.

Dashtgard S E, Buschkuehle M B E, Fairgrieve B, et al. 2008. Geological characterization and potential for carbon dioxide (CO$_2$) enhanced oil recovery in the Cardium Formation, central Pembina Field, Alberta, Bulletin of Canadian Petroleum Geology, 56 (2): 147–164.

Hantschel T, Kauerauf A I. 2009. Fundamentals of basin and petroleum systems modeling. New York: Springer-Verlag.

Jarvie D M, Hill R J, Ruble T E, et al. 2007. Unconventional shale-gas systems: The Mississippian Barnett Shale of north-central Texas as one model for thermogenic shale-gas assessment. AAPG, 91 (4): 475–499.

Kazemi H. 1982. Low-permeability gas sands. Journal of Petroleum Technology: 2229–2232.

Law B E, Dickinson W W 1985. A conceptual model for the origin of abnormally pressured gas accumulations in low-permeability reservoirs. AAPG Bulletin, 69 (8): 1295–1304.

Law B E. 2002. Basin-centered gas systems. AAPG Bulletin, 86 (11): 1891–1919.

Loucks R G, Reed R M, Ruppel S C, et al. 2012. Spectrum of pore types and networks in mudrocks and a descriptive classification for matrix-related mudrock pores. AAPG, 96 (6): 1071–1098.

Loucks R G, Reed R M, Ruppel S C, et al. 2009. Morphology, genesis, and distribution of nanometer-scale pores in siliceous mudstones of the Mississippian Barnett Shale. Journal of Sedimentary Research, 79 (12): 848–861.

Mann U. 1994. An integrated approach to the study of primary petroleum migration. Geological Society, London, Special Publication, 78 (1): 233–260.

Mastalerz M, Schimmelmann A, Drobniak A, et al. 2013. Porosity of Devonian and Mississippian New Albany Shale across a maturation gradient: Insights from organic petrology, gas adsorption, and mercury intrusion. AAPG, 97 (10): 1621–1643.

Masters J A, 1979. Deep basin gas trap, western Canada. AAPG Bulletin, 63 (2): 152–181.

McAuliffe C D. 1979. Oil and gas migration: Chemical and physical constraints. AAPG, 63: 761–781.

Milliken K L, Rudnicki M, Awwiller D N, et al. 2013. Organic matter-hosted pore system, Marcellus Formation (Devonian), Pennsylvania. AAPG, 97 (2): 177–200.

Modica C J, Lapierre S G. 2012. Estimation of kerogen porosity in source rocks as a function of thermal transformation: Example from the Mowry Shale in the Powder River Basin of Wyoming. AAPG, 96 (1): 87–108.

Nelson P H, 2009. Pore-throat size in sandstones, tight sandstones, and shales. AAPG, 93 (3): 329–340.

Orr W L. 1981. Comments on pyrolytic hydrocarbon yields in source rock evaluation, in M. Bjøroy et al. , eds. , Advances in Petroleum Geochemistry: Chichester, Wiley & Sons Ltd. 775–787.

Schenk C J. 2005. Geologic definition of conventional and continuous accumulations in select U S basins—the 2001 approach, in abstracts of the American Association of Petroleum Geologists Hedberg Conference.

Schmoker J W, 2002, Resource-assessment perspectives for unconventional gas systems. AAPG Bulletin, 86 (11): 1993–1999.

Schmoker J W. 1996. Gas in the Uinta Basin, Utah-Resources in continuous accumulations. Mountain Geology, 33, 95-104.

Sondergeld C H. 2010. Micro-structural studies of gas shales. SPE 131771.

Sonnenberg S A, Pramudito A. 2009. Petroleum geology of the giant Elm Coulee Field, Williston Basin. AAPG, 93 (9): 1127-1153.

Surdam R C. 1997. A new paradigm for gas exploration in anomalously pressured "tight gas sands" in the Rocky Mountain Laramide Basin. AAPG Memoir, 67: 199-222.

Vandenbroucke M. 2007. Kerogen origin, evolution and structure. Organic Geochemistry, 38 (5): 719-833.

第十二章　含油气系统分析

本章主要涉及含油气系统、油气运聚单元和复合含油气系统等研究内容。第一节叙述了含油气系统的相关概念及发展史；第二节重点分析含油气系统静态地质要素；第三节和第四节研究含油气系统动态地质作用及关键时刻要素（或事件）组合关系；第五节介绍了复合含油气系统的概念、特点及运聚单元与含油气系统的关系；第六节总结了含油气系统研究方法及应用流程。

第一节　概　　述

一、含油气系统相关术语及定义

1. 相关术语

含油气系统一词来源于英文"Petroleum System"。"Petroleum System"这一术语是Perrodon（1984）第一次提出的。其实，早在1972年AAPG年会上Dow就提出了"Oil System"的概念，后来在1991年和1994年的AAPG年会上，Magoon和Dow对"Petroleum System"做了明确的定义。

含油气系统是外来的词，因此出现了不同的翻译结果，主要有"含油气系统""石油系统""成油系统""石油体系"等中文术语。目前，最常用的是"油气系统"和"含油气系统"两个术语。

2. 含油气系统的定义

1994年，Magoon和Dow在《Petroleum System—from Source to Trap》中对含油气系统的概念、鉴定特点、研究方法及其应用做了系统的总结。将含油气系统定义为"一个天然的系统，其中包括活跃生油岩，所有与其相关的石油和天然气，以及形成油气聚集所必需的地质要素及作用。"这里"活跃生油岩"指正在生成油气的大团、相互接触的有机质。这种曾经活跃的生油岩，也许现在已不存在或已消耗殆尽。"地质要素"包括生油岩，储层，封盖层及上覆岩层。"作用"就是圈闭的形成和石油的生成—运移—聚集过程。无论什么地方，只要有含油气系统就必定有上述四个地质要素和两个作用过程，它们必须在时间和空间上互相匹配，从而使生油岩中的有机物能转化成油气。

二、含油气系统概念的提出与发展

1. 含油气系统概念的提出

1972年美国学者Dow发表过《Oil System》，1984年Perrodon首先提出了"Petroleum System"，后来又与Masse（1984）以此为标题写了文章，指出"一个含油区是各种地质事件在时间和空间上组织、匹配的结果"；同年，Meissner 等提出"Petroleum Machine"；1986 年，Ulmishek 把"油气的生成、聚集和保存过程，基本上是独立的，与外围无关"称为"独立的含油系统"（IPS）；1987 年，Magoon 将生油岩、运移路径、储集岩、封盖和圈闭称为含油气系统的组成要素，并强调其间的时空关系。在此之后，美国石油地质学家协会分别在 1991 年和 1994 年举行过两届非常重要的年会，研讨了"含油气系统"。在这段时期，陆续出版了《美国含油气系统》（1988）、《含油气系统研究现状与方法》（Magoon，1990，1992）等著作，尤其是 Magoon 和 Dow 合编的重要论文集《Petroleum System—from Source to Trap》于 1994 年出版后，倍受国际石油地质界对含油气系统的广泛关注。从此之后，含油气系统不断发展，现已成为内涵丰富、研究和成图思路明确、融汇多学科新理论新技术的石油地质综合研究方法，在指导油气勘探实践中发挥着日益重要的作用。

2. 我国含油气系统研究进展

含油气系统是 20 世纪 90 年代兴起的石油地质学重要进展之一。早在 1963 年我国大庆勘探指挥部综合研究大队胡朝元等就曾提出过成油系统（胡朝元，1996）。"八五"以来，我国一些科技攻关项目也将含油气系统列为重要研究内容，获得不少新认识及新成果；另一方面，国内外学者对含油气系统的定义、内涵、研究方法及应用范围等尚众说纷纭、意见不一。因此，为了沟通观点、交流成果、相互切磋、共促发展，中国石油学会石油地质专业委员会于 1996 年 11 月在贵州省安顺市召开了"中国含油气系统及其在油气勘探中的应用学术研讨会"，会后于 1997 年出版了《中国含油气系统的应用与进展》论文集，比较全面地反映了当时我国的研究现状和水平。此后，约每两年召开一次全国性的含油气系统研讨会，截至 2015 年已召开八届会议，计划 2017 年在西安召开第九届会议。

三、含油气系统研究内容及关键图件

1. 含油气系统研究内容

根据含油气系统的定义，其主要研究内容包括 3 大部分，即静态地质要素、动态地质作用和关键时刻的事件组合关系。其中，静态地质要素又可细分为有效烃源岩、输导层、储层和盖层等内容；动态地质作用包括油气生成、油气运移、圈闭形成和油气成藏等过程（图 12-1）。

2. 关键时刻与事件组合图

"关键时刻"是指生烃灶大量生烃与油气在主要圈闭中发生大规模聚集的时间，在该时间界面上就成藏地质要素与作用过程所做的图件，可以客观地反映油气生成、运移和聚集的关系。关键时刻与事件组合图包括埋藏史图、含油气系统平面图、含油气系统剖面图和含油气系统事件组合图。

1）关键时刻图（埋藏史图）

含油气系统关键时刻的确定是以地层剖面的埋藏史为依据的，关键时刻表明烃源岩处于大量生烃时刻（最大埋深时刻）。如果编制合适，埋藏史图可以显示出大部分烃类的生成时间。从地质角度看，油气的运移与聚集发生在短暂的时间段内或者说发生在地质瞬间。因此从埋藏史图上，可以确定出在部分油气生成—运移—聚集的时间，即关键时刻。

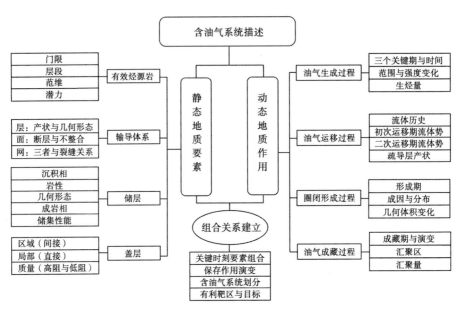

图 12-1　含油气系统研究内容框架图（据赵文智等，1997）

　　图 12-2 埋藏史图，展示了关键时刻、年代和其他地质要素，图中所有岩层都是虚构的，其中 Deer 页岩为生油岩，Boar 砂岩为储集岩，George 页岩为封闭岩，在 Deer 页

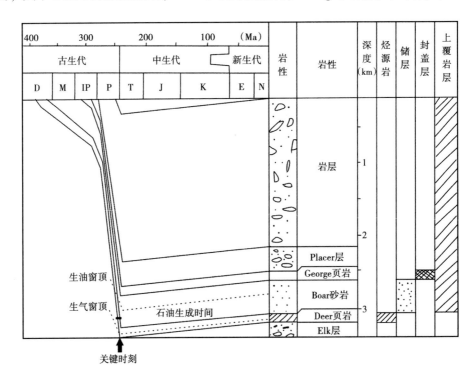

图 12-2　Deer 页岩-Boar 砂岩含油气系统埋藏史（据 Magoon 和 Dow，1994）
关键时刻为 250Ma；石油生成时间为 260—240Ma

岩之上的所有岩石组成了上覆岩层（即烃源岩以上的所有沉积层系的总和）。埋藏史图表中有很厚的上覆岩层，生油岩在二叠纪 260Ma 时进入生油窗，最大埋藏时刻为 250Ma；生油、运移和聚集的时间为 260—240Ma，这就是含油气系统的关键时刻和年代。

2）关键时刻含油气系统平面图

关键时刻的含油气系统，在平面上其区域展布范围由成熟烃源岩及其所控制的油气藏分布界限圈定。关键时刻的平面图（构造图）是描绘含油气系统区域展布范围的最好图件之一。

图 12-3 展示了关键时刻基本要素的平面位置关系，图中关键时刻的地区范围由一条破折线来圈定，这条破折线粗略地圈定了活跃生油洼陷及所有来源于该洼陷的油气显示与聚集；图中位于生油窗、生气窗之内的生油岩为活跃生油岩，其外为未成熟的生油岩。

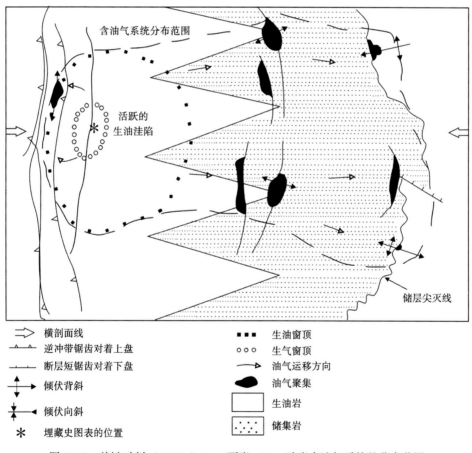

图 12-3　关键时刻（250Ma）Deer 页岩—Boar 砂岩含油气系统的分布范围
（据 Magoon 和 Dow，1994）

3）关键时刻含油气系统剖面图

关键时刻含油气系统剖面图包含下列岩石单元或基本要素：烃源岩、储集岩、盖层及上覆层。前三个要素的作用是显而易见的，然而上覆岩层的作用比较微妙，因为除了提供烃源岩成熟所需要的负荷（加热）之外，还对下伏岩层中的运移通道及圈闭的几何形态产生较大的影响。构造发育史剖面图能很好地描绘该系统的地层展布范围。

图 12-4 展示了基本要素在剖面上的空间关系，图中位于生油窗上倾方向的生油岩为未成熟的烃源岩，活跃生油岩位于生油窗的下倾部位。

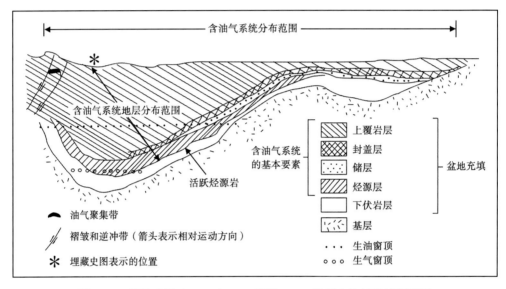

图 12-4　关键时刻（250Ma）Deer 页岩—Boar 砂岩含油气系统剖面图
（据 Magoon 和 Dow，1994）

4）含油气系统事件组合图

含油气系统时间组合图展示了持续时间和保存时间这两个时间事件。持续时间是指形成一个含油气系统需要的时间；保存时间是指烃类在该系统内被保存、改造或被破坏的时间段。含油气系统需要经过足够长的地质时期才能具备所有的基本要素和完成油气成藏所必需的那些地质作用。成藏之后的时间均属于保存时间，在保存时间内发生的作用包括油气再次运移、物理或生物降解作用乃至烃类完全被破坏。

图 12-5 表示了基本地质要素、地质作用及保存时间与关键时刻之间的关系。图中列出了八种不同事件：（1）顶部四种事件记录了几个基本要素的地层沉积时间。（2）之后两个事件记录了含油气系统发生作用的时间，其中圈闭形成时间是根据地球物理资料和构造演化史来确定的，生成—运移—聚集时间是根据地层和地球化学学的研究以及埋藏史来确定的，如果含油气系统中油气的生成、运移、聚集一直延续至今，则无保存时间，可以认为大部分的油气被保存下来。（3）最后的事件是由埋藏史图确定的关键时刻，也就是平面图和剖面图代表的时间。

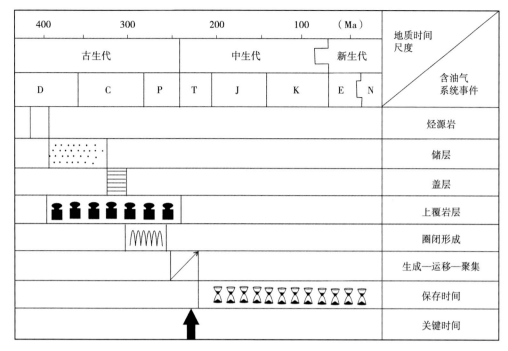

图 12-5　Deer 页岩—Boar 砂岩含油气系统事件组合图

（据 Magoon 和 Dow，1994）

第二节　含油气系统静态地质要素分析

赵文智等（1997）把静态地质要素划分为四种：有效烃源岩、储层、输导层和盖层，它们是油气成藏和形成含油气系统的最基本地质要素。本节将对这四种静态地质要素进行描述。

一、有效烃源岩

有效烃源岩是含油气系统研究的关键，也是含油气系统划分的主要基础。与盆地分析阶段的烃源岩研究内容（烃源岩发育的构造环境、有机岩相带、烃源岩丰度、类型、热演化程度及评价等）相比，含油气系统的烃源岩研究着重强调动态过程，包括：（1）成熟生油岩的分布；（2）生油岩进入成熟门限、生油高峰、生气高峰的时间与埋藏深度；（3）生油岩在生油窗内持续的时间；（4）与这套烃源岩成因相关的油气分布、特征；（5）与其他成藏作用的匹配关系等内容。

1. 有效烃源岩的概念

Tissot（1978）将烃源岩定义为：可能产生或已经产生油气的岩石。Jones（1978）认为有效母岩是经可靠油源对比确定的商业油藏的源泉。Hunt（1979）将烃源岩定义为"在自然环境下，曾经产生并排出了足以形成工业性油气聚集之烃类的细粒沉积"。李剑（1999）等将适当的热成熟条件下生成足够量的气态烃类，使岩石的孔隙和表面充分饱和，并能排出气态烃类使之形成气藏的沉积岩称为有效烃源岩。金强（2001）将既有油气生成又有油气排出的岩层称为有效烃源岩，将有机质特别富集的岩石称为优质烃源岩。饶丹等（2003）认为有效烃源岩是指经可靠油源对比证实的能提供工业性油气聚集的烃源岩。

尽管国内外学者对有效烃源岩的表述有差异，但是其实质内涵都有两个标志：

（1）烃源岩都达到一定的有机质丰度；（2）烃源岩要处于一定的热演化程度。只有满足这两个条件，才能保证烃源岩能够生成并能排出足够数量的烃类。

2. 有效烃源岩的评价标准

烃源岩评价一般以地球化学特征研究为基础，即对烃源岩的有机质丰度、有机质类型和有机质成熟度三方面进行研究。有效烃源岩的评价标准一直以来主要考虑有机质丰度下限。目前常用的有机质丰度指标包括有机碳含量、氯仿沥青"A"、总烃含量和岩石热解生烃潜力，而有机碳含量是控制后三者的参数（金强等，2001）。对于泥质烃源岩评价比较统一，有机碳含量下限为 0.5%（梁狄刚等，1999），而碳酸盐岩的评价标准目前还尚未统一，表 12-1 是国内外不同学者及机构对碳酸盐岩有效烃源岩的评价标准（张艳等，2006）。

表 12-1　国内外碳酸盐岩烃源岩有机碳含量下限（据张艳等，2006，修改）

作者（年代）	有机碳（%）
傅家谟（1982）	0.1~0.2
郝石生（1996）	0.5
梁狄刚（2008）	0.5
杭州石油地质研究所	0.1
四川石油管理	0.08
罗诺夫（1958）	0.16
蒂索（1984）	0.3
田口一雄（1980）	0.2
法国石油研究院	0.2
挪威大陆架实验室	0.2

3. 有效烃源岩的研究内容

有效烃源岩的描述可以从分布范围、组成、生油潜力和成熟程度四个方面进行。

（1）烃源岩的分布范围：包括在剖面上所处的层段和在平面上围限的位置。一般可用烃源岩等厚图或烃源岩百分含量图表示。

（2）烃源岩的组成：是指烃源岩有机质中的干酪根成分，一般用Ⅰ、Ⅱ、Ⅲ型表示，描述图件有类型分布图和各类型百分含量图。

（3）生烃潜力：这是决定烃源岩有效性的一项重要指标。反应生烃潜力的指标有热解生烃潜力（S_1+S_2）、有机质烃转化率（"A"/TOC，HC/TOC）、总有机碳（TOC）

及生烃强度。描述图件包括一系列剖面图与生油/气强度等值线图。

（4）成熟程度：这是测量烃源岩开始生烃、生烃高峰、结束生烃的记录器，它能够记录关键时刻及其对应的各种数据（如深度等）。描绘图件主要有：R_o 与深度曲线图、各阶段 R_o 或 TTI 剖面图等值线图和平面等值线图。

二、储层

1. 储层的概念

储层是指具一定的连通孔隙、允许油气在其中储存并在其中渗滤的岩石（层）。它是油气成藏所必备的地质要素之一。

2. 储层的研究内容

与盆地分析阶段储层的研究内容［储集岩的类型、层系（段）、沉积体系与沉积相、储集性能，初步的储集岩评价］相比，含油气系统研究阶段储层主要研究内容包括：（1）储油气层段的岩相、储集微相与展布——储油体的空间分布研究；（2）储油（气）体的孔隙结构演变——影响油气分布与储集的微观结构研究；（3）油气充注对储集体的影响——成岩抑制或改造效应（表12-2）。

表 12-2　储层研究内容

研究对象	描述图件
储层宏观特征	沉积相图、砂岩百分比图、储层等厚图
储层孔隙结构	孔隙类型分布图
储层物性参数	储层物性统计图
储层综合评价	储层综合评价图

三、输导体系

1. 输导体系的概念

油气运移的通道主要包括输导层、断层和不整合面三部分。而盆地中的油气运移通道一般不是孤立存在的，而是输导层、断层和不整合面中的两者或三者组成的空间组合为油气运移通道，将从烃源岩到圈闭的运移通道空间组合称为油气运移的输导体系（柳广弟等，2009）。

2. 输导体系的分类

立体输导体系：由垂向断裂与侧向储层砂体构成的立体运移网络通道组合。

层状输导体系：主要由侧向连通的砂体组成的运移通道组合。

垂向输导体系：主要由断裂组成油气运移的通道。

成藏期输导体系：古构造、断裂的开启变化等形成的油气运移通道。

3. 输导体系研究内容

油气输导体系是从烃源岩到圈闭的纽带，是含油气系统研究的重要内容。对于输导体系的研究主要包括：输导层的研究、断层的研究、不整合的研究以及输导体系综合评价（表12-3）。

表 12-3　输导体系研究内容

研究对象	内容	描述图件或参数
输导层的研究	输导层的分布、厚度和物性	砂体分布图、砂岩百分比图、砂岩等厚图、砂岩百分比图等
断层的研究	断层的分布、性质与参数	断裂分布图、断距、断穿层位、封闭性、孔隙度、渗透率等
不整合面的研究	不整合的分布、结构与特征	类型、不整合的分布范围，与烃源岩和储层的关系等
输导体系综合研究	—	输导体系类型与分布图

四、盖层

1. 盖层的概念

盖层一词是由盖岩（Caprock）转意而来，最早是指岩丘顶部由石膏、硬石膏、碳酸盐岩等组成的层状岩石（李明诚，2004），目前盖层是指位于储层之上能够封盖储层使其中的油气免于向上逸散的岩层。对于油气的聚集成藏和保存来说，良好的封盖条件是必不可少的因素。

盖层要素是关键时刻决定含油气系统地理范围与油气聚集的岩层单元。从某种意义上讲，它决定一个含油气系统的有效边界（范围）。

因此，盖层的研究是含油气系统静态地质要素的重要组成部分。

2. 盖层的研究内容

盖层的研究内容主要包括：盖层的类型、封闭机理和盖层的宏观封闭性。

盖层按分布范围分为区域性盖层与局部性盖层。按岩性分为膏岩类、泥质岩类和碳酸盐岩类盖层。按纵向上的分布分为直接和间接盖层。按盖层的均质程度分为均质、较均质和非均质盖层。盖层的封闭机理包括物性封闭、超压封闭和烃浓度封闭机理。盖层宏观封闭性的研究包括盖层的岩性、厚度、范围、连续性和韧性等方面。一般认为厚度大、连续性好、韧性强和范围广的盖层封闭性强。描述图件有盖层平面等厚图、盖层底界孔隙度分布图、盖层对油气封盖能力的统计分析曲线和盖层等级评价表等（表12-4）。

表 12-4　盖层围观及宏观封闭能力等级划分表

评价参数	等 级 划 分 （权 值）			
	差（<0.25）	中等（0.25~0.5）	较好（0.5~0.75）	好（0.75~1.0）
压力封闭能力	盖层与储层压力系数之差<0.1	盖层与储层压力系数之差为0.1~0.2	盖层与储层压力系数之差为0.2~0.3	盖层与储层压力系数之差>0.3
物性封闭能力	盖层排替压力与储层剩余压力差<0.1MPa	盖层排替压力与储层剩余压力差为0.1~0.5MPa	盖层排替压力与储层剩余压力差为0.5~2.0MPa	盖层排替压力与储层剩余压力差>2.0MPa
岩性	泥质粉砂岩、泥质砂岩	粉砂质泥岩、砂质泥岩	含砂泥岩、含粉砂泥岩	膏岩泥岩、钙质泥岩

评价参数	等级划分（权值）			
	差（<0.25）	中等（0.25~0.5）	较好（0.5~0.75）	好（0.75~1.0）
烃浓度封闭能力	未进入生烃门限，不具异常压力	已进入生烃门限，不具异常压力	已进入生烃门限，且具异常压力，$p<p_饱$	进入生烃门限，且具异常压力，$p>p_饱$
单层厚度（m）	<2.5	2.5~10	10~20	>20
成岩程度	晚成岩C亚期	晚成岩B亚期 早成岩A亚期	早成岩B亚期	晚成岩A亚期
沉积盖层厚度（m）	<50	50~150	150~300	>300
沉积环境	河流相、冲积扇相	台地边缘相、滨岸相、三角洲相分流平原亚相	台地相、潟湖相、滨浅湖相三角洲前缘亚相	半深海—深海相 半深湖—深湖相 蒸发台地相

总之，静态地质要素的描述宗旨是尽可能描绘出各地质要素在关键时刻的地质特征与空间分布，从而更好地为动态地质作用描述提供可靠的证据。从以上描述内容可见，静态地质要素描述与盆地模拟参数描述是比较接近的。所以，含油气系统描述可与盆地参数分析描述相结合。

第三节　油气系统动态地质作用研究

"动态地质作用"也叫"地质作用过程"或"成藏动力学过程"，主要指油气生成—运移—聚集过程和圈闭的形成过程。从成藏动力学来说，就是含油气系统的"五史"，它涵盖了与含油气系统成藏作用密切相关的诸要素的演变过程及其赋存的系统环境。因此，通过盆地模拟的"五史"模拟可以有效地再现油气系统动态地质作用的过程。

一、烃源岩的热演化与油气生成史

油气生成过程描述的重点是对烃源岩从进入生烃门限开始到生烃结束全过程的描述。主要包括以下三部分：

（1）烃源岩成熟度的演化历史：此部分为烃源岩的热演化阶段。描述图件有烃源岩 R_o 演化曲线和烃源岩在不同时期的 R_o 等值线图。由图12-6（a）和（b）可知，下寒武统烃源岩在晚奥陶世末（440Ma）已达到成熟阶段，现今下寒武统烃源岩热演化程度 R_o 均在 1.0% 以上。

（2）油气生成历史：明确烃源岩的生油门限——主要生烃期；各地史时期有效烃源岩生烃强度的变化、各地史时期的生烃量。描述图件有：生烃史图、不同时生烃强度等值线图、生烃量柱状图等，由图12-7（a）和（b）可知下寒武统烃源岩在晚奥陶世末达到成熟生烃阶段，最大生油强度为 1600kt/km²，最大生气强度为 $35×10^8 m^3/km^2$。从图12-8中可知，下寒武统烃源岩生烃主要集中在晚奥陶世、志留纪、侏罗纪、白垩

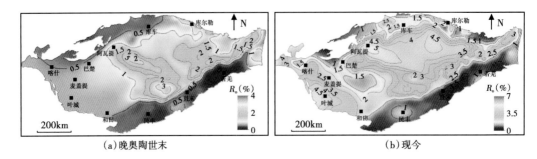

图 12-6 下寒武统烃源岩不同时期 R_o 等值线分布图

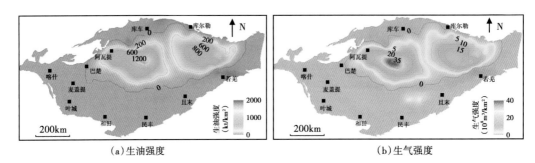

图 12-7 下寒武统烃源岩在晚奥陶世末生烃强度分布图

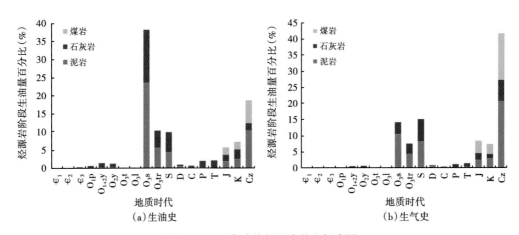

图 12-8 下寒武统烃源岩的生烃史图

纪及现今五个时期。

（3）有效烃源岩的演化：明确不同地史时期有效烃源岩的分布范围（生烃中心），描述图件有不同时期有效烃源岩分布图。由图 12-9 可知，下寒武统烃源岩在奥陶纪［图 12-9（a）］相对于现今时期［图 12-9（b）］，烃源岩演化趋势表现为厚度逐渐减薄，展布范围缩小。但总体上，从古至今下寒武统烃源岩厚度高值区范围基本保持不变。

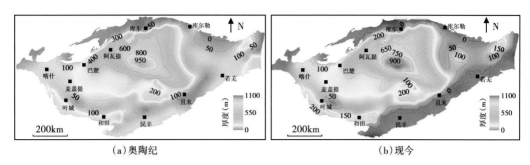

图 12-9　下寒武统烃源岩不同时期厚度图

二、油气运移过程研究

分析油气从烃源岩中排出进入输导层再到储层的运动过程，是运移过程描述的主要内容。油气运移过程研究主要包括油气初次运移和油气二次运移。

初次运移是指油气从烃源岩到储层的运移，其研究方法有实验模拟法和有机地球化学参数研究法。初次运移主要描述排烃的三个关键时刻（开始排烃时刻、大量排烃时刻和结束排烃时刻）和各阶段的排烃量。描述图表有瞬时与累计排烃曲线图、各阶段排烃量统计直方图（图 12-10）和统计表。

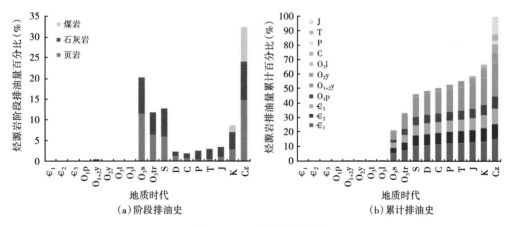

图 12-10　排油史直方图

二次运移主要研究运移通道、运移方向、运移目的地，以及运移过程中的油气散失量和最终的油气聚集量。二次运移的主要研究方法有地质分析方法（盆地构造格局——隆起与凹陷的分布，优势输导体系的分布——砂体、断裂和异常压力与流体封存箱的分布）和地球化学分析方法（含氮化合物的变化、原油和天然气组分的变化和流体势分析方法）。描述图表有关键时刻输导层（储层）顶面油气势分布图（图 12-11）、油气运移轨迹追踪图、不同阶段油气柱高度分布图、油气聚集强度分布图和油气散失量与聚集分析表。

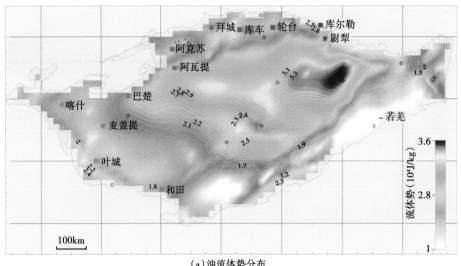

（a）油流体势分布

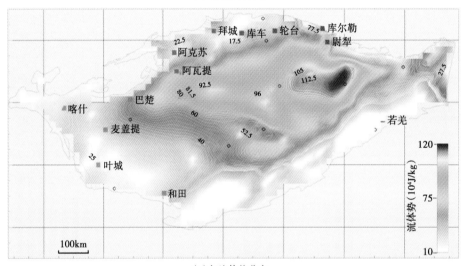

（b）气流体势分布

图 12-11　流体势分布图

三、圈闭形成过程研究

圈闭的形成过程描述内容包括圈闭形成、演化、调整与破坏等地质过程。具体包括对圈闭成因、分布的描述，对关键时刻圈闭面积、幅度、体积以及几何形态的综合评价与描述，对圈闭形成后的演变与破坏的描述。描述图表有关键时刻前后圈闭的平面与剖面图、断层封堵与圈闭范围图、圈闭发育过程图（宝塔图、剖面构造演化史图）和各种圈闭评价图表。

四、油气成藏过程研究

油气成藏过程就是描述成藏要素与成藏作用的组合关系。对成藏期、汇聚区、汇聚量及成藏后油气藏演化的综合研究，就是成藏描述的主要内容。确定油气成藏期次的方法有根据圈闭发育时间确定油气藏形成的最早时间、根据烃源岩的生排烃期确定成藏期次、根据储层流体包裹体特征确定成藏期次、根据储层自生伊利石同位素年代学分析确定成藏期次和根据饱和压力确定油气藏形成时间五种方法（张厚福，1999，柳广弟，2009）（表12-5）。油气成藏过程描述图表主要有成藏要素与事件综合分析图、含油气系统综合评价图、有利区带与目标评价图和含油气系统风险评价图表。

表 12-5　确定油气成藏期次的方法

方法	原理
根据圈闭发育时间确定油气藏形成的最早时间	油气成藏的时间绝对不会早于圈闭的形成时间，所以可以根据圈闭形成时间确定油气藏形成的最早时间
根据烃源岩的生排烃期确定成藏期次	油气藏是油气生成、运移、聚集等一系列运动的结果，因此，可以利用盆地主要烃源岩的生排烃期来确定油气成藏期次
根据储层流体包裹体特征确定成藏期次	在包裹体均一温度分布频率图上可以确定包裹体的主要形成期次和形成温度，与埋藏史和温度史相结合可以确定包裹体形成的主要时间，即为主要的成藏时间
根据储层自生伊利石同位素年代学分析确定成藏期次	储层自生伊利石是在流动的酸性水介质环境下形成的，当油气充填进入储层的孔隙空间后，改变了孔隙空间的流体环境，伊利石的生长过程便会停止。因此，最小粒级自生伊利石的形成时间代表油气最早进入储层的时间，即油气充填储层的时间应略晚于自生伊利石的同位素年龄
根据饱和压力确定油气藏形成时间	油气的运移和聚集过程，石油中的天然气成饱和状态，在石油运聚过程中，如果圈闭条件适当，油气聚集成藏。此时，油藏的地层压力与饱和压力相当。据此，确定饱和压力相当的地层所对应的地质时代，即为油气藏的形成时间

第四节　关键时刻要素/事件组合关系研究

一、关键时刻确定方法

关键时刻是含油气系统研究的时间参照点。广义的关键时刻包括生烃开始、生烃高峰、生烃结束时刻；开始排烃、大量排烃、结束排烃时刻；油气藏形成、演变、破坏等时刻。从油气成藏机理出发，将关键时刻定义为：含油气系统中油气发生主要聚集或改造、破坏的重要时期，确定关键时刻的方法主要包括生排烃量模拟法、古构造模拟法和流体历史分析方法等。

1. 生排烃量模拟法

该方法是从原生油气藏角度来确定含油气系统的关键时刻，其基本依据是：油气二次运移的开始时期与初次运移基本相当，即大量生烃、排烃必然伴有大量二次运移聚集。这是因为，油气运移是个连续的过程，没有二次运移，初次排烃将受到抑制。因此，烃源岩层有几个大量生排烃的时期，就对应几个原生油气藏聚集的关键时刻。

2. 古构造模拟法

包括埋藏史模拟法。该方法通过模拟含油气系统的剖面演化历史或单井埋藏历史，分析构造变形和地壳变动的主要发生期，并结合的源岩层的演化史确定含油气系统的关键时刻。构造分析法对确定原生油气藏的调整破坏，以及次生油气藏的形成至关重要。因为构造运动使盆地或含油气系统产生显著的挤压或拉张变形，严重地改造了系统的应力分布状态，促使油气重新分布，达到新的平衡。

3. 流体历史分析方法

借助油藏地球化学、储层岩石学及黏土矿物生长史（或成岩矿物的同位素分析）等手段，进行流体历史分析，能够比较可靠地确定油气藏的形成期。如储层流体包裹体、自生伊利石同位素年代学分析等。

二、关键时刻要素组合研究

本章第一节就关键时刻与事件组合图关系分析进行说明，此节以吐哈盆地八道湾组—三间房组含油气系统为例，介绍了含油气系统关键时刻要素组合研究。

1. 关键时刻图（埋藏史图）

根据典型钻井的埋藏史、生排烃史以及主要烃源岩层的生排烃直方图模拟结果，即可综合确定含油气系统的关键时刻。

图 12-12 为吐哈盆地台北凹陷 J_{1+2}—J_2 含油气系统埋藏史图，由图可知吐哈盆地台北凹陷八道湾组（J_1b）生油岩在 135Ma 处于生油高峰期，在 98Ma 进入生气阶段；西山窑组（J_2x）生油岩在 98Ma 开始生油，现今底部开始生气。地质时期 135Ma 至现今为油气生成运移和聚集时间，即为这一含油气系统的年代。因该含油气系统的生油岩是侏罗系的两套烃源岩，成烃母质有差异，因此存在两个关键时刻（135Ma 和 0）。

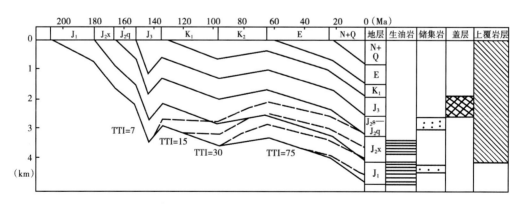

图 12-12　吐哈盆地台北凹陷 J_{1+2}—J_2 含油气系统埋藏史图（据赵文智等，1996）

2. 关键时刻含油气系统平面图

关键时刻油气系统平面分布图是油气系统研究中最难的一项工作。应采用定量模拟和综合分析的方法；平面图的内容包括成熟烃源岩的范围、有效盖层及有利储集体的分布、有效圈闭的分布、运移方向以及预测油气聚集等。

图 12-13 为吐哈盆地台北凹陷 J_{1+2}—J_2 含油气系统平面图，图中含油气系统在关键时刻的地区范围由一条粗破折线来圈定，这条线粗略地圈定了活跃生油洼陷及与其有关的油气显示与油气藏。需注意的是这条线在客观上是固定的，但所画的这条线由于主观认识的限制，与含油气系统的实际地区范围常难吻合，依据唯物辩证史观，人对事物的认识是不断发展进步的，因此随着油气勘探工作的进展，这条线往往会发生一定变动。

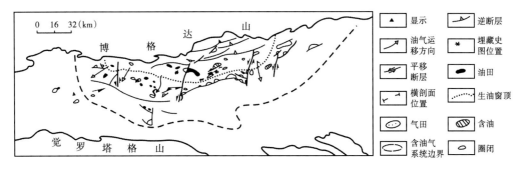

图 12-13　吐哈盆地台北凹陷 J_{1+2}—J_2 含油气系统平面图（据赵文智等，1996）

3. 关键时刻含油气系统剖面图

关键时刻剖面图应标示出如下基本要素：成熟烃源岩（标出生油成熟度门限及生气成熟度门限）、储集体、盖层、上覆岩层、下伏岩层和基岩等。这些要素展示了关键时刻油气系统的横向地理分布范围和纵向地层分布范围，是对平面图的一个解剖和补充。可以做典型剖面的数值模拟并在此基础上进行综合分析标定。

图 12-14 为吐哈盆地台北凹陷 J_{1+2}—J_2 含油气系统关键时刻油气系统剖面图，刻画了上述含油气系统在临界时刻的地层范围，也表示了生油岩、储集岩、盖层与上覆岩层等基本要素及其形成的油气藏具有分带特征。

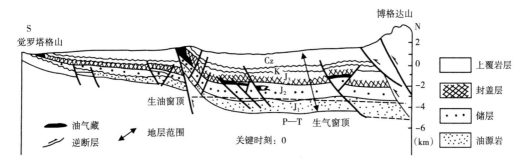

图 12-14　吐哈盆地台北凹陷 J_{1+2}—J_2 含油气系统关键时刻油气系统剖面图（据赵文智等，1996）

4. 关键时刻油气系统事件组合图

这是一个以纵坐标为事件要素类型、横坐标为年代地层轴的组合图表。事件要素包括烃源层、储层、盖层、上覆地层、有效圈闭的形成、油气生成—运移—聚集的时间段、将要经历的保存时间以及关键时刻等。它重在展示形成一个含油气系统需的时间以及已聚集的油气此后将被保存、调整、破坏的时间。通过这个图表，可以直观地看出关

233

键时刻的油气系统是否有效。

  图 12-15 为吐哈盆地台北凹陷 J_{1+2}—J_2 含油气系统关键时刻事件组合图，表示基本要素、作用过程及保存时间与临界时刻之间的关系。圈闭形成时间根据地球物理资料和构造地质分析得到；油气生—运—聚或含油气系统的时间根据地层、埋藏史及有机地球化学研究来确定的。当油气聚集完成后就是保存时间，即在含油气系统中油气被保存、减少或破坏的时间。图 12-15 中表示了两个主要排烃期，相应的成藏期之后有两个保存期，在这段时间内由于构造运动的作用，早期的油气藏常受到不同程度的破坏。

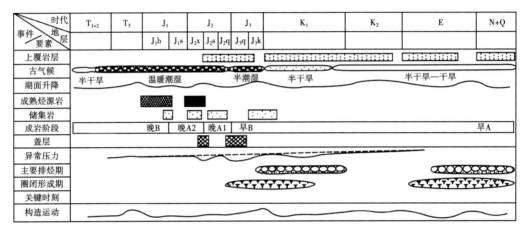

图 12-15 吐哈盆地台北凹陷 J_{1+2}—J_2 含油气系统关键时刻事件组合图（据赵文智等，1996）

第五节 复合含油气系统与油气运聚单元

  本节对复合含油气系统概念及特点、油气运聚单元的概念和相关术语进行介绍，最后论述运聚单元与油气系统、区带的关系。

一、复合含油气系统概念及特点

1. 复合含油气系统概念

  复合含油气系统是叠合含油气盆地中的自然烃类流体系统，指在一个相对统一的负向地质单元内，由多期继承发育或跨越重大构造期的多套生烃层系的多期生烃、运移、成藏和调整变化过程形成和决定的含油气系统。复合含油气系统的实质是多个含油气系统在同一地质单元内的复合或叠加。

2. 中国叠合盆地含油气系统的特点

  中国叠合盆地含油气系统具有多套烃源岩、多期成藏、混源聚集、要素共享、共同的外边界与多套含油气组合 6 个特点。

1）多套烃源岩

  叠合盆地同一区域内有两套或两套以上生烃层系，形成于不同时代的有效生烃区可重叠或交叉。

2）多期成藏

叠合盆地的多个烃源岩有多个主要生排烃期，也包括已经形成的油气藏在后期构造运动中的大规模调整改造期。

3）混源聚集

每一个生烃层系不仅有独立的油气聚集，也有相互叠置或交叉及部分油气的窜通，同一油源层可向不同储集层系提供油气，同一含油气层系或油气藏可接受两个或两个以上生烃层系或生烃灶提供的油气，混源现象普遍存在，使得两个或者两个以上的含油气系统既有独立性，又很难分开。

4）要素共享

每一个有效的烃源岩体有隶属于自己的生排烃期和油气运移空间范围，可形成一个相对独立的含油气系统，同时各相对独立的系统之间存在交叉复合区，共享某些石油地质条件，如共同的区域盖层、储层、油气聚集带和运移通道。

5）共同外边界

内部包含的各含油气系统之间既相对独立又有联系，同时具有共同最大外边界，平面上分布在一个连续的面积内。

6）多套含油气组合

叠合盆地内部通常有多套含油气层系和多种类型油气藏，但最主要的油气藏分布于多套生烃层系共同的区域盖层之下。

二、运聚单元概念与相关术语

1. 运聚单元概念

油气运聚单元也称亚含油气系统或运聚子系统，其概念产生的基本出发点是，生烃灶中某一区域的油气源通常沿着一定的优势运移通道集中向位于低势区的区带聚集成藏，并构成一个独立或半独立的运移流体单元。赵文智等（2002）将油气运聚单元定义为在含油气系统的生排烃关键时刻，由一组油气运移汇聚流线确定的，并由油气运移分隔槽与油气运移最大空间外边界圈定的、可供发生油气运移和聚集全过程的三维地质单元（图12-16）。

2. 相关术语

1）油气运移分隔槽

是指主要烃源岩层顶面流体势最高值的空间连线，常表现为烃源岩顶面构造等高线谷底的连线；两侧油气的运动互不跨越，成为生烃灶中油气空间分配的"分水岭"。

2）汇聚运移流

在油气运移的流动方向上，由一组与烃源岩层顶面流体势等值线呈法线交切，并向着最低流体势区呈汇聚流动的流线组，常表现为与烃源岩顶面构造等高线的构造脊线相吻合，这组汇聚流线决定了油气运移的集中程度与优势流动方向。

3）发散运移流

是一组由烃源岩层顶面的流体势等值线构成的发散状流线组，它决定了油气运移呈分散状。

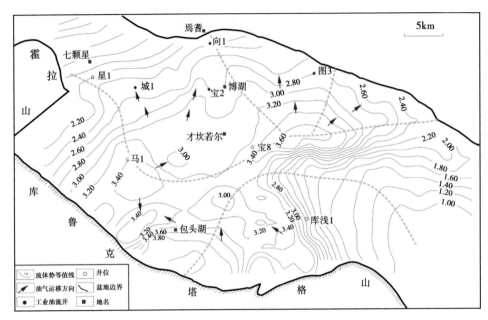

图 12-16   油气运聚单元与相关术语的含义

三、运聚单元与油气系统、区带的关系

油气运聚单元在含义上与油气系统的概念以及区带的概念既有联系又有区别，主要表现为以下几个方面。

（1）油气系统不具有直接的勘探意义，运聚单元具有更加明确的勘探意义。

油气系统的概念主要强调以成熟烃源岩体为中心的一系列成藏地质要素和地质作用的有机联系和时空演化。它强调的是"过程重建"的动态观和"关系建立"的系统观，直接勘探价值较少，这是因为同一油气系统的不同部位其油气运移、聚集、成藏和保存条件可能是完全不同的。例如：在前陆盆地的一个油气系统中，位于前陆陡坡的冲断带与位于前陆缓坡的前隆带的成藏条件、油气藏类型和保存条件都截然不同，评价与勘探的思路也完全不同，但它们却属于同一油气系统。而油气运聚单元的划分以盆地油气主要成藏期的油气运移格局为基础，按油气运移的路径和方向进行，根据油气主要成藏期（油气系统的关键时刻）主要含油气层系顶面流体势图上高势面所确定的油气运移分隔槽就是油气运聚单元的主要边界，也就是说油气运聚单元的划分是以含油气系统研究为基础。因此根据含油气系统油气运移、聚集和成藏特征的不同，一个油气系统可以被划分为若干运聚单元。油气运聚单元是强调以一组油气藏和圈闭为中心的成藏要素和地质作用的有机组合和时空演化。因此，与油气系统相比，运聚单元更强调油气运聚特征，更加利于勘探目标的综合分析与评价。

（2）油气运聚单元是介于含油气系统与区带之间的三维流体单元。

区带是指具有相同的生、储、盖、圈和运聚配套史，很可能已聚集油气的一个地质单元（郭秋麟等，1996）。它是有勘探远景的构造带，是勘探的目标，从区带的概念可以看出，区带并不一定是一个油气生成、运移和聚集的独立石油地质单元（不一定包括烃源），而油气运聚单元则是独立的石油地质单元，运聚单元是划分区带的主要依据，一个油气运聚单元至少包含一个区带，由前述可知，一个含油气系统可以包含一个或多个油气聚集单元。由此可知，油气运聚单元是一个介于含油气系统与区带之间的三维地质单元。

（3）含油气系统侧重研究评价成藏组合，油气运聚单元侧重研究评价圈闭。

含油气系统或复合含油气系统研究的目的主要在于成藏组合评价。其以"源"的分析为核心，通过盆模手段分析不同地质时期烃源岩的生排烃量、油气系统内的油气主要运移方向以及不同时期各成藏组合的可供油气聚集量，最终为勘探的方向选择提供决策依据。而油气运聚单元是圈闭分析的最佳研究区，因为只有在这样的研究尺度下才可能最大限度地重构圈闭的可能成藏过程，确保从形成机理的角度分析和判断目标圈闭的经济有效性。（张映红等，2001；张庆春，2003；柳广弟等，2003，2006）。

第六节　含油气系统研究方法与流程

前文已经详述了含油气系统研究的基本内容及原理。本节将在塔里木盆地模拟的基础上，对塔里木盆地寒武系—奥陶系含油气系统的研究方法及流程进行介绍。

通过对中国含油气系统基本特征的研究表明，含油气系统的研究应遵循"顺藤摸瓜"的研究思路。赵文智等（2000）提出了"六定"研究方法，张庆春（2003）对"六定"（"定源""定时""定向""定边""定量"和"定级"）的研究方法进行了进一步诠释和发展。

1. 定源——烃源岩准确定位

"定源"就是通过对各烃源岩层的生、排烃定量模拟，可以获得它们各自的生、排烃中心分布位置（强度等值图）、生烃史直方图（图12-17）以及在含油气系统成烃贡献中的主次地位。由图12-17可知，寒武系的三套烃源岩及中—下奥陶统烃源岩为寒武系-奥陶系含油气系统的主力生烃源岩。奥陶系的一间房组、吐木休克组、良里塔格组、

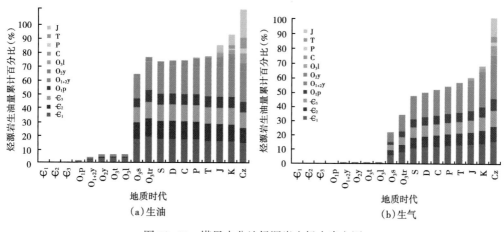

图12-17　塔里木盆地烃源岩生烃史直方图

桑塔木组及铁热克阿瓦提组五套烃源岩为次要生烃源岩。

2. 定时——准确确定生排烃与油气成藏关键时期

"定时"就是通过有机质演化史和生排烃量史，来模拟烃源岩层大量生排烃的地质时期，包括烃源岩后期再次沉降深埋的二次生烃、排烃，并给出各重要时期生排烃量的相对比例，从而确定生排烃与油气成藏关键时期。由图 12-18 可知，下寒武统烃源岩的累计有效成烃期是奥陶纪—志留纪，并在新生代有二次生烃高峰出现。中—下奥陶统烃源岩的成烃期还可以持续到中生代。形成奥陶纪—泥盆纪、白垩纪和新生代三个高峰期。由图 12-17 及图 12-19 可知，寒武系烃源岩作为总体烃灶，考虑油气的沉积旋回特征，其成藏的关键时刻应该是奥陶纪末—志留纪、侏罗纪—新生代。

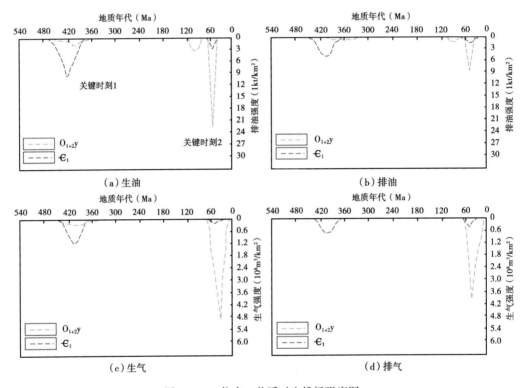

图 12-18　依南 2 井瞬时生排烃强度图

3. 定向—准确确定油气大规模运移流向

复合含油气系统的"定向"就是在含油气系统的生排烃史模拟基础上，通过对优势运移通道和储集空间的模拟，以及古流体势模拟和流线追踪加以综合确定油气大规模运移的方向，从图 12-20 中可以看出，现今的塔北隆起、巴楚隆起为油气运移主要指向区。

4. 定边——准确（或综合）定运聚单元边界

"定边"就是在"定向"的基础上，确定油气运移量和运移通道规模，在结合有效圈闭的研究，来确定最大边界，如图 12-21 所示，根据油气运聚模拟结果结合地质分析，图中黑色虚线为勾画的塔里木寒武—奥陶系含油气系统在关键时刻 1 时期的油气运聚边界。

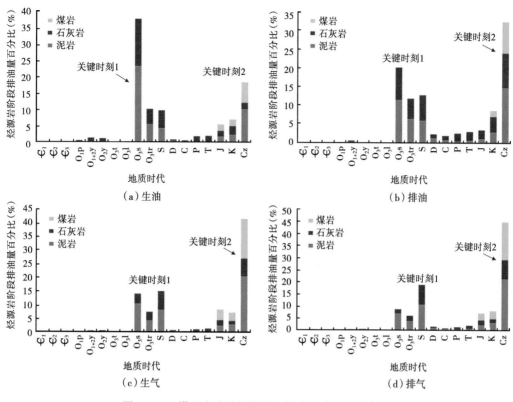

图 12-19　塔里木盆地烃源岩生烃史（阶段）直方图

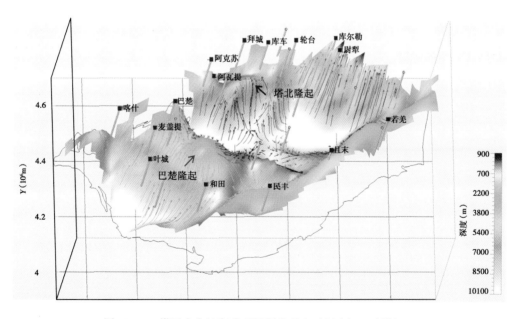

图 12-20　塔里木盆地寒武系烃源岩现今时刻油气运移模拟图

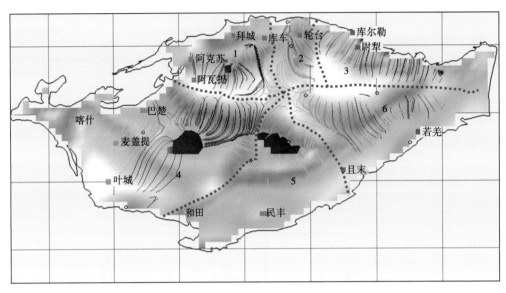

图 12-21　塔里木盆地油运聚模拟图

5. 定量与定级

"定量"指准确定资源量，"定级"指准确定目标优先级别。定量和定级（复合）含油气系统油气资源和勘探目标定量评价的最终要求，其核心是实现复合含油气系统关键时刻油气资源空间分布的定量模拟。在优势运聚空间模拟基础上，通过对运聚单元资源量的模拟分析，实现油气资源和目标评价的定量（表 12-6 和表 12-7）、定级，最终选出有利聚集区（图 12-22），在关键时刻油气运聚和生烃强度分析的基础上，进行有利的区带划分，最有利区为库车坳陷、塔北隆起、北部坳陷及巴楚隆起，有利聚集区是塔东隆起和东南坳陷。

表 12-6　运聚单元油资源量结果表　　　　　（单位：10^8t）

烃源岩	1	2	3	4	5	6
O_3l	0.06	0.1	0	0	2.12	0.01
O_2y	0.3	10.29	0.17	0	4.68	0
$O_{1+2}y$	0.17	13.72	1.01	0.01	4.37	0.28
O_1p	0.01	6.43	0.48	0	2.77	0
ϵ_3	0.01	2.66	0.9	0	1.1	0
ϵ_2	0.16	7.91	0.66	0.1	4.5	0.18
ϵ_1	0.64	17.62	0.68	0.31	6.81	0.15
合计	1.35	58.73	3.9	0.42	26.35	0.62

240

表 12-7　运聚单元气资源量结果表　　　　　　　（单位：10^8m^3）

烃源岩	1	2	3	4	5	6
O_3l	58	37	0	0	1016	10
O_2y	191	2907	303	0	2903	0
$O_{1+2}y$	81	4349	1965	0	3886	170
O_1p	6	2080	833	0	2396	0
$\in_3$	5	930	1256	0	1141	0
$\in_2$	192	6257	2165	0	9204	506
$\in_1$	752	14626	3131	395	14475	413
合计	1285	31186	9653	395	35021	1099

图 12-22　塔里木盆地寒武系—奥陶系含油气系统有利区带预测

参考文献

傅家谟, 刘德汉. 1982. 碳酸盐岩有机质演化特征与油气评价. 石油学报, (1): 1-9.

郭秋麟, 米石云, 石广仁, 等. 1998. 盆地模拟原理方法. 北京: 石油工业出版社, 162-164.

郝石生, 王飞宇, 高岗, 等. 1996. 下古生界高过成熟烃源岩特征和评价. 勘探家: 石油与天然, (2): 25-32.

Hunt J M. 1986. 石油地球化学和地质学. 胡伯良, 译. 北京: 石油工业出版社.

胡朝元, 廖曦. 1996, 成油系统概念在中国的提出及其应用. 石油学报, 17 (1): 10-16.

胡见义, 赵文智. 1997. 中国含油气系统的应用与进展. 北京: 石油工业出版社: 9-24

金强, 查明, 赵雷, 等. 2001. 柴达木盆地西部第三系盐湖相有效生油岩的识别. 沉积学报, 19 (1): 125-129.

金强. 2001. 有效烃源岩的重要性及其研究. 油气地质与采收率, 8 (1): 1-4.

李剑，蒋助生，罗霞，等．1999. 高成熟碳酸盐气源岩定量评价标准的探讨．石油与天然气地质，20（4）：354-356.

李明诚．2004. 石油与天然气运移．北京：石油工业出版社：156-157.

梁狄刚，郭彤楼，陈建平，等．2008. 中国南方海相生烃成藏研究的若干新进展（一）：南方四套区域性海相烃源岩的分布．海相油气地质，13（2）：1-16.

梁狄刚．1999. 塔里木盆地油气勘探若干地质问题．新疆石油地质，20（3）：184-268.

柳广弟，高先志．2003. 油气运聚单元分析：油气勘探评价的有效途径．地质科学，38（3）：413-424.

柳广弟．2009. 石油地质学．北京：石油工业出版社：185-260.

饶丹，章平澜，邱蕴玉．2003. 有效烃源岩下限指标初探．石油实验地质，25（B11）：578-581.

王永诗，金强，朱光有，等．2003. 济阳坳陷沙河街组有效烃源岩特征与评价．石油勘探与开发，30（3）：53-55.

张厚福．1999. 石油地质学．北京：石油工业出版社．

张庆春．2003. 含油气系统定量分析方法研究及应用．北京：中国石油勘探开发研究院．

张艳，王璞珺，陈文礼，等．2006. 有效烃源岩的识别与应用——以塔里木盆地为例．大庆石油地质与开发，25（6）：9-12.

张映红，赵文智，李伟，等．2001. 应用运聚单元改善圈闭预测和评价质量．石油学报，22（4）：18-23.

赵文智，何登发．1996. 油气系统理论在油气勘探中的应用．勘探家：石油与天然气，1（2）12-19.

赵文智，何登发．2000. 中国复合含油气系统的概念及其意义．勘探家：石油与天然气，5（3）：1-11.

赵文智，张光亚，何海清，等．2002. 中国海相石油地质与叠合含油气盆地．北京：地质出版社．

Dow W G. 1972. Appllication of oil correlation and source rock data to exploration in Williston basin（abs.）. AAPG Bulletin, 56：615.

Jones R W. 1978. Some mass balance and geological restranints on migration mechanisms. AAPG Bull, 62（3）：528.

Magoon L B, Dow W G. 1994. The petroleum system from source to trap. AAPG Memoir 60.

Magoon L B. 1987. The petroleum system-a classification scheme for research, resource assessment, and exploration（abs）. AAPG Bulletin, 71（5）：587.

Magoon L B. 1990. Identified petroleum systems within the United States—1990. The petroleum system—Status of research and methods. USGS Bulletin：2-11.

Meissner F F. 1984. Petroleum geology of the Bakken Formation, Williston Basin, North Dakota and Montana. Petroleum Geochemistry and Basin Evolution. AAPG Memoir 35：159-179.

Perrodon A, Masse P. 1984. Subsidence, sedimentation and petroleum systems. Joumal of Petroleum Geology, 7（1）：5-26.

Tissot B P, Welte D H. 1978. Petroleum formation and occurrence：a new approach to oil and gas exploration. Berlin：Springer -Verlag.

Ulmishek G. 1986. Stratigraphic aspects of petroleum resource assessment. Oil and Gas Assessment-Methods and Application AAPG Studies in Geology, 21：59-68.

第十三章　盆地模拟软件

盆地综合模拟系统（BASIMS 7.0）是中国石油勘探开发研究院研制的具有独立知识产权的最新版盆地模拟软件系统。系统以中国石油天然气股份有限公司油气资源评价技术规范为标准，以中国石油勘探开发研究院多年来的盆地模拟方法技术积累（特别是近五年来的技术攻关成果）和早期各版本软件系统为基础，按照含油气系统的研究思路，在新的计算机软硬件环境下经过全新研发形成。

该系统能够全方位、多视角模拟油气的生成、运聚及成藏过程。在时空概念下，动态模拟各种石油地质要素演化及石油地质作用过程，预测含油气区带、油气藏规模及分布，为油气钻探部署提供重要地质参数和决策依据。

自主研发的盆地综合模拟系统一直保持国际先进水平，该系统将数据管理与处理、成藏交互模拟与成果展示及综合分析技术集于一体，包括数据输入与管理、图形采集与处理、模拟计算、统计分析、油气资源综合评价、模拟结果展示和其他辅助功能模块，已成为石油地质综合研究、油气成藏定量评价和油气资源综合评价等的重要研究平台。

第一节　系统简介

盆地综合模拟系统是以一个油气生成、运移聚集单元为对象，在对模拟对象的地质、地球物理和地球化学过程深入了解的基础上，根据石油地质理论及物理化学机理，首先建立地质模型，然后建立数学模型，最后编制相应的软件，从而在时空概念下，动态模拟各种石油地质要素演化及石油地质作用过程，并按照含油气系统的思路和成图表达方式，定量计算和评价油气资源量及其三维空间分布的方法。

BASIMS 7.0 包含五大核心技术：五史模拟技术、流线模拟技术、三维侵入逾渗技术、三维三相达西流油气模拟技术和资源综合评价技术，涵盖了从常规资源到非常规资源、从一维到三维、从静态到动态的多模型、全方位、多视角的综合研究技术。

一、系统总体结构

BASIMS 7.0 由工程管理、基础数据管理、图形数据管理、模拟计算、统计分析与综合评价、成果展示等功能模块组成，图 13-1 显示了除工程管理外的系统核心模块结构，各模块通过工程数据库和工程数据文件进行数据的交互。

1. 基础数据管理模块

基础数据管理模块为盆地或油气系统的交互模拟、批量模拟程序准备参数数据，主要是用户手工输入的数据，例如盆地、分区、单井数据等。数据输入方法包括菜单输

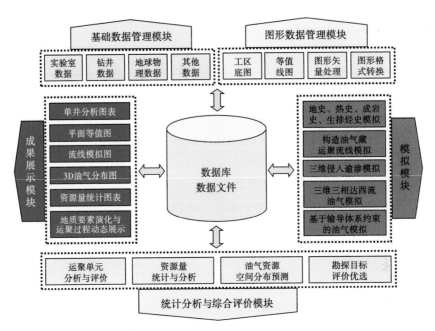

图 13-1　盆地综合模拟系统总体结构图

入、位图数字化输入和系统缺省输入。

2. 图形数据管理模块

图形数据管理模块是基础数据管理模块的延伸，其功能是形成批量模拟所需要的有关数据，例如模拟工程（也称为模拟工区）的地理范围、底图要素，以及人工井（非实际钻井，也称为网格井，是指通过网格插值形成的虚拟井）离散网格数据等。这些数据都是依靠位图矢量化或者通过从数据库、图形库导入矢量图形数据实现的。

3. 模拟模块

模拟模块主要包括"五史"（即地史、热史、成岩史、生烃史和排烃史）模拟、运聚流线模拟、3D运聚模拟等。模拟模块是盆地综合模拟系统的核心，是所有基础数据和图形数据的目标指向，也是盆地分析评价基石。

4. 统计分析与综合评价模块

统计分析与综合评价模块是根据模拟结果，按照含油气系统的思路，通过综合分析油气系统的关键时刻，划分油气运聚单元，进行运聚单元石油地质参数和资源量统计分析、油气资源空间分布预测、勘探目标评价优选等。

5. 成果展示模块

成果展示模块是对模拟计算数据进行图形显示和表格输出。其中，图的类型包括单井图、平面等值图和统计直方图等。

二、系统功能特点

BASIMS 7.0除了工程管理、数据管理、成果展示等常规功能外，主要功能与技术包括五史模拟技术、流线模拟技术、三维侵入逾渗技术、三维三相达西流油气模拟技术、基于输导体系约束的油气模拟技术和资源综合评价技术。

1. 五史模拟

（1）地史，重建盆地沉积埋藏史，这是整个盆地分析模拟的首要环节，是研究盆地发育演化的前提和基础。准确模拟恢复盆地沉降史，包括构造沉降史与总沉降史，从而为沉积盆地分类、构造活动期次划分、地热事件研究提供依据。构造演化史恢复，主要依据主干剖面的平衡剖面研究，再具体结合沉积埋藏史结果，从而在平面上恢复盆地构造面貌及其演化历史。

（2）热史，模拟沉积盆地受热演化史，其中的 Easy%R_o 热史模拟模块在准确求得沉积盆地地温梯度变化史或古热流史的同时，还能估算剥蚀层的剥蚀厚度。对于热史研究，BASIMS 具有多方法、多指标相互验证、相互结合的特点，能更好地解决沉积盆地热史多解性问题。

（3）成岩史，模拟石英次生加大史、伊利石成核生长史、绿泥石沉淀史、方解石沉淀与溶解史和有机酸生成史，各地层成岩作用综合评价与阶段划分，次生孔隙变化史。

（4）生烃史，生烃史提供烃类成熟演化史，并具体计算各烃源岩的生烃史，从而提供生烃量、生烃高峰、生烃中心等多种烃源岩评价结果，成为烃源岩生烃研究的重要手段。

（5）排烃史，排烃史提供沉积盆地烃类排出总量、排烃效率、排烃高峰、排烃中心分布等多种信息，为二次运移聚集及区带综合评价打下基础。

2. 流线模拟技术

在获得充分参数条件下，通过剖面二维三相渗流力学研究，可以动态地再现油气在剖面上的运移聚集特征，并能初步确定剖面油气运移聚集方向。通过平面流体势分析及分层平面二次运聚模拟，能够定量地恢复油气的可供聚集量，实现区带油气聚集量的定量模拟。

3. 三维侵入逾渗技术

该技术的内涵是，在三维地质体中寻找油气运移最有利的通道，并根据油气源供给量计算油气聚集量，包括4个要点：（1）沿着最小阻力方向的追踪方法，即采用递归算法在三维体内追踪运移路径，在运移过程中遇到多方向选择时，该方法与达西流不同，只选择最小阻力方向，即只有一个方向——最佳方向。（2）遇到障碍进行回注的处理方法，即采用串（String）处理技术将相邻的分散状油珠合并为油串，重新计算油串驱动力并确定新运移方向。当运移动力小于阻力时，油气不能继续向前运移，此时如果有后续的油气不断供给，临时聚集的油气柱高度就会加长，油体就会变大，相应浮力也会增加。随着浮力的增大，油气将继续运移。（3）改变路径的处理方法，即寻找最薄弱环节继续运移。随着浮力的不断增加，新的油气体突破运移阻力的机会也在增大。一旦浮力超过路径中最小阻力时，就会突破该点，并由此为新起点，向着阻力最小的方向继续运移。（4）采用物质平衡法计算油气聚集和在运移过程中的散失量。该项创新技术在塔中不整合油气藏和准噶尔盆地油气藏预测效果良好。

4. 三维三相达西流油气模拟技术

建立动态网格、源储一体的地质模型和数值模型，引入全张量渗透率和启动压力梯度等关键参数，研发三维三相运聚模拟技术，实现常规与非常规油气的模拟，精细模拟非均质性地层和流体的变化，提高三维运聚模拟技术的精度和实用价值。其特点在于：（1）针对静态地质模型存在的不足，建立动态网格的数值模型，解决了模拟网格与实际地层不一致的问题，精细描述地层及流体变化，大幅提升三维运聚模拟技术的精度和实用价值；（2）传统的渗透率向量是以渗透率主方向与坐标系方向相同为前提的，但当地层非均质性较强时，则会产生较大误差，首次采用全张量渗透率，可以提高对复杂地层（如存在河道和发育裂缝的地区）的适应性；（3）建立源储一体的运聚模型，采用非线性达西流，引入启动压力，突破了模拟界限，拓展了应用领域。

5. 基于输导体系约束的油气模拟技术

在二维剖面生成自然网格和输导体系约束下的地质模型，通过动态交互给定约束参数，快速模拟油气运移和聚集，实现多方案参数优选和模拟结果优化。其特点在于：复杂剖面的网格剖分、输导体系约束下的地质体建模、二维剖面油气运聚快速模拟及动态显示。

6. 运聚单元划分与油气资源综合评价技术

1）油气运聚单元模拟分析

在盆地或油气运聚单元的石油地质条件研究中，常常要对一些关键的地质参数进行统计计算，例如研究对象的面积大小，沉积岩体积大小，有效烃源岩体积大小等等。这类参数大部分都可以从盆地综合模拟系统的模拟结果中统计得出。用户只需对各个油气运聚单元进行标定、命名，然后系统自动统计计算设定的有关参数数据，并以表格形式显示统计结果。该项功能较好地满足了资源评价对刻度区类比研究的需要。

2）综合评价

（1）提供强有力的数据加载、图形显示及编辑工具，采用多因素分析手段，给地质工作者提供灵活、直观的综合评价工作平台。

（2）针对地质工作者特别关心的某些方面提供专项评价工具，如生油岩体积评价、有机质总量求取等。

（3）油气资源量评价。

（4）区带评价和远景决策。

（5）油气系统分析。

三、系统主控

盆地综合模拟系统 BASIMS 7.0 包括"工程管理""基础数据""图形数据""模拟计算""数据处理与统计"和"成果图表"六个部分（图13-2），从主控界面可分别进入各个功能模块。

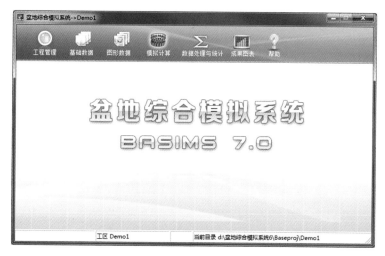

图 13-2　BASIMS 7.0 主控界面

第二节　系统功能模块

BASIMS 7.0 主要功能模块包括基础数据管理模块、图形数据管理模块、模拟计算模块、统计分析与综合评价模块和成果展示模块。

一、基础数据管理模块

基础数据（图 13-3）包括所有用来建立盆地模拟系统地质模型的参数数据，主要分为三大类：

（1）全盆地共用的参数；

（2）与各分区有关的参数；

图 13-3　基础数据菜单内容

（3）与烃源岩和干酪根有关的参数。

1. 全盆地共用的参数

全盆地共用的参数主要有 4 种：基础数据、地层数据、岩石类型和干酪根类型（图13-4）。

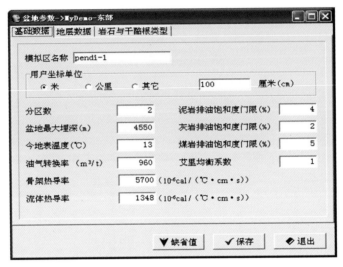

图 13-4　盆地参数输入窗口

2. 与各分区有关的参数

分区是对盆地的一级划分，每一分区内必须有一口标准井；每个分区里的所有岩石类型一般应有其自身的孔隙度—深度曲线；每个分区内的干酪根类型百分含量也不同。

与各分区有关的参数包括 6 部分：基本参数（图13-5）、标准井参数、R_o—深度关系曲线、PVT 与地层压力曲线、油气系统渗透率与毛细管压力曲线，以及油水系统渗透

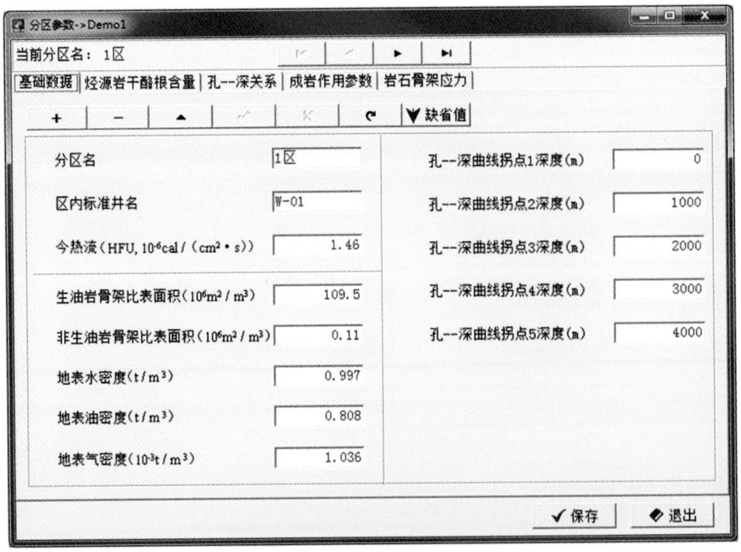

图 13-5　分区参数输入窗口

率与毛细管压力曲线。

3. 与烃源岩和干酪根有关的参数

与烃源岩和干酪根有关的参数包括 6 大类：化学动力学参数、生油率与 R_o 关系曲线、生气率与 R_o 关系曲线、残留油与 R_o 关系曲线、有机酸产率曲线，以及原始有机碳恢复系数与 R_o 关系曲线。这些参数均与干酪根类型有关。图 13-6 为化学动力学参数输入窗口。

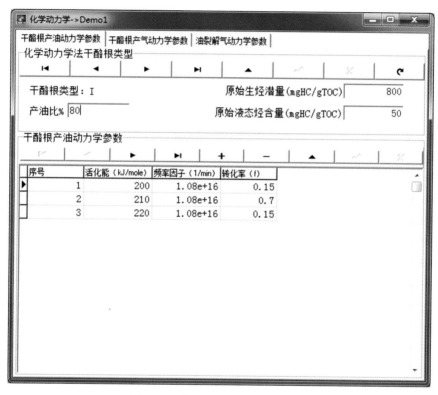

图 13-6　化学动力学参数输入窗口

二、图形数据管理模块

图形数据包括 7 项内容（图 13-7）：

（1）底图坐标范围设置；

（2）底图元素输入；

（3）地名、井名编辑查看；

（4）底图编辑与分区定义；

（5）等值图输入；

（6）等值图网格离散化；

（7）生成网格井。

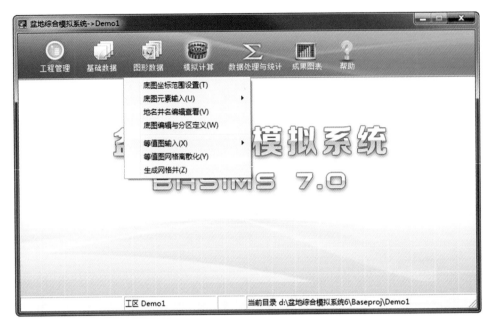

图 13-7　图形数据菜单内容

1. 底图坐标范围设置

所谓底图坐标范围，指的是一个矩形区域，其范围需要能包含各种基础图件、结果图件、钻井位置和地名位置等。图 13-8 为底图坐标范围设置窗口。

图 13-8　底图坐标范围设置窗口

2. 底图元素输入

底图元素一般包括盆地边界、模拟分区线、生排烃统计区块线、图标符号（如井名、地名等）、测线位置、断层线和地层尖灭线等，对于这些元素，可以采用两种方式输入，一是"位图矢量化方式（图 13-9）"，二是"矢量数据导入方式（图 13-10）"。

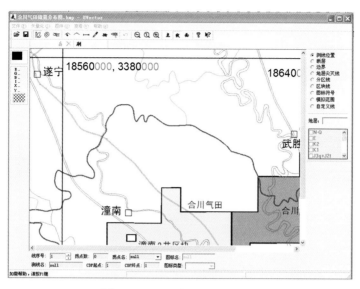

图 13-9　工区底图矢量化界面

图 13-10　"矢量数据导入"方式输入底图元素窗口

3. 地名井名编辑查看

编辑和查看地名、井名的信息，并设置是否在工区图中显示（图 13-11）。

图 13-11　地名井名图标编辑窗口

4. 底图编辑与分区定义

底图中的各类元素可以进行编辑，利用输入的模拟分区线和生排烃统计区块线分别定义分区和区块（图 13-12）。

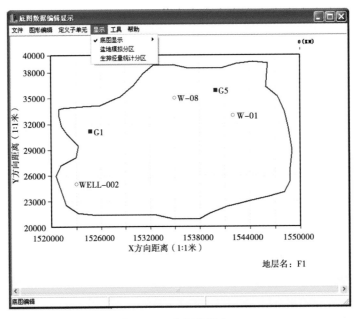

图 13-12　底图编辑窗口

5. 等值图输入

输入各种模拟所需要的等值线图件，等值图输入与底图元素输入一样可以采用两种方式，一是"位图矢量化方式"，二是"矢量数据导入方式"。图 13-13 为等值线导入窗口。

图 13-13　等值线导入窗口

6. 等值图网格离散化

盆地模拟所需要的大部分与地层相对应的参数都可以通过各种平面等值线图输入，如地层厚度、烃源岩有机碳百分量等。等值图网格离散化模块可以把所有已矢量化的等值图数据离散成模拟井网格数据文件。

平面等值线模拟网格离散化数据自动生成的一般步骤是：（1）确认网格密度；（2）对已输入好的等值线图进行离散化插值；（3）生成人工网格单井数据。图 13-14 为网格

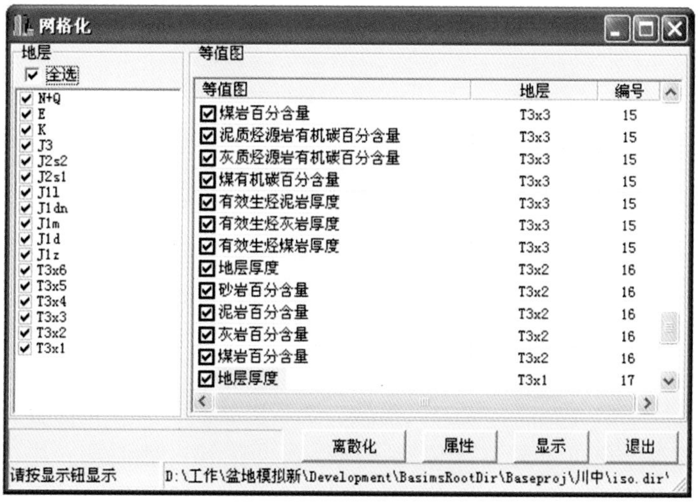

图 13-14　网格离散化窗口

离散化窗口。

7. 生成网格井

根据离散后的等值图生成网格井数据（图 13-15）。

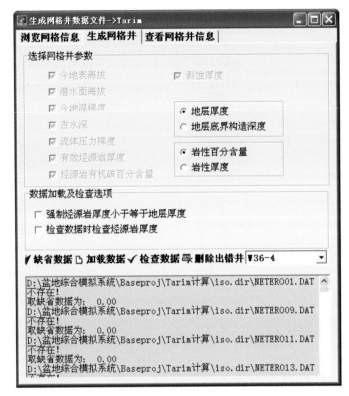

图 13-15　生成网格井界面

三、模拟计算模块

模拟计算包括"磷灰石裂变径迹（AFTA）""五史模拟""运聚流线模拟""三维侵入逾渗运聚模拟""三维达西流运聚模拟"和"输导体运聚模拟"。

1. 磷灰石裂变径迹（AFTA）

通过不断地修改所选样品的受热路径，来正演模拟其裂变径迹长度分布。当样品的模拟径迹长度分布与实测的径迹长度分布基本吻合且对应的热史路径与本区的大体规律相符时，得到的热史路径就为热史模拟结果，即该样品的实际热史。图 13-16 为磷灰石裂变径迹交互模拟界面。

2. 五史模拟

对单井进行五史交互模拟，利用交互模拟结果数据对网格井进行批量模拟。五史模拟的主要功能包括地温史模拟、压力史模拟、成岩史模拟、成岩相综合评价、生烃史模拟和排烃史模拟等。热史恢复方法包括古地温梯度法和古热流法；R_o 计算方法包括：Easy%R_o 法和 Barker%R_o 法；生烃计算方法包括产油产气率法和化学动力法；排油计算方法包括压实排油法和残留油计算法。图 13-17 为地温梯度热史模拟结果。

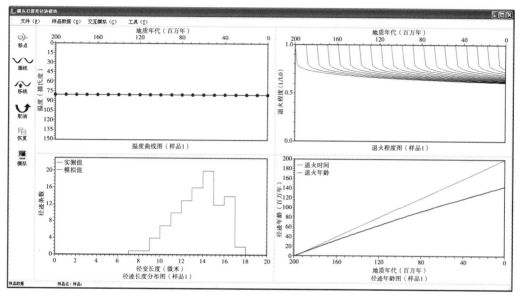

图 13-16　磷灰石裂变径迹交互模拟界面

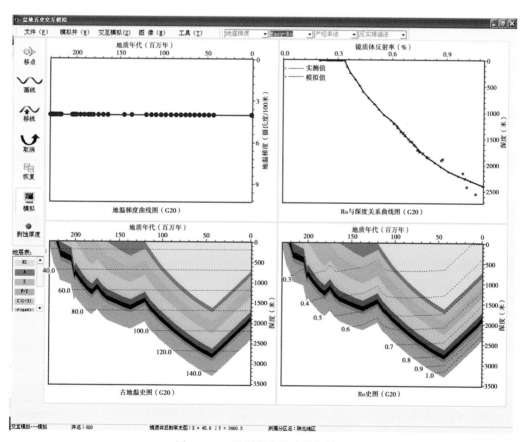

图 13-17　地温梯度热史模拟结果

3. 运聚流线模拟

运聚流线模拟是根据构造史、排烃史、砂岩百分比、孔隙度深度曲线等信息进行油气运移模拟计算，得到各时期的运移聚集量及运移流线，显示各种场的分布，如温度场、热流、R_o、砂岩百分比、聚集量等。图13-18为流线模拟结果。

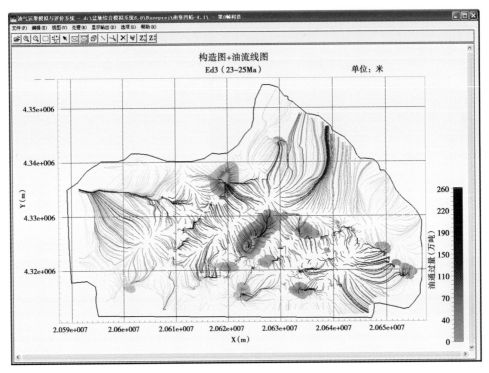

图13-18　流线模拟结果

4. 三维侵入逾渗运聚模拟

根据储层物性的变化，采用递归算法自动追踪与烃源岩连通的储集体，确定有效岩性圈闭。以浮力和毛细管力作为油气运移的主要驱动力和阻力，追踪油气优先运移方向，模拟圈闭充注路径和充注量，为油气藏勘探提供指导。主要适用于构造、岩性、地层等复杂类型的油气三维运聚模拟。

主要功能包括：

（1）生成层面和断面，利用地层面和断层面的散点数据分别生成层面和断面。

（2）生成角点网格，根据设定的 X、Y、Z 方向的网格数，生成满足需求的网格体。

（3）属性插值，在网格体中对孔隙度、生烃量等属性参数进行插值，插值方法包括邻近点法和有限元法。

（4）追踪查找连通体，采用递归算法自动追踪与烃源岩连通的储集体。

（5）油气成藏模拟计算，追踪圈闭充注路径，油气运聚和充注量计算。

（6）三维图形显示，包括属性参数、模拟结果，可以进行网格切片和属性过滤，充注路径和模拟过程可动态显示（图13-19）。

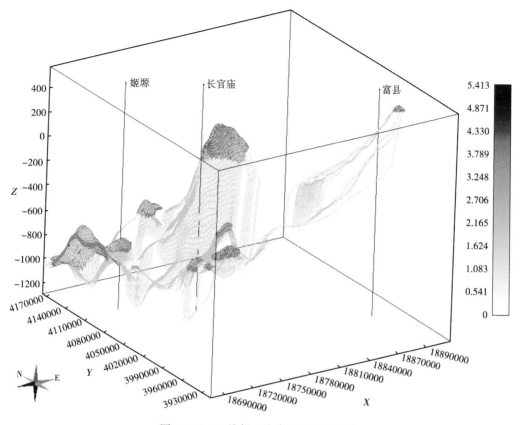

图 13-19　三维侵入逾渗运聚模拟结果

5. 三维达西流运聚模拟

建立有限体积法的三维三相渗流模型，采用全张量渗透率计算传导率，引入启动压力解决致密油聚集模拟难题，实现三维三相全物理模拟。其特点在于：（1）建立顺层柱状 PEBI 网格三维动态地质模型，精细刻画地层与流体的演化，解决地层非均质性、断层等引起的渗流特定性及混合岩性等特殊地质难题；（2）构建变网格条件下的渗流方程，代替定网格渗流方程，更有效地实现质量守恒；（3）引入了矢量渗透率（即全张量渗透率），解决复杂的渗流问题。

主要功能包括：

（1）三维地质建模，在基准地层面上生成平面 PEBI 网格，在垂向上按地层生成顺层柱状 PEBI 网格体。

（2）属性建模，对模拟所需的各个地质参数进行网格赋值。属性赋值分两种方式，第一种是利用已知属性数据进行网格插值，第二种是根据参数的统计数据建立分布类型，按分布类型进行随机抽样、网格赋值。

（3）模拟计算，用有限体积法，采用多核并行算法，追踪运移流线、模拟含油气饱和度、计算油气资源丰度和聚集量。

（4）结果显示，绘制三维流线图、油气资源分布图（图 13-20）、连井剖面图、动态显示油气饱和度变化图等。

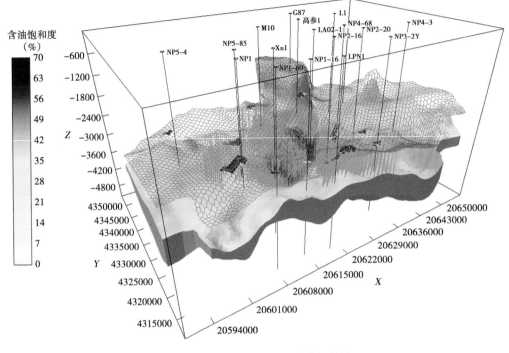

图 13-20　三维达西流运聚模拟结果

6. 输导体运聚模拟

在二维剖面生成自然网格和输导体系约束下的地质模型，通过动态交互地给定约束参数，快速模拟油气运移和聚集，实现多方案参数优选和模拟结果优化。其特点在于：对二维地质剖面矢量化，利用自然网格剖分法对复杂剖面进行网格剖分、输导体系约束下的地质体建模、二维剖面油气运聚快速模拟及动态显示（图 13-21）。

主要功能包括：

（1）复杂剖面网格剖分，将地质及几何意义上的线转化为几何网格。

（2）复杂剖面地质建模，将地质剖面矢量化，进行自然网格剖分，将自然网格转化为输导体系地质网格。

（3）网格属性赋值，对普通地层网格、边网格、点网格，通过手工或插值方式赋以相应属性值，完成剖面属性建模。

（4）古剖面垂向恢复（构造演化史恢复）。

（5）快速模拟油气运移和聚集，实现多方案参数优选和模拟结果优化。

（6）运移路径追踪标记物浓度模拟，包括线性递减、指数衰减和路程反比三种模式。

（7）模拟结果动态显示。

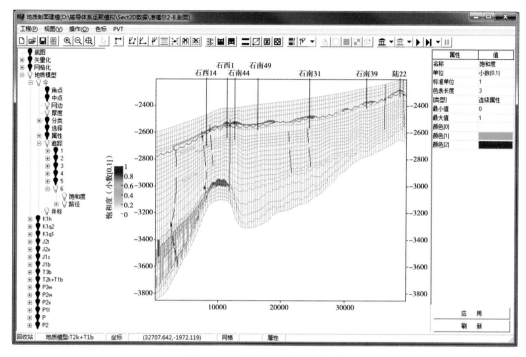

图 13-21　输导体运聚模拟结果

四、统计分析与综合评价模块（数据处理与统计）

统计分析与综合评价模块是根据模拟结果，按照含油气系统的思路，通过综合分析油气系统的关键时刻，划分油气运聚单元，进行运聚单元石油地质参数和资源量统计分析、油气资源空间分布预测、勘探目标评价优选等。将盆地模拟技术与多元统计技术相结合，更好地预测油气勘探风险，预测油气资源规模及在空间的分布，实现预测资源规模与分布的一体化。

主要功能包括：

（1）五史模拟结果处理，将模拟结果数据按网格离散化，形成离散数据。

（2）平面图数据处理，利用各种平面等值图数据生成矩形网格、三角网和等值线数据。

（3）资源量统计，对各个地质时期的资源量进行统计，生成资源量数据。

（4）运聚单元参数处理，生成运聚单元评价所需的相关数据和文件。

（5）运聚单元评价，定义运聚单元，对运聚单元进行运移流线模拟计算，统计各个运聚单元的参数。运聚单元评价可以基于构造、基于油势、基于气势、基于水势或基于任意等值图（图 13-22）。

（6）资源量分析，计算不同运聚单元和盆地地质资源量和可采资源量。

（7）综合评价，根据盆地模拟的结果、工区的其他资料以及地质家本身的经验，可以对工区的某一目的层进行综合评价分析，能更为直观地反映模拟工区的油气分布规律。

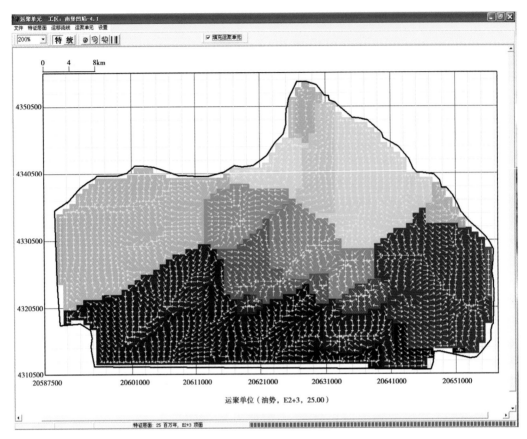

图 13-22　运聚单元评价界面

五、成果展示模块

对盆地模拟的结果进行展示，盆地模拟的结果除了存于磁盘中的数据文件，主要指图形和表格。包括单井分析图、模拟结果数据、平面等值图和生排烃量统计图表等。

主要功能包括：

（1）单井分析图，包括回剥柱状图（图 13-23）、埋藏史图、构造沉降史图、沉积速率史图、古热流史图、古地温史图、镜质组反射率史图、超压史图、瞬时生烃排烃强度史图和累计有效生烃排烃强度史图。

（2）模拟结果数据，显示单井模拟得到的结果数据和对应的文件，分文本和表格两种显示方式，主要目的是使用户能直接查看模拟得到的数据，从而分析计算结果是否合理、判断参数输入是否存在错误等。

（3）平面等值图，包括共 21 类 66 种平面等值线图：古水深、总有机碳、残余有机碳百分含量、烃源岩厚度、孔隙度、岩性百分含量、构造、埋深、地层残余厚度、超压、古热流、古地温、镜质组反射率、降解率、生油、排油、生气、排气、流体势、有机酸、成岩评价等值图。这些等值图与每个地层以及相应的标准地质年代有关。

（4）输出格式转换，将生成的等值线图转换成常用的图件格式，包括：*xyz* 线序号格式、双弧 PLine.z 格式、Geomap 等值线格式、*xyz* 井点格式。

（5）生排烃量统计图表，包括生油量、排油量、生气量、排气量的统计直方图和统计报表。

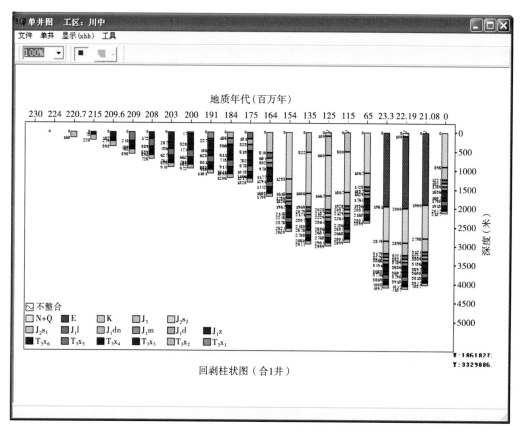

图 13-23　单井回剥柱状图

第三节　系统开发与运行环境

一、开发语言与控件

系统主体用 C++Builder 语言编写，个别模块和算法用 Microsoft Visual C++语言编写。系统中除了应用 C++Builder 和 Microsoft Visual C++本身携带的控件外，还应用了 Tidestone（Formula one）、TeeChart 专业版和 Olectra Chart6.0 等控件。

二、数据访问与存储

数据访问与存储采用文件管理和数据库管理两种方式。数据库使用的是 Microsoft Access 数据库，采用 ODBC 连接数据源。

三、运行环境

1. 硬件配置

（1）微机工作站、台式微机或笔记本；

（2）内存不小于 4G；

（3）硬盘剩余空间大于 20G；

（4）计算机需保证至少有一个空闲的 USB 接口，以插入本系统正常运行所需的软件加密狗。

2. 软件环境

（1）中文 Windows XP、Windows Vista、Windows 7、Windows 8、Windows 10 及以上操作系统，在 32 位系统或 64 位系统下均可使用；

（2）中文 Office 2003、Office 2007、Office 2010 及以上办公软件。